创客电子制作入门

31 个趣味软硬件 DIY 项目

——《无线电》编辑部 编

人民邮电出版社
北京

图书在版编目（CIP）数据

创客电子制作入门：31个趣味软硬件DIY项目 /《无线电》编辑部编. -- 北京：人民邮电出版社，2017.7
（i创客）
ISBN 978-7-115-46059-2

Ⅰ. ①创… Ⅱ. ①无… Ⅲ. ①电子器件－制作 Ⅳ. ①TN

中国版本图书馆CIP数据核字(2017)第131723号

内 容 提 要

“i 创客”谐音为“爱创客”，也可以解读为“我是创客”。创客的奇思妙想和丰富成果，充分展示了大众创业、万众创新的活力。这种活力和创造，将会成为中国经济未来增长的不熄引擎。本系列图书将为读者介绍创意作品、弘扬创客文化，帮助读者把心中的各种创意转变为现实。

本书汇集了多位创客在开源电子制作项目上的成果，从易到难，从硬件到软件，内容丰富。书中不仅包括零门槛、谁都可以参与的导电画笔、磁悬浮陀螺、环保工艺灯、安卓App等饶有趣味的小制作，也包含适合有一定制作经验的人参与的电子指南针、蝴蝶结变声器、POV显示屏、遥控航母模型、智能铁道沙盘、迷你气象站、智能木偶、光立方、激光投影键盘、3D数码相机、MakeyMakey水果钢琴、智能手表等新奇制作。本书操作步骤清晰、图片简明、可操作性强，内容不仅适合创客空间作为开办工作坊活动的参考，也适合爱好者个人参照DIY。

◆ 编　　　《无线电》编辑部
责任编辑　周　明
责任印制　周昇亮
◆ 人民邮电出版社出版发行　　北京市丰台区成寿寺路 11 号
邮编　100164　　电子邮件　315@ptpress.com.cn
网址　http://www.ptpress.com.cn

◆ 开本：690×970　1/16
印张：13.25　　2017 年 7 月第 1 版
字数：288 千字　　2017 年 7 月北京第 1 次印刷

定价：65.00 元

读者服务热线：(010)81055339　印装质量热线：(010)81055316
反盗版热线：(010)81055315
广告经营许可证：京东工商广登字 20170147 号

序言　开源硬件与“新山寨”

◇李大维

所谓开源，并不是一个从无到有进行创新的过程，而是一个知识转移的过程，认识这个概念很重要。最近大家关注世界上爆发的战争，其中的导弹制导或者无人驾驶飞机等技术，都是很好地利用开源硬件的例子。可以说，开源的使用非常广泛。例如，在软件方面，有开源的 Linux、Apache、MySQL 等；在互联网技术方面，有 PHP、Python、RoR 等。开源的存在可以降低互联网创新、创造和创业的风险和成本。

■ Arduino：2005 年设计出的一个可以轻松入门、建立人机互动原型作品的平台

开源硬件主要是指项目中用到的软件、电路原理图、材料清单、PCB 图、制作步骤等一系列内容的集合体，这些都可以通过使用“开源许可证”，自由地使用与分享。由于开源是一个较新的概念，规则还不完善，不过目前正在从 DIY 社区开始，逐步实现有法律保护、协议清楚的分享。

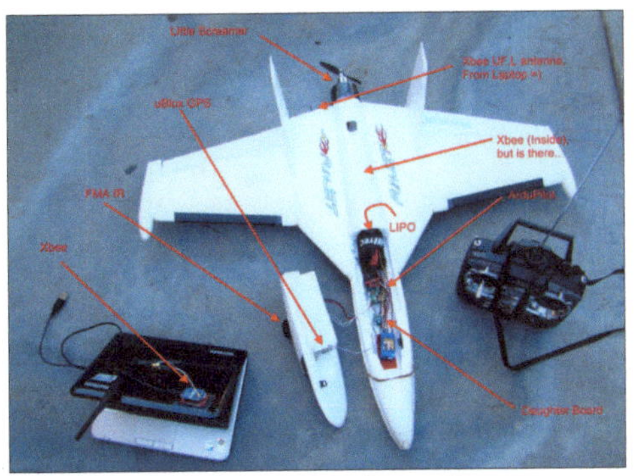

■ 基于 Arduino 平台的无人飞行器，可以普及到一般玩家

目前国内已经有多家玩开源硬件的创客空间，分布在全国各地。例如北京创客空间，他们拥有 3D 打印机，我们上海新车间也有，欢迎有兴趣的朋友来看一下。开源的 3D 打印机并不只是为爱好者提供简简单单的操作示范，本着开源的原则，分享者还会把其中

的硬件原理等关键技术毫无保留地分享给你。

下面，我介绍一下关于手机的开源应用。iPhone 手机所具有的刷卡技术 HiJack，大家都觉得很神奇，不知道其手机刷卡具体是如何操作完成的，其实这个技术也是开源的，是通过耳机口连接到 iPhone 的微控制平台的，大家可以拿来自己创作。HiJack 打破了 Apple 对外接周边设备的严格限制。

目前，Google 也开始致力于基于 Arduino 的 ADK（应用系统开发包，英文全称为 Application Development Kit）的开发，这是围绕安卓（Android）系统的周边进行开发，比如直接让 Android 装置（手机或平板电脑）通过控制 USB 与蓝牙等 I/O，直接驱动外围设备。这些都与开源硬件有关。

综上所述，看开源硬件和做开源硬件最重要的，其实不是如何去创新，如果你想创造最尖端的技术，可以致力于学术，去读博士等，做开源硬件是将已有的专业知识通过开源的方式传播给大家，与大家分享。

不过，从目前国内的现状看，很多人可能并不希望自己动手去做，持观望态度的居多，那么我建议大家可以多了解一下开源，可以让自己做一个更好的消费者，这又何乐而不为呢?

哪里有开源硬件可供了解呢? 北京、上海、深圳等很多城市都有创客空间，这些创客空间是传播开源硬件的实体社区。据了解，目前全世界有 900 个开源社区，上海新车间是国内第一个创客空间。这些创客空间多数都是非营利地推广开源硬件和 DIY 精神。

开源的概念虽然很新，但是在中国，“山寨”厂家实际对这个概念的实现已经做得非常成熟了。目前“山寨”厂商实现的上下游

印度电影《三个傻瓜》中的四旋翼飞行器

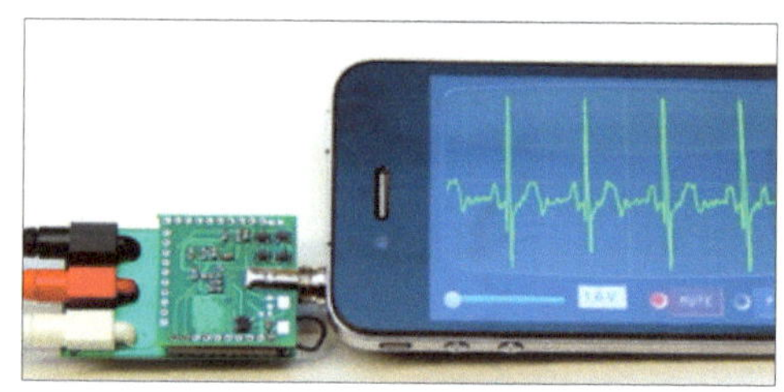

HiJack 技术在 iPhone 上的应用

传播开源硬件的实体社区

合作、周边产业合作等都非常频繁，其实这就是一种开源。在合作交流的过程中，大家对现有硬件进行复制并创新，并且反复这个过程，使得产品的品质不断提升，从而具有一定的竞争力。我们目前进入开源硬件领域的好处是，不少原料供应商已经了解了开源硬件是怎么运作的，你可以借助这些产业链将产品国际化，做出自己的品牌，而不必去淘宝上拼价格，更重要的是，与“山寨”唯一不同的是，你的产品是完全合法的。

因此，我们提出了“新山寨”这个概念，这是建立在开源硬件的资源开放基础上的。我们可以有效利用现代“山寨”的微生产能力，利用快速的网络营销来推广我们的创新产品。

Google 也开始致力于基于开源技术的 ADK 的开发

CONTENTS

目 录

第 3 章 基于成品套件的制作

第 1 章

入门级制作项目

01 试制石墨导电液

02 发光二极管自制实验

03 不用电的磁悬浮陀螺

04 低碳环保的工艺灯

05 用 3D 软陶泥制作光控“小蘑菇”

06 自制简易非接触式交流验电笔

07 用 3D 打印笔“建造”独一无二的埃菲尔铁塔

08 用 SketchUp 为电子制作设计适合 3D 打印的外壳

试制石墨导电液

◇ 陈子启

笔者从国外的杂志上看到一篇介绍石墨导电液的文章，出于好奇，我买了一些石墨粉做了个实验，果然有效。成本很低，难度也不大，于是想推荐给大家，共同体验石墨导电液的乐趣。

1.1 调配石墨导电液

我采用的“配方“如下。

（1）石墨粉（最好用电阻率高的细颗粒石墨粉）。在网上可以买到，润滑用的石墨粉就行，最好在150～200目，目数越大，效果越好。我花了30元，买了约100g，现在刚用了约1/3。

（2）白醋一瓶（实际用量不大，9元一瓶）。

（3）白色胶水一小瓶（1元）。

石墨导电液制作方法如下。

先在玻璃杯中放一勺石墨粉，然后加入白醋，使醋液没过石墨粉，即刻进行搅拌，搅拌均匀后停置几分钟，使石墨粉沉淀到杯底。

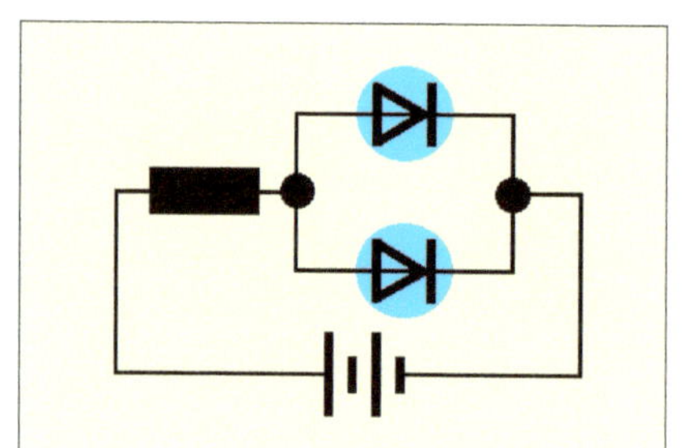

图1.1 超简单的电路原理图

用一个医用的注射器将石墨粉上的醋液抽出，留下黑色的石墨粉沉淀。

最后把白色的胶水倒入杯内，再一次搅拌，使石墨粉呈浆糊状，这就是我们制作出来的石墨导电液了。

1.2 验证导电性

为了验证这种液体的导电性，我做了一个电路小实验，电路原理如图1.1所示，超简单，用两个发光变色二极管和一个电阻组成电路，这个电阻就是石墨导电液涂成的长条，经过测量，电阻大约1kΩ。

在做实验之前，首先要弄清楚石墨导电液导电的特性。我先用石墨导电液涂了几个长条和一个圆（见图1.2和图1.3），发现它们的阻值大致符合电阻定律——与长度成正比、与截面积成反比。但由于石墨涂层的厚度和石墨导电液的浓度不好控制，多少有点误差。一条面积为21cm×4cm的条形石墨涂层，阻值约1.5kΩ；面积是18cm×2cm的条形石墨涂层，阻值约10kΩ；圆形的石墨涂层（半径约4cm）阻值约800Ω。

多次测量发现，一段不太宽的3~5cm长的条形石墨涂层，阻值在1kΩ左右。读者如果动手做的话，最好先用万用表测一下电阻。做阻值大的电阻并不难，但是要

■ 图 1.2　条形石墨涂层（经测量，粗条阻值约 1.5kΩ，细条阻值约 10kΩ）

■ 图 1.3　圆形石墨涂层，直径约 8cm，阻值约 800 Ω

做一个阻值几欧姆的电阻，就比较困难了，这恐怕要把几张 A4 纸涂满石墨，然后并联起来。总的来说，石墨导电液的电阻还是可控制的。

1.3　电路制作

（1）先画一只猫，我使用了一幅猫的黑白图（见图 1.4），这样猫毛的颜色接近我制作的石墨导电液的颜色。

（2）将要涂石墨导电液的地方改成白色，为下一步涂石墨导电液做准备。可用 Photoshop 的选择工具选一长条，然后填充白色，当然也可用其他方法（见图 1.5）。

（3）把图打印到一张表面略微粗糙的白板纸上。

（4）纸打印好以后，用胶水粘贴到一块薄木板上，晾干后用毛笔蘸石墨涂液涂到预留的空白处。

（5）在电子市场上买一些带有镀银芯线的细导线，剥去绝缘外皮，露出镀银芯线，用两根这样的线分别贴到石墨涂层的两端，晾几分钟后，再用透明胶带封牢。这样，石墨条两端引出的两根引线就像一个电阻的两端。再在木板上钻两个小孔，把线头穿到背面，然后使石墨涂层和电池、二极管按照图 1.1 所示电路连接起来，电池用的是 3V 的纽扣电池，全都放在图案背面。

■ 图 1.4　先画一只猫

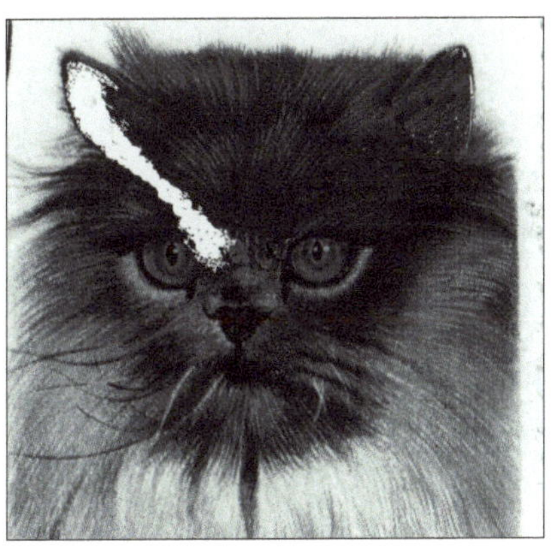

■ 图 1.5　将要涂石墨的地方改成白色

（6）在木板上正对猫眼的地方钻两个小孔，镶入两个变色的发光二极管，如图1.6所示。电路接通后，猫的两只眼睛闪闪发光，生动有趣。

（7）线路连接好后，接通电源，你就可以看到猫的两只眼睛不断闪亮，在电路里还可以加一个开关控制通断。

我的实验只是用了两个发光二极管，用多个也是没问题的。通过这个简单的实验，我们可以掌握简单的用石墨导电液代替降压电阻的方法。

图1.6　在猫眼处镶入两个发光二极管

另外，如果采用比较高的电压也应该是可以的，因为石墨是耐高温的材料，工业上很多高压设备多用石墨作电极，只是石墨导电液的载体就不能使用纸张了。感兴趣的读者可以自行尝试。

02 发光二极管自制实验

◇潘文简

用矿石在家里制作 LED 发光管，多么神奇的事情，我以前从来没想到过这个事情的可能性，直到看到这个——http://neazoi.com/homemadeled/。

为什么对这个这么感兴呢？

（1）知道有矿石收音机这个东西，但是从来没有动手做过，一块石头、天线和地线，就能收到很远之外发射来的广播信号，这可是满足人类与生俱来的好奇心的最好实验。这个实验和它有异曲同工之妙。

（2）可以让你体验一下类似于当“科学鼻祖”的感觉，体会一下突然发现了大自然奥秘的狂喜。

制作这个东西的关键是碳化硅矿石，要找到合适的碳化硅矿石。碳化硅矿石又叫作莫桑石（Moissanite），网上有卖的，而且很便宜，卖家都叫它“孔雀石”，说是天然的，但这个说法是不准确的，天然的碳化硅在自然界里很少。人类在 1905 年才第一次在陨石中发现碳化硅。仅仅两年后，英国无线电工程师 H.J. Round 在为收音机寻找二极管代替材料时发现了它的发光效应。

闲话少叙，开始入正题。首先就是找矿了，这些是我从网上买的一些 SiC 矿石（见图 2.1），前后买了两批，第一批效果貌似不是特别好，于是后面又买了一批。

■ 图 2.1 我买到的碳化硅矿石

制作的时候线路连接也很简单，电源正极加到大面积与矿石接触的点，负极“点”接触到矿石，形成一个点接触的装置，在我的实验里，发现电源在 12 ~ 20V 都可以，更关键的是，发光亮度看起来没什么变化。我用的点接触的探针是如图 2.2 所示的这个样子的，接头是铝的，因为我没有找到好的铜接头。

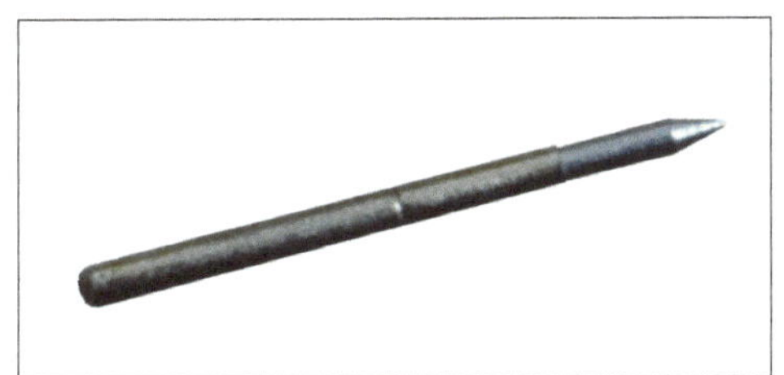

■ 图 2.2 铝接头的探针

整个装置如图 2.3 所示，接上电源，用探针寻找发光点就可以了。

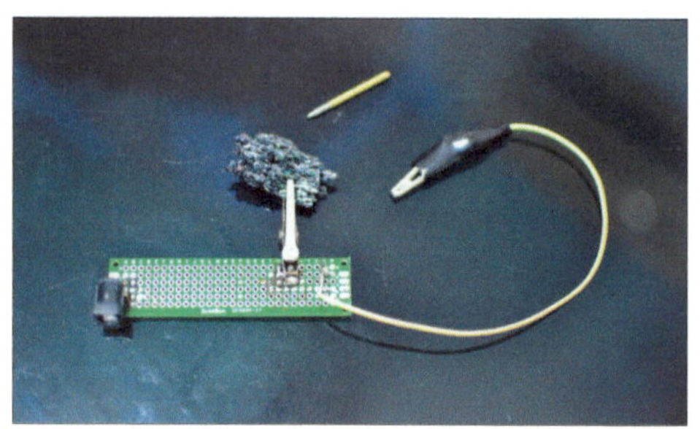

图 2.3 实验装置

实验的结果如图 2.4 所示。触点发出的光比较微弱，但是一般来说在白天或是灯光下还是比较清楚的。

图 2.4 明亮的光线条件下的发光效果

图 2.5 所示是在光线比较暗的地方的实验效果，看得清楚多了吧。发出来的光和最普通的黄光二极管没什么两样。

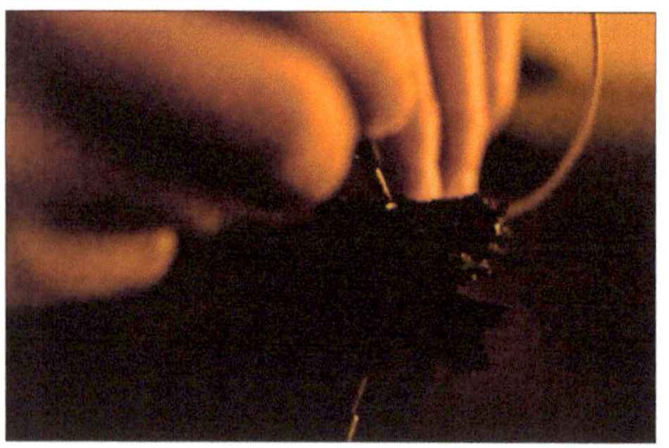

图 2.5 光线较暗时发出的光

这个实验几乎 100% 成功，而且取材很容易，以下是在此实验中总结的一些经验。

首先，要有一个稍微好一点的探针，而且需要外接线连到电源负极，这样我们用探针找不同的点会很方便。我一开始就固定死了负极的探针，结果什么都没发现。

其次，如果还是找不到点，耐心一点，把灯关了，关小黑屋里找，因为有可能大部分点发出的光都很微弱。我一开始发现的点发光都很微弱（不过似乎因为杂质不同而显出不同的颜色），而且亮一会儿就没了。

再次，关于这个亮一会儿就没了的问题，也好办。多买几块矿石，而且可以敲成许多更小的块，这样可以多试试不同的小矿石，很快就能找到“长明”点，而且能找到发光较强的点。最后，增大正极的接触面，再把探针的头用砂纸磨亮一点，发光效果就更明显了。

好了，喜欢探索的你还等什么呢？

03 不用电的磁悬浮陀螺

◇王超

笔者此次介绍的悬浮陀螺不需要控制电路，不用电，只使用铁氧体永磁铁，悬浮高度可达5cm，而且趣味性强！经过适当练习，相信你很快就能成为“悬浮达人”。

3.1 材料与制作

图 3.1 所示为制作所需原材料，具体如表 3.1 所示。

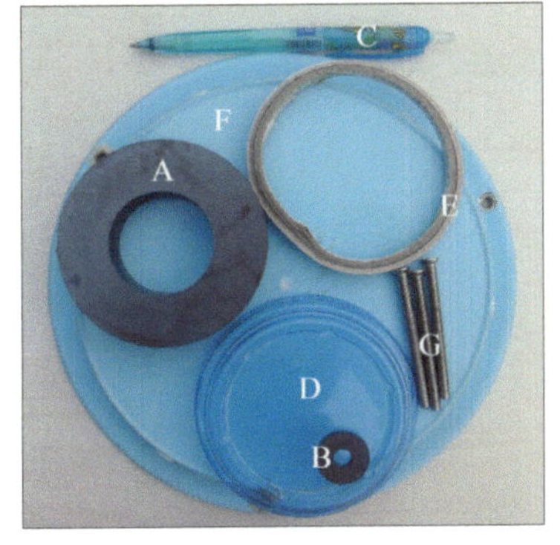

图 3.1 制作悬浮陀螺所需材料

表 3.1 制作悬浮陀螺所需材料清单

标号	名称	数量	备注
A	环形铁氧体磁铁	1 个	内直径 40mm，外直径 80mm，高度 20mm
B	环形铁氧体磁铁	1 个	内直径 7mm，外直径 20mm，高度 5mm
C	废旧签字笔	1 支	利用签字笔芯制作陀螺旋转轴
D	老酸奶塑料盖子	1 个	充当陀螺旋转时的托盘
E	双面胶	1 卷	宽 5mm，制作陀螺旋转轴，陀螺配重
F	塑料底盘	1 个	直径大于 80mm，盛放底座磁铁
G	螺丝、螺母	3 套	非铁磁性材料，即磁铁不能吸附，用于调节塑料底盘的水平度

环形铁氧体磁铁 A 充当底座磁铁。悬浮陀螺受到底座磁铁的排斥力，当此排斥力与悬浮陀螺受到的重力大小相等、方向相反时，悬浮陀螺就可以悬浮了。铁氧体磁铁 B 用来制作悬浮陀螺。

在底座磁铁的规格是内径 40mm、外径 80mm、高度 20mm 的条件下，笔者也曾经试验过用其他规格的小型环形磁铁制作过悬浮陀螺，但是效果不好。笔者认为，目前用于制作悬浮陀螺的小型环形磁铁内径不宜过大，不应该比旋转轴（签字笔芯）大出太多，同时小型环形磁铁的外径也不应过大。如果您的底座磁铁不是笔者所提供的规格，那么小型环形磁铁的规格可以适当调整。图 3.2 所示为底座磁铁 A 与悬浮陀螺磁铁 B 的比例视图。

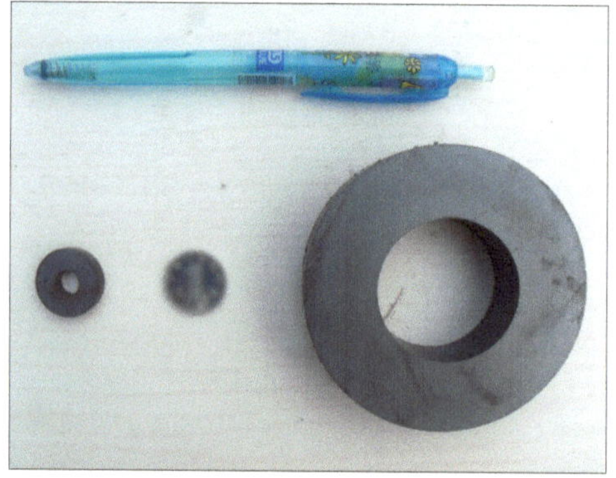

图 3.2　环形铁氧体磁铁 A 与 B

图 3.3 所示为塑料底盘。在塑料底盘的边缘均匀地钻 3 个孔，孔的大小应与螺母的大小相近。打完孔后将螺母填入孔中，并使用 AB 胶水将螺母与孔之间的缝隙填补上。

当螺母与塑料底盘固定好后，将螺丝拧入螺母（见图 3.4）。在 3 个螺丝分别安装好后，悬浮陀螺的底盘就大功告成了。

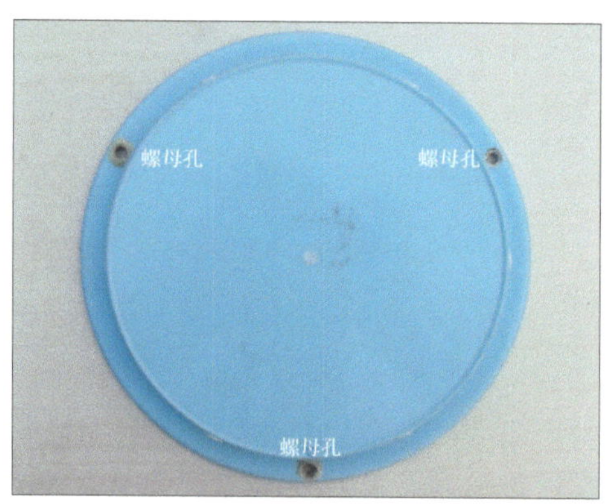

图 3.3　悬浮陀螺塑料底盘

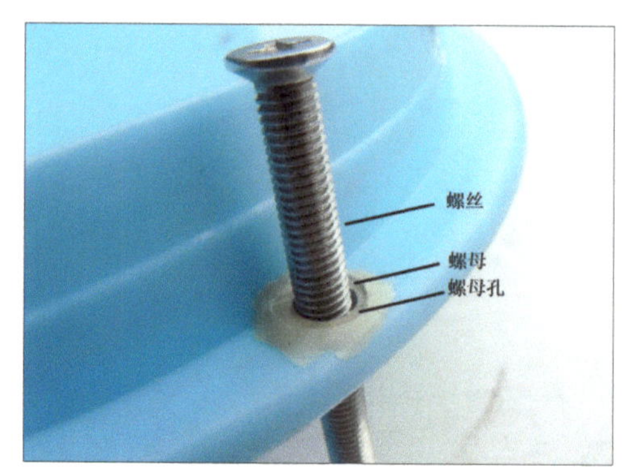

图 3.4　将螺丝拧入螺母

现在开始制作悬浮用的陀螺。取出废旧签字笔的笔芯，并清洁干净（见图 3.5）。

将笔头去除，并将笔芯截短（见图 3.6）。笔芯余下的 L 段长度大约为 5mm，因为悬浮陀螺磁铁的高度为 5mm。

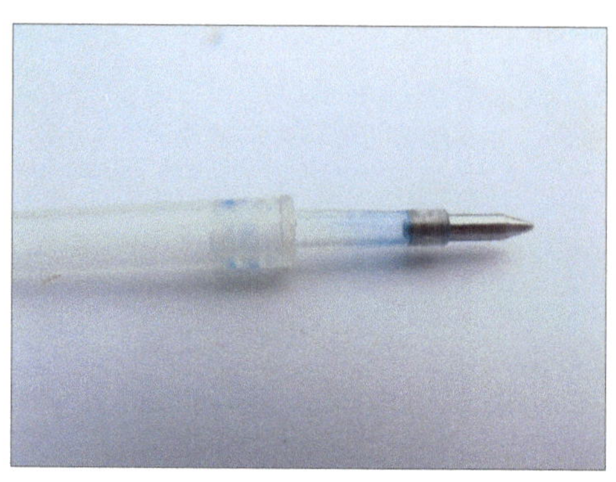

图 3.5　废旧签字笔笔芯

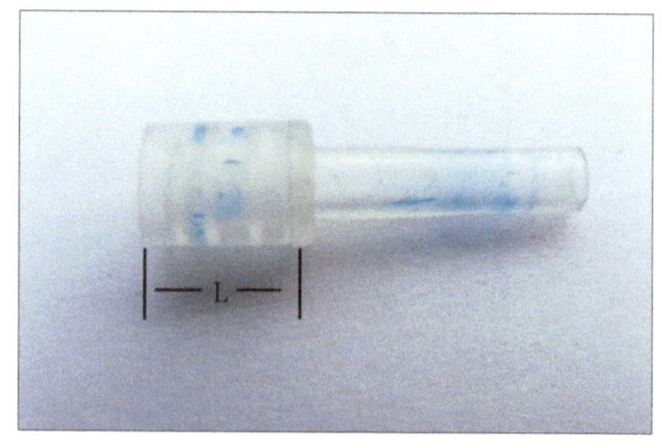

图 3.6　去除笔头截短后的笔芯

在图 3.6 中 L 段缠上宽度为 5mm 的双面胶（见图 3.7）。注意，此时只用双面胶的胶层（正反两面都有黏性），而不用白色的阻胶层，当 L 段的直径在双面胶的包裹下达到大约 7mm（悬浮陀螺磁铁内径大小）时即可。

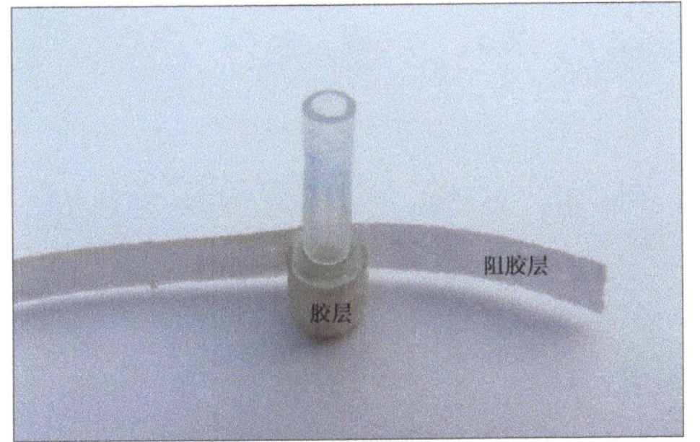

图 3.7 给 L 段缠上双面胶

将制作好的旋转轴塞入悬浮陀螺磁铁，旋转轴应与磁铁的内壁紧密接触，以保证旋转轴位于陀螺磁铁的中心（见图 3.8）。

图 3.8 将旋转轴塞入悬浮陀螺磁铁

取一根牙签截断，将截断后的一小段牙签放入旋转轴（笔芯）（见图 3.9）。牙签也应该与笔芯内壁紧密接触。然而市面上卖的牙签有粗有细，如果手头上的牙签太粗（不能插入笔芯），或者太细（不能紧紧插入笔芯），那么都不能达到要求。可以多买几种试试，或者用木柄棉签的木柄削制。

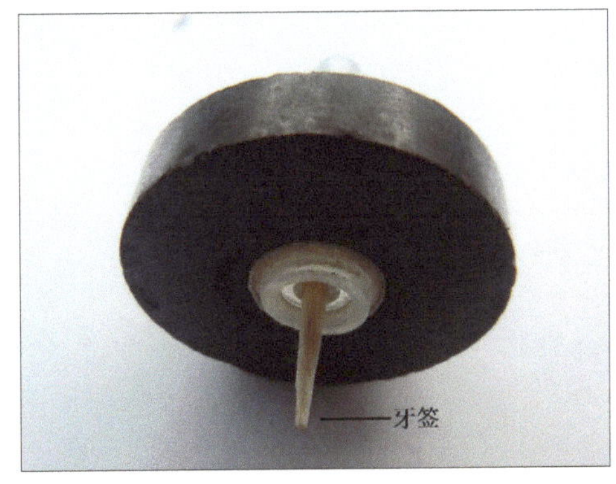

图 3.9 将小段牙签放入旋转轴

“悬浮陀螺”基本完成后，需要适当配重。将宽度为 5mm 的双面胶缠在悬浮陀螺磁铁的外壁上（见图 3.10）。注意，此时是将双面胶的胶层与阻胶层同时缠在陀螺磁铁的外壁，这样可以较快地改变陀螺的质量。在缠胶时应缓慢均匀，完美匀称的陀螺是悬浮的必要条件。在陀螺磁铁的外壁缠若干层即可，因为在后面的步骤中还要适当地增减陀螺的质量。

图 3.10 将双面胶缠在悬浮陀螺磁铁外壁上

完成后的悬浮陀螺如图 3.11 所示。此时，你可以转动一下陀螺，如果陀螺的旋转轴没有太大的摆动，就基本上满足了要求。如果旋转轴摆动得很厉害，那就要适当调整旋转轴了。

■ 图 3.11　完成后的悬浮陀螺

图 3.12 所示为悬浮陀螺旋转时用到的托盘。笔者用的是老酸奶的塑料盖子，甜筒冰激凌的盖子也行。

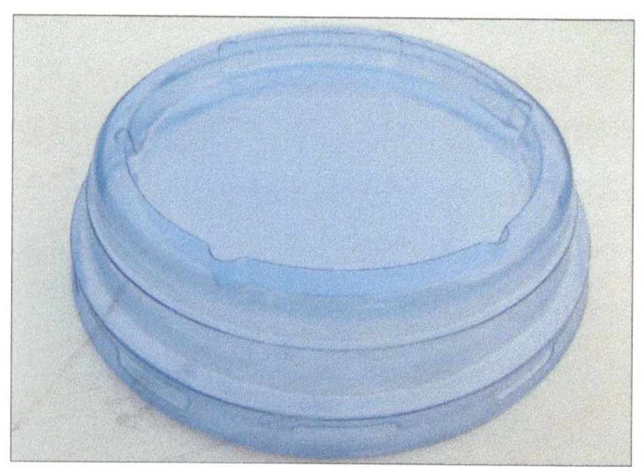

■ 图 3.12　悬浮陀螺托盘

将塑料底盘的 3 个调平螺丝大致调节在同一高度，然后将底座磁铁放在底盘上。再将托盘放在底座磁铁上。随后将悬浮陀螺放入托盘中，如图 3.13 所示。

正常情况下，悬浮陀螺会按照图 3.14 所示情况被底座磁铁吸附在内孔处。此时应注意一个细节，陀螺的下部因为底座磁铁的吸附而与托盘紧密接触。如果大家制作时发现底座磁铁排斥陀螺磁铁，那就将底座磁铁上下颠倒即可。

■ 图 3.13　将悬浮陀螺放入制成的托盘中

■ 图 3.14　悬浮陀螺吸附在内孔处

3.2　陀螺质量调节与底座水平度调整

按照图 3.15 所示，将陀螺旋转起来。起初，因为底座磁铁对陀螺磁铁有很强的吸引力，再加上不熟练，大家会发现陀螺很难旋转起来。此时，可以适当抬高托盘，使陀螺受到的吸引力减小。

如果能够将陀螺旋转起来，那就可以调节陀螺的质量了。

首先将陀螺旋转起来，然后缓慢将托盘向上托起，托的过程中不能太快，如果太快陀螺会有较大摆动。在上托过程中，陀螺的转速会改变。要想达到悬浮状态，陀螺的速度不能太快，也不能太慢。通过控制托盘的上托距离与速度，可以调节陀螺的转速。当托盘达到一定高度时，陀螺会逐渐进入悬浮状态，即陀螺受到的排斥力逐渐与陀螺受到的重力相平衡。

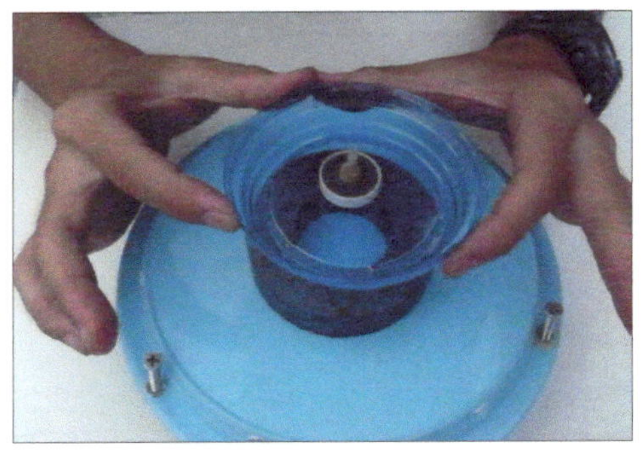

图 3.15 旋转陀螺

如果你的陀螺质量合适，在上托过程中，当陀螺快要达到悬浮点时会有轻微的跳跃，即陀螺自动进入悬浮区域。如果陀螺太轻，陀螺在上托时会猛然跃起，这样是不能进入悬浮状态的。此时，可以在陀螺磁铁的外壁上再缠几层双面胶，用以增加陀螺质量。如果陀螺太重，底座磁铁的排斥力就不能与陀螺受到的重力相平衡，陀螺就不会出现微跳，并且会一直往下掉，那么就要适当减少陀螺上缠绕的双面胶了。

在上述调节过程中，大家会发现，陀螺会固定往一个方向偏离，这是底座不在水平线上，且与底座磁铁磁场分布不均匀造成的，可以通过调节调平螺丝使陀螺不再偏离。如果你的运气好，此时陀螺基本上就可以悬浮了！

如果陀螺不能悬浮，那就再适当调整陀螺的质量吧。采用上述规格的磁铁，陀螺可以悬浮 3.5cm 以上（见图 3.16），并且悬浮时间一般都可以达到 90s。

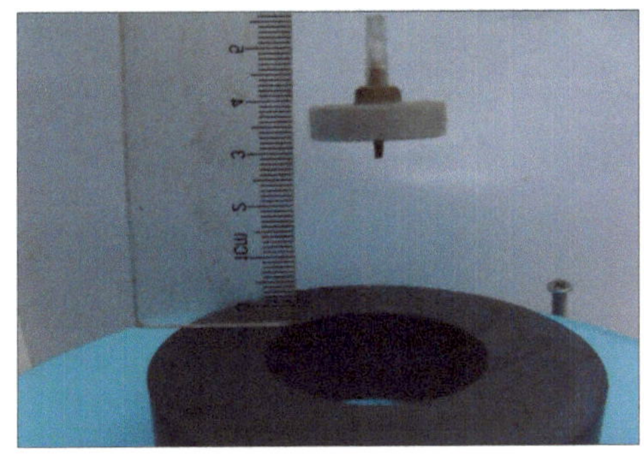

图 3.16 悬浮起的陀螺

3.3 原理简述

要想使物体稳定地悬浮在某一位置，必须使其在此位置处受力为零，并且当有外界的扰动时，必须有回复力使物体回到原位置。因此，我们可以总结一下，稳定悬浮的条件有：（1）悬浮体受到的外力合力为 0，（2）有回复力使悬浮体回到原稳定点。

然而，对于满足平方反比关系的力场，其对应的位能没有局部的极大值或极小值，所以不能提供回复力。我们常见的重力场、静电场、静磁场均为平方反比力场，所以在静态条件下，不能通过永磁铁使物体达到稳定的平衡状态。

而陀螺之所以能够悬浮起来，是因为陀螺旋转时是动态平衡，而非静态平衡。当外界有轻微扰动时，陀螺会出现绕轴旋转的进动，通过进动使陀螺回到原先的稳定点。当陀螺转速下降到一定值时，进动的作用变小，陀螺就不能维持在稳定点，随即会从空中跌落。

04 低碳环保的工艺灯

◇陈宇伦

在吃完最后一粒口香糖后，正要丢弃瓶子时，我忽然发现它的外形很漂亮，于是灵感来袭，准备将这个口香糖瓶子 DIY 成一个艺术作品。希望朋友们看了这篇文章会有所发现，美丽的东西就伴随在你的身边，就看你能不能多那么一点点 DIY 的心思了。

4.1 设计思路

我先将口香糖空瓶子打开，仔细观察，发现它内部是一个透明的、活动的塑料圆筒。内部空间很大，如果把它做成一个笔筒，它的可活动的性能就彻底被忽略了，那么做成什么好呢？我发现它的底部不是平的，而是圆锥形的，这个圆锥形的底把整个透明圆筒分成了一大一小两部分空间，观察到这里，我灵机一动，好，就将口香糖瓶子做成一盏 LED 艺术灯吧。

4.2 设计原理

原理非常简单，就是将多个 LED 并联后串接适当的限流电阻（参数见表 4.1），然后接到直流电源上。

4.3 元器件及工具

首先准备 20 个 LED 散光灯珠，散光的 LED 用来做这个作品，效果是非常好的。你可以根据自己的喜好任选 LED 的颜色，也可不同颜色混搭，每个 LED 的功率选择可根据自己的喜好而定，但发热量不要太大。在此，我选择的是白色散光 40mA 双灯芯的 LED（见图 4.1）。

表 4.1 制作所需的材料参数

LED：5mm 双芯片大草帽白灯
电压：3.2 ~ 3.4V
电流：40mA
单个 LED 功率约为：0.128W
并联 20 个 LED 总功率约为：2.6W
寿命：工作电流 40mA 下，约 10 万小时
使用电阻：如果用碳膜电阻，理想值是 45Ω，可选用 47Ω 或者 51Ω，电阻越大，LED 越暗。如果不在乎光衰，只追求亮度，还可以将电阻值选得小点

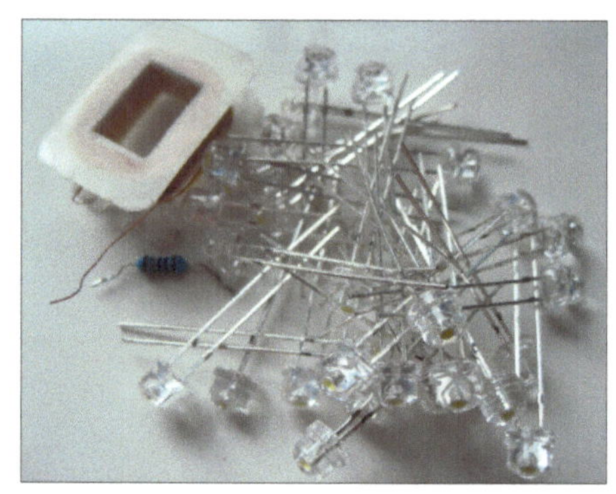

图 4.1 LED 灯珠

一个限流电阻，这个电阻的大小要根据实际电流大小和使用的电源电压情况，计算得出数值。

5V 直流电源可以选用电脑 USB 口的电源，还可以选用手机或者 MP3 播放器等

5V 充电器作为电源。为什么选用 5V 直流电源呢？因为 5V 直流电源是目前生活中最容易得到而且转换也非常方便的电源。

一些铜丝和极细的漆包线，如果手头没有极细而且柔韧性好的漆包线也不用发愁，这种漆包线可以在损坏的耳机线中得到。

一个损坏的 USB 口的鼠标，将鼠标的 USB 线沿着鼠标头部剪断备用。

别忘了还要准备最重要的东西——圆筒的口香糖瓶子（见图 4.2）。

■ 图 4.2　口香糖瓶子

工具方面需要一个小电钻、一把热熔胶枪，还需要一个 30W 电烙铁，焊锡最好使用低熔点焊锡丝（见图 4.3）。

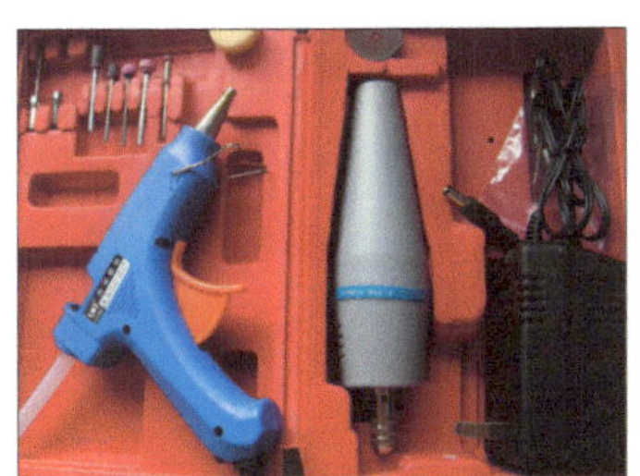

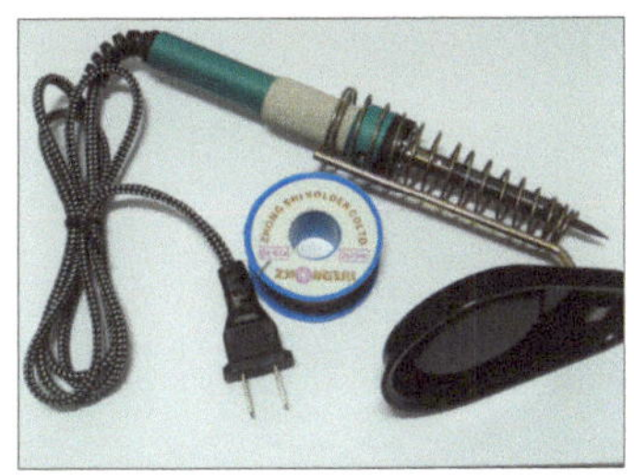

■ 图 4.3　小电钻、热熔胶枪、电烙铁和焊锡丝

4.4　制作步骤

首先将口香糖瓶子拆解开（见图 4.4）。将内部的浅紫色透明塑料圆筒的圆锥形的底部，用直径 2mm 的钻头钻 40 个间距相同的竖孔，再将 20 个 40mA 的 LED 依次按同正或同负规律插入 40 个孔中，插入完成后，用热熔胶枪将每个 LED 从底部粘住，并给引脚留出焊接的余地（见图 4.5）。

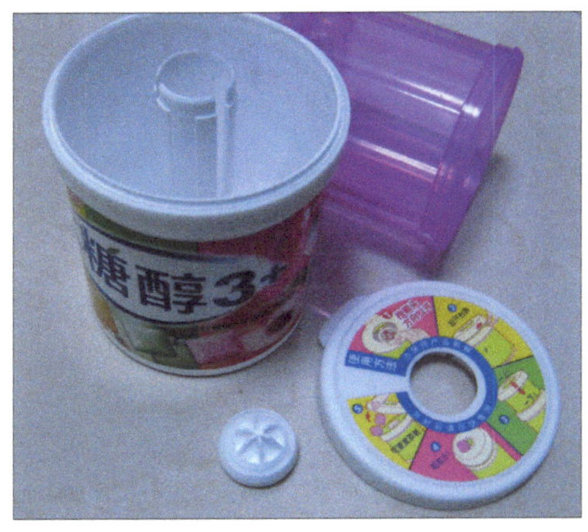

■ 图 4.4　拆开瓶子

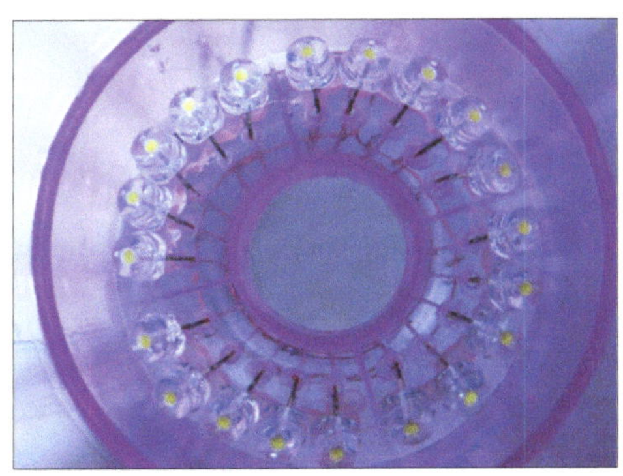

■ 图 4.5　固定 LED

然后把每个 LED 的正极和负极引脚分开较大的距离，再用两段铜丝以圆形形状、并联方式焊接好每个 LED 的正极和负极，

正、负两极不能短路。然后将事先计算好的限流电阻焊接在 LED 的正极上。再把一根极细耐折的漆包线焊接在正极限流电阻的另一端，负极也同样用漆包线焊接好（见图 4.6）。

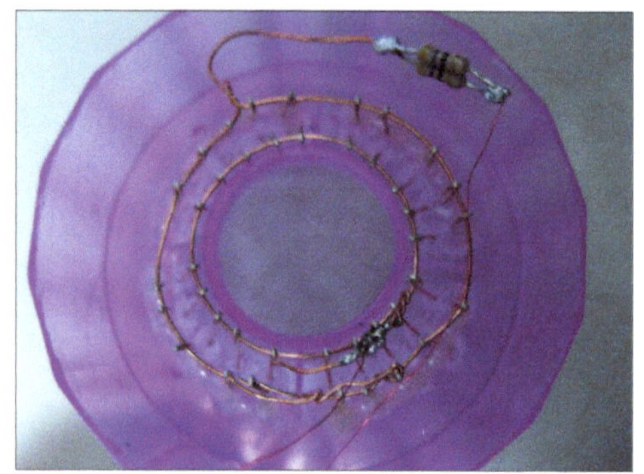

图 4.6　焊接好 LED 引脚和电阻

需要注意的是，焊接漆包线前，先将其各个端头用壁纸刀清除上面的油漆并上点锡，以利于焊接，并可避免出现假焊现象。

灯的主体部分完成后，就要对口香糖盒子进行组装了。在口香糖圆筒外壳底部上边一点的位置钻一个能够把 USB 线伸入的孔，然后在外壳圆筒中间的小圆柱中间把两根漆包线分别对应好正、负极连接在 USB 线上。如果不知道 USB 线中 4 根导线哪根是正、哪根是负，就将 USB 线接在 USB 电源上，然后用万用表测量。正、负极连好后，用热熔胶枪将其牢牢粘在底部，防止断裂（见图 4.7）。

电路部分都完成了，接下来，把漆包线都整理到外壳中间的小圆柱里，再把安有 LED 的内筒装回外筒中，盖好中心固定用的白色小盖子，这样一盏低碳环保的工艺品小灯就做成了（见图 4.8），是不是很简单呢?

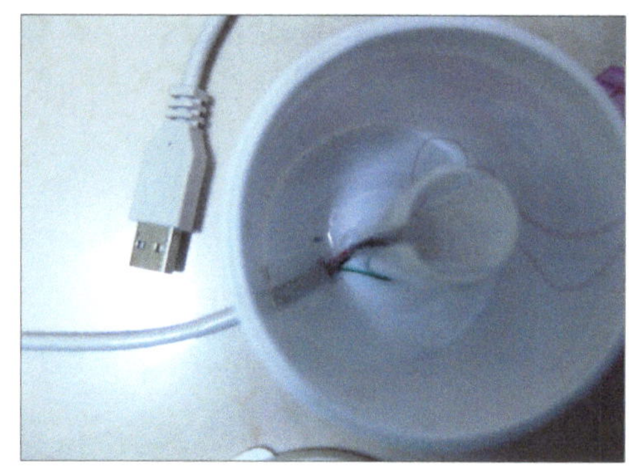

图 4.7　对内部进行加工

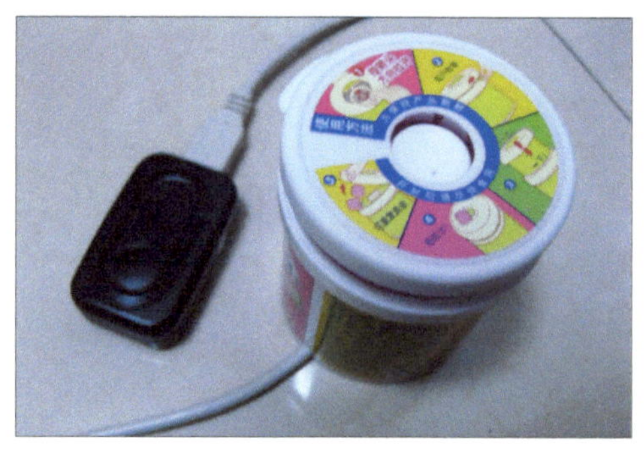

图 4.8　制作完成的工艺小灯

这盏工艺品小灯，我没有设置电源开关，如果读者觉得有个电源开关比较方便，也可以再加一个电源开关在上面。至于开关安装到瓶子的哪个位置，就凭个人喜好了。

这盏灯在需要点亮的时候接通电源，然后将内筒的灯柱抽出即可，不用可以断电将灯柱收回。由于这盏灯用了 20 个 40mA 的 LED，所以夜里用起来非常亮。如果觉得在夜间当作夜灯太亮了，那么可以将灯柱收回到外壳内，这样灯光被白色的外壳挡住，光线就不会太亮了。

发挥你的想象力，充分利用身边现有的资源，让低碳生活为你带来一个个惊喜，DIY 的乐趣就在于此，让你我共同携手，来呵护我们美丽的地球吧。

用 3D 软陶泥制作光控“小蘑菇”

◇陈爽

夜里用电脑时屋里黑乎乎的，连键盘都看不清，开日光灯又影响家人休息。因此想去买一个 USB 的 LED 灯，原则是使用起来越省事越好，最好是能接移动电源、能光控的那种灯。但是找来找去发现很多感光灯都需要固定位置并接 220V 市电才行，都不是我想要的。

思前想后就打算干脆自己动手做一个 USB 光控 LED 白光灯，设计用 3~5V 的电压。3~5V 的电压应用广泛，不论是用干电池还是电脑电源抑或是手机电源都适用，如果配合起移动电源来会更方便。说干就干，拿出我积攒的各类电子元件和小工具，先有模有样地准备着。东西是准备全了，用什么样的电路是个大问题，经过仔细的计算和推敲，终于画出了一个合乎我要求的电路来（见图 5.1）。

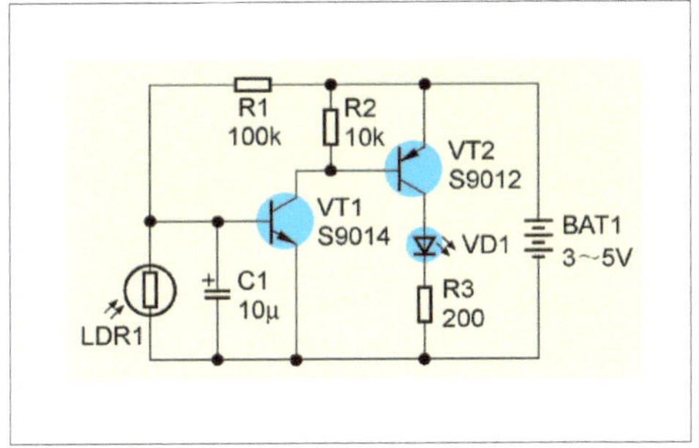

图 5.1 电路原理图

有了电路图，下面我简单介绍一下设计思路和工作原理。

5.1 设计思路

这款灯由光控电路来控制开关的闭合和断开。控制器采用光敏电阻，白天光线强时，电阻值小，而晚上光线暗时，电阻值大。利用光敏电阻的这一特性来控制发光二极管电路的通断，从而实现白天灯自动熄灭，晚上自动点亮。

5.2 工作原理

电路中 R1 和 LDR1 串联分压，当有光照射到光敏电阻时，使 LDR1 阻值减小，VT1 分压少，基极电位被拉低而处于截止状态，因而可将 VT1 视为开路状态，e、c 间电阻无穷大；这样 VT2 基极电位较高，VT2 无法导通，故 LED VD1 不亮。反之，晚上光敏电阻没有受到光照或光线较暗时，光敏电阻阻值增大，VT1 的基极电位较高，VT1 导通处于放大状态，这样集电极输出较大电流，R2 上的压降较大，因而 VT2 的基极电位较低，VT2 的 U_{be} 较大，使得 VT2 导通，LED VD1 发光。电路中多加了一个电容，这个电容的作用是让 LED 亮或熄灭改变状态时不闪烁。在 LED 上连接了一个电阻 R3，这个电阻起到限制电流的作用，电源接 5V 时，*R*3 一般在 150 ~ 1000Ω 即可。R3 的阻值大小影响 LED 的亮度，电阻 *R*3 小时，LED 亮些，*R*3 可以自己按实际情况设定。如果电源接 3V 的电压，R3 也可以去掉。

这个电路比较简单，容易理解，为了让没有电子电路基础的朋友也能动手制作，我把每个元器件及工具都附上照片，让初学的朋友可以看电子元器件照片来识别和制作。这个电路一共由 8 个电子元器件组成，元器件成本仅在 3 元左右，可谓经济划算。

5.3 元器件和工具

开始动手做，首先准备需要用到的元器件及工具。

❶ 准备一个光敏电阻 LDR1- GL5516，也可换成 GL5528，这两种光敏电阻的不同之处仅仅是对光的敏感度不同而已。

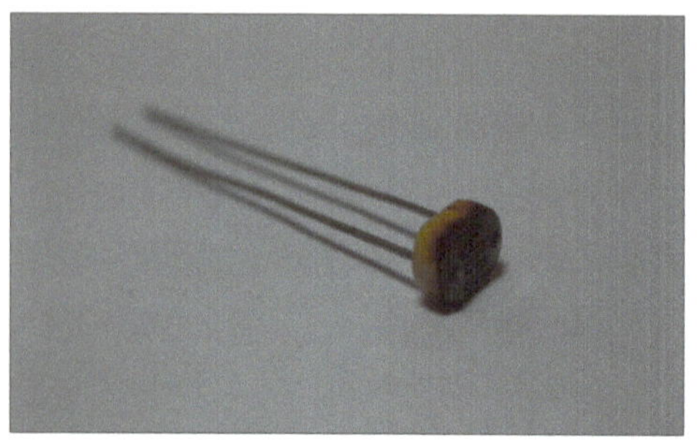

❷ 准备 8 个高亮白光 LED（对应电路图中的 VD1），电压为 3.2~3.4V，根据不同用途，可以换成电压为 3.2V 的任何颜色的 LED，也可以多种颜色并联搭配使用。

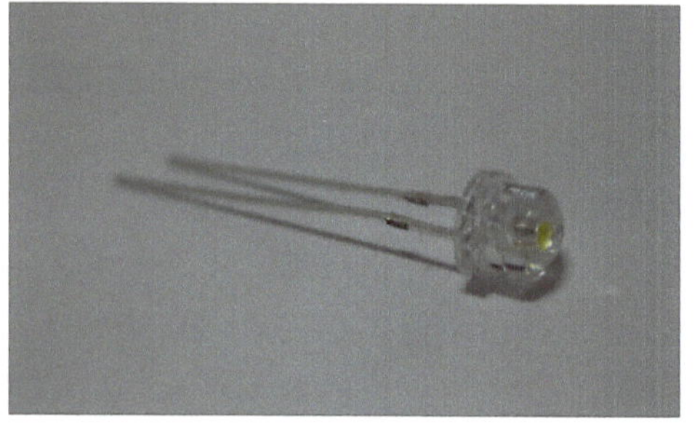

❸ 准备两个三极管，一个是 S9014，另一个是 S9012，也可以换用 S8050 和 S8550。如果手头有贴片三极管，更节省空间。初学者可以这样辨别三极管的 3 个引脚，把图中三极管平面朝自己，3 个引脚从左到右分别是 e、b、c，也可以用万用表测量。

❹ 准备电解电容器 C1，大小可以是 1 ~ 10μF。因为这枚电容要放到 USB 的后盖里，所以体积越小越好，也可用贴片电容。电容值的大小影响到LED在有光的情况下熄灭的速度，电容值小，LED 熄灭响应迅速；电容大，LED 熄灭稍微缓慢一点。

❺ 准备 3 个电阻，*R*1 为 100kΩ、*R*2 为 10kΩ、*R*3 为 150Ω，也可用贴片电阻，更能节省空间。其中 *R*3 的大小根据个人要求而改变。

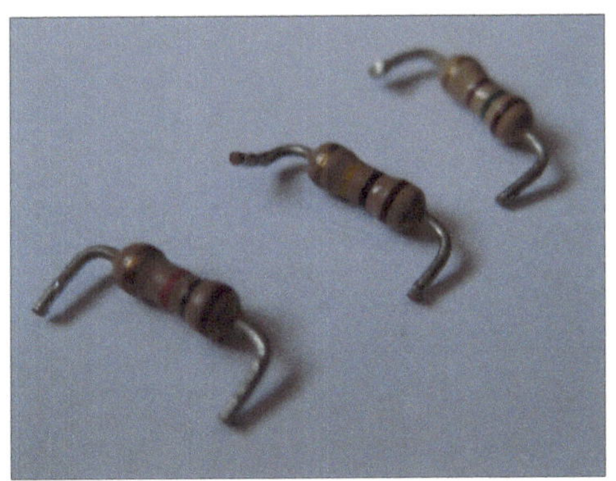

❻ 准备一个 USB 带壳公头。

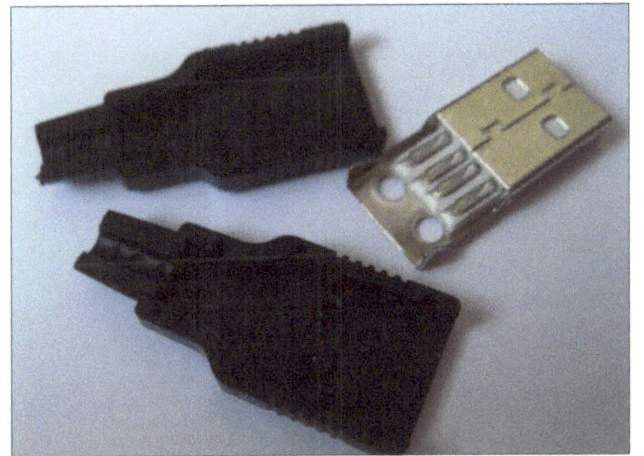

❼ 要准备的工具有 30W 电烙铁和低熔点焊锡丝。

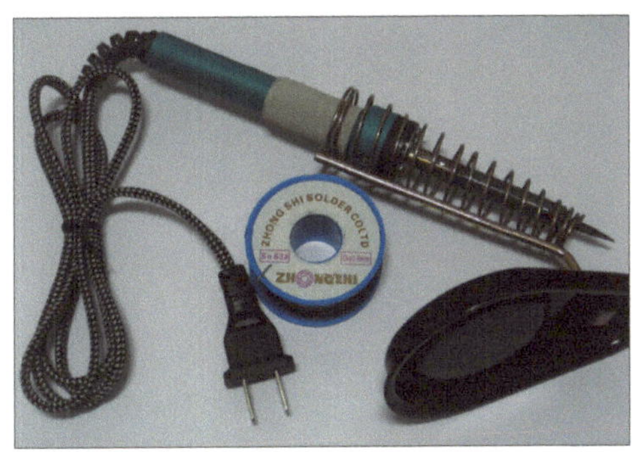

电子元器件和工具准备完成后，就可以按照电路图焊接了。由于空间有限，没办法制板焊接，只能将元器件尽可能地紧密焊接，以便装到 USB 插头的盖子里。

5.4 制作步骤

❶ 首先，用壁纸刀将 USB 公头的正反两面外壳都截断。

❷ 然后将焊接好的元件焊接在 USB 的两边电源接线柱上，图中 USB 头里上面的第一个接线柱为正极，第四个接线柱为负极，不要接反哦。

❸ 接下来焊接 LED，我这里做了一个 8 个 LED 并联的灯组，所以 R3 限流电阻可使用小一点的，我用了 150Ω 的。如果只用单独一个 LED，电阻用几百欧姆的就行。

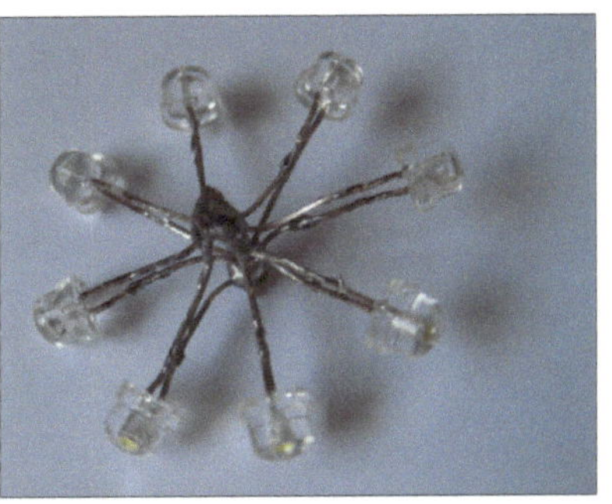

4 然后将焊好的电路和 LED 灯组焊接在一起。

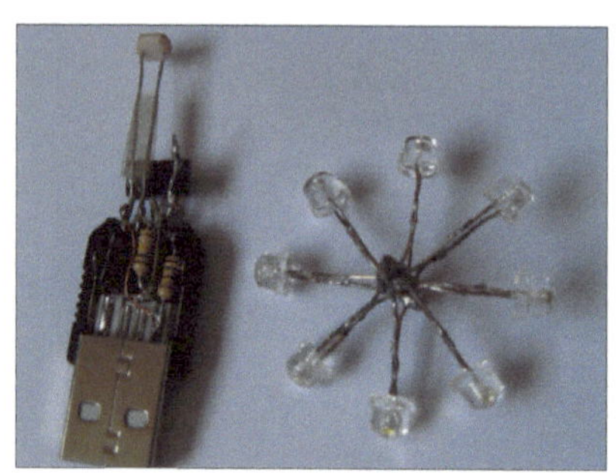

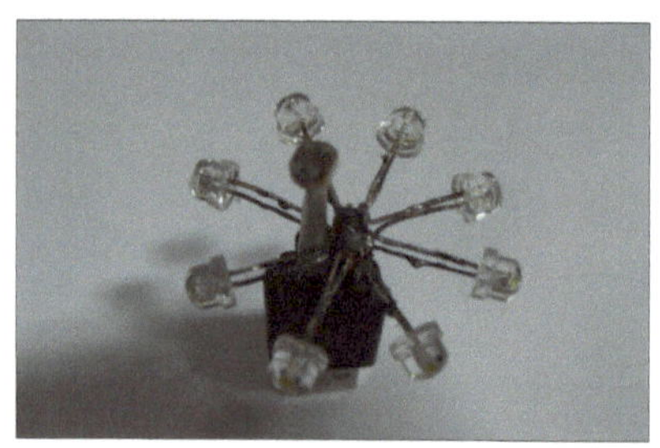

5 焊接好了，现在看起来可能有些丑陋，我们可以在安装外壳之前试一试效果。

■ 有灯光的情况下接通电源 LED 不亮

上图是将做好的 USB 光控 LED 灯在有灯光的情况下插到 USB 移动电源盒上，LED 不亮。下图是将屋子里的灯关掉后的情况，LED 亮了起来。这说明光控功能起作用了，而且它的感光相当灵敏，对日光和各种灯光的感光效果都很好。

■ 关掉光源之后 LED 亮了起来

5.5 用 3D 软陶泥制作外观

到了关键的步骤了，大家屏住呼吸，集中精神。

手工美化这个感光灯，这可是个细致的工作啊，对没有耐心的朋友可是个考验。朋友们看到我上面做的 8 个头的 LED 估计也能猜到，就是要做植物大战僵尸里面最威风、最厉害的多嘴小蘑菇。

我是用 3D 软陶泥做的蘑菇外形，这种软陶泥的优点是容易塑形，塑形后烧制简单，而且结实耐用不易碎，手感还好。先要准备白色、黑色和紫色的 3D 软陶泥各一块。

1 话不多说，先做一个多嘴小蘑菇的白色身体部分。

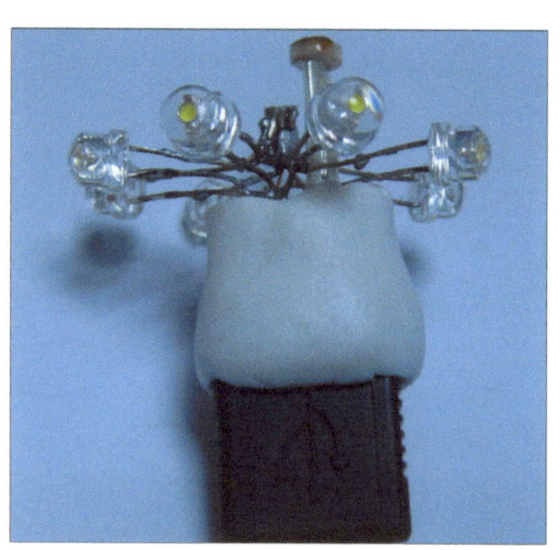

❷ 做完白色身体就该做大大的紫色的头了，这个不像是单纯捏橡皮泥那么简单，因为紫色头部里面还有电子元器件呢，所以我把紫色的头部分两步做。头顶上面要弄一个大小合适的洞，将光敏电阻感光部分全部露出来，光敏电阻不能只露感光表面，经过我的试验，只露表面感光效果不好。

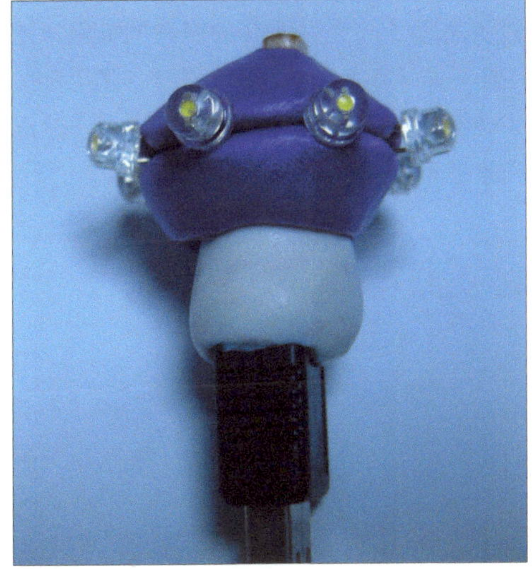

用紫色软陶泥做蘑菇头

记得露出光敏电阻

❸ 看看是不是有点样子了，接着将 8 个小喷嘴都做好。正好将 8 个 LED 包到多嘴小蘑菇的小喷嘴里，呵呵，这个设计我想了好久呢，是不是很精巧？

❹ 下面就是做多嘴小蘑菇的眼睛了。

❺ 这样多嘴小蘑菇就算捏好了，下面就要塑形烧制了，把捏好的多嘴小蘑菇放到烤箱里，调好温度开始烧制，我烧制的温度是 120℃。这个温度我是根据我的 3D 软陶泥的材质性质来设定的，我试验发现 120℃对里面的电子元器件和外面的塑料壳没什么影响。烧好后，等温度降下来，取出 USB 光控 LED 灯，看看是不是很可爱啊，而且手感很好，捏一捏还有点弹性，真的很不错。

❻ 别光顾乐了，先试试吧，看烤箱把里面的电路烤坏没有，将其插到移动电源上。

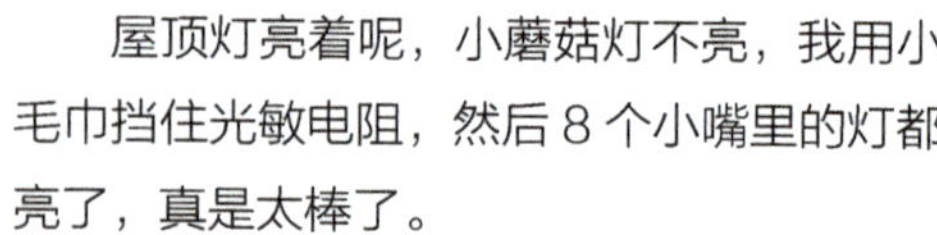

屋顶灯亮着呢，小蘑菇灯不亮，我用小毛巾挡住光敏电阻，然后 8 个小嘴里的灯都亮了，真是太棒了。

这样一个 USB 光控 LED 彩泥工艺灯就制作完成了，你学会了吗？

这个 DIY 自由性很强，做成什么样都可以。我做得起劲，又做了一个豌豆射手（见图 5.2），也是同样的感光灯。这个小豌豆射手就用了一个 LED，放在它的嘴里，光敏电阻安装在头后的叶子下面了。用手挡住光敏电阻，豌豆射手的小嘴亮了，是不是很有意思？你也赶紧动手做一个吧！

■ 图 5.2　豌豆射手感光灯

自制简易非接触式交流验电笔

◇陈爽

在我们的日常生活中，有时会出现需要检测通电线路哪条带电的情况，这时我们首先想到的工具就是验电笔。下面我就跟大家探讨一下这个方便实用的电工安全小工具。

我们俗称的“电笔”，其实它的学名叫低压验电器，是用来检测低压导体和电器设备外壳是否带电的一种常用的装置。目前，电笔通常有氖管式验电笔（见图 6.1）、数显式验电笔（见图 6.2）和非接触式验电笔（见图 6.3）三种。

低压验电器，顾名思义是用来检验对地电压在 250V 及以下的低压电器设备的。氖管式验电笔主要由触头、降压电阻、氖泡、弹簧等部件组成。这种验电器是利用电流通过验电器、人体、大地形成回路，使电流通过氖泡发光进行工作的。只要带电体与大地之间电位差超过 36V，验电器的氖泡就会发光，低于这个数值，就不发光，从而可以让我们来判断低压电气设备或线路是否带有电压。这种经典的最有代表性的氖管式验电笔用电学定律是很好解释的。根据欧姆定律 $I=U/R$ 和串联电路的总电阻关系式 $R=R_1+R_2$ 以及验电笔的构造特点，得到以下分析结论：当验电笔检测某一导线是火线还是零线时，通过验电笔的电流 I（也就是通过人体的电流）$=U$（加在验电笔和人体两端的总电压）$\div R$（除以验电笔和人体两端的总电阻）。在测火线时，火线与地之间有电压 $U\approx$ 220V，人体电阻一般很小，通常只有几百到几千欧姆，而验电笔内部的电阻非常大，通常有几兆欧，通过验电笔的电流（也就是通过人体的电流）很小，通常不到 1mA，这样小的电流通过人体时，对人没有伤害，而这样小的电流通过验电笔的氖泡时，氖泡会发光。测零线时，$U=0$，$I=0$，也就是没有电流通过验电笔的氖泡，氖泡不发光。这样我们就可以根据氖泡是否发光判断交流线路是火线还是零线了。

数显式验电笔与氖管式验电笔主要区别就是前者笔体本身带 LED 显示屏，可以直观

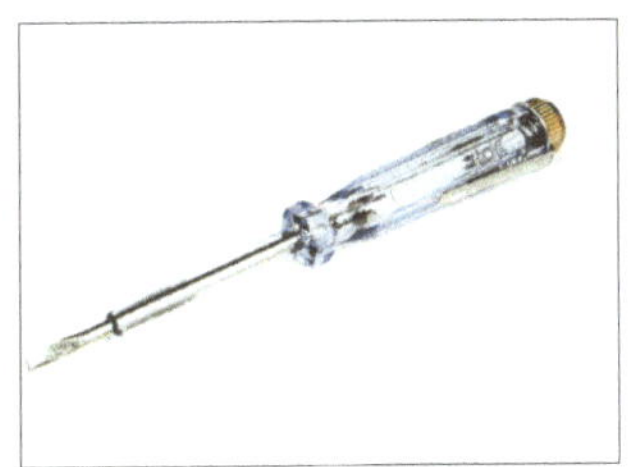

■ 图 6.1 氖管式验电笔

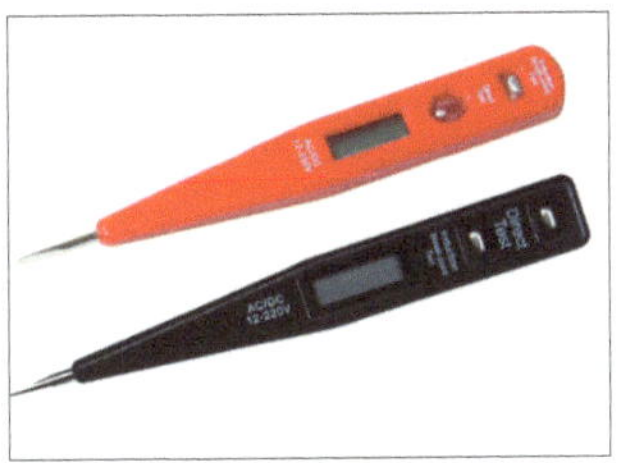

■ 图 6.2 数显式验电笔

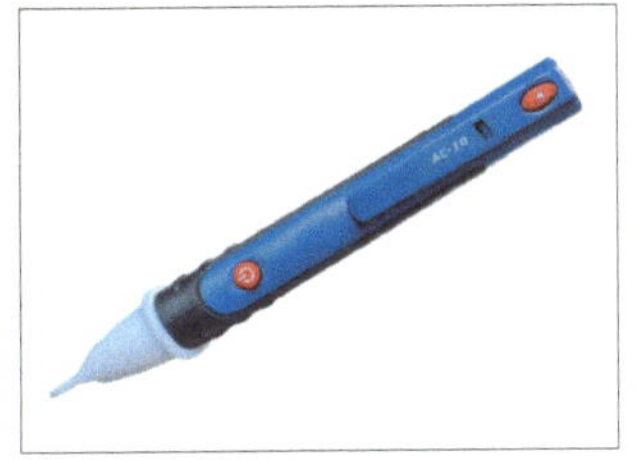

■ 图 6.3 非接触式验电笔

读取测试电压数值，还有就是数显式验电笔多了一个感应测电极。数显式验电笔的辅助功能非常强大，比如判断感应电、判别交流电源同相或异相、区别交流电和直流电、判别直流电的正负极、作为零线监视器、判别物体是否产生有静电、粗估电压、判断用电器接脚是否接触良好等。

非接触式验电笔是咱们今天要谈论的主角。它跟前两种验电笔相比，最大的优势就是安全度高，因为它不用接触金属电极或金属外壳，隔空就能判断该电器设备或该条线路是否存在交流电压，这就极大地保证了使用者的人身安全。它还有一个更突出的功能，那就是它能隔着墙壁或者物体检测到墙壁里的电线通断情况以及电压的存在与否，比如检测外观完好带皮导线里的电线内芯到底断在哪里，我们常用的接触式的验电笔对此就无能为力了。所以拥有一个非接触式验电笔是非常必要的。

那么非接触式验电笔是如何实现验电的功能的呢？下面我们就制作一个简易的非接触式交流验电笔来了解一下它吧。

非接触式验电笔的电路图如图 6.4 所示。下面简单介绍一下电路工作原理，这个电路非常简单，其中三极管 VT1、VT2 组成的复合三极管，与三极管 VT3 连成了直

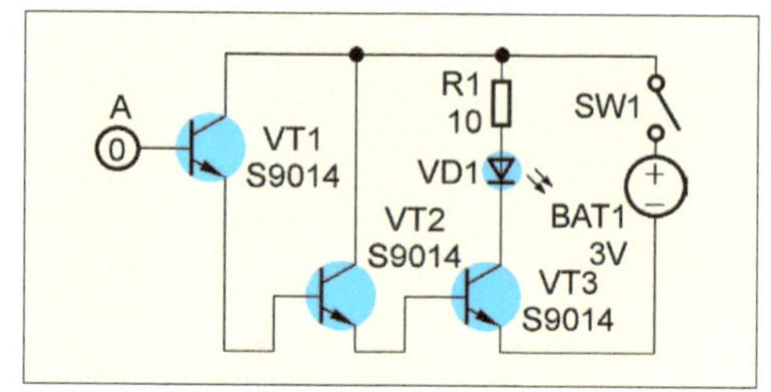

图 6.4　非接触式验电笔的电路图

接耦合射极放大电路。VT1 的基极接金属箔片 A，VT3 的负载为发光二极管 VD1 及其限流电阻 R1（这个限流电阻 R1 可以根据 LED 的实际情况自己定数值）。当金属箔片 A 靠近交流 220 V 的火线时，会感应到极微弱的交流电信号，则三极管工作在放大状态，经 VT1 ~ VT3 放大后，驱动发光二极管 VD1 发光。但当金属箔片 A 靠近零线时，无感应电信号，VT1 ~ VT3 均为截止状态，VD1 不发光。由此根据 VD1 的亮灭变化，不用接触电极便可查找出哪根是火线哪根是零线。

下面我们准备电子元器件：3 个 S9014 三极管、一个发光二极管（颜色自选）、一个小开关、一个限流电阻（见图 6.5）、一块洞洞万能板和金属箔片（见图 6.6）、纽扣电池（见图 6.7）。

电子元器件准备好后，我们准备辅助工

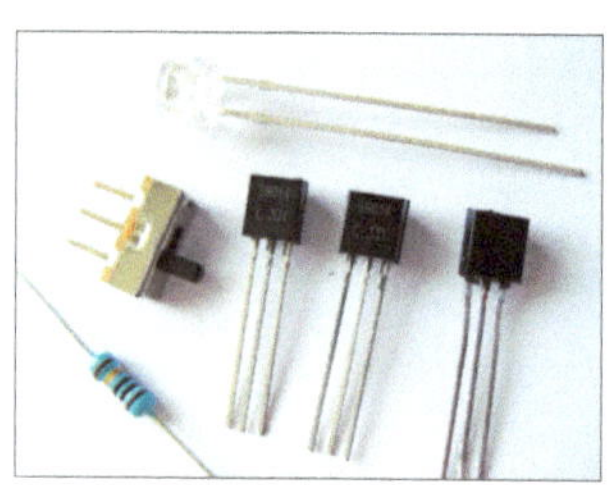
图 6.5　三极管、LED、小开关、电阻

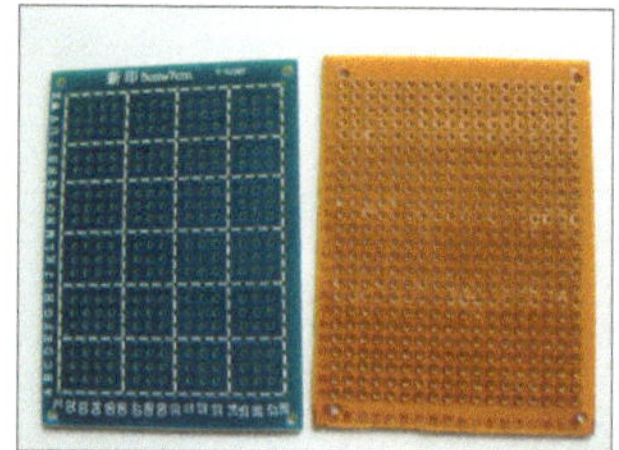
图 6.6　洞洞板

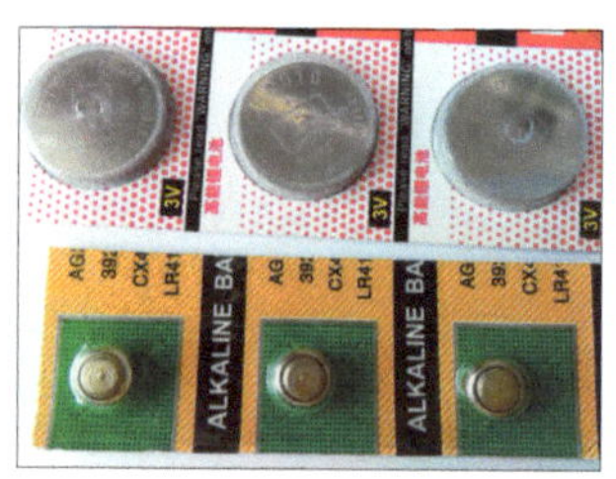
图 6.7　纽扣电池

具：焊接工具一套（见图 6.8）、热熔胶枪、小电钻、壁纸刀等（见图 6.9）。

以上都准备好后，下面我们找一根比较粗的有透明部分的笔，当然也可以是一根细一点的笔（见图 6.10），但是为了安全考虑，这些笔的头部最好是不导电的塑料材质的，不要是金属的。或者找一个读卡器或者 U 盘的外壳（见图 6.11）这些都可以，充分利用现有资源吧，发挥想象力的 DIY 才有乐趣。

选择粗一些笔的目的，是为了让做好的电路和电池能够顺利地放进笔管里。如果选用读卡器外壳，那么发挥余地就大一些，因为它的内部空间比较大，容易将洞洞万能板制作的电路和电池放入其中。有条件的 DIY 爱好者，也可以准备一些贴片元器件（见图 6.12）将其制作成为体积更小的贴片电路板，这样会更方便携带。

到此，我们就开始按照电路图进行焊接了，至于焊接过程我就不细说了，到底焊接成什么样子就看你的了，只要能放到你准备的笔管里就算制作成功。我制作时先用洞洞万能板做了一个，一是为了先试验下电路的效果，二是为了测试一下电路的灵敏度（见图 6.13）。这个电路的灵敏度适中，大概 5mm 的距离就能感应到电压的存在，对于家用来说应该足够了。后来，为了节省空间，减小电路板的体积让它顺利地放进笔管里，我用软件专门设计了一个 50mm（长）× 5mm（宽）的贴片电路板（见图 6.14），这块电路板的尺寸放进普通中性笔管中是没有问题的。

用腐蚀的方式制作贴片电路板，待腐蚀液中的覆铜板腐蚀完毕后，再将其切割成相应大小，贴片电路板就做制作完成了。

接下来用酒精清洗做好的电路板，选择其中一块比较完美的板子，就可以焊接电子元器件了。看看我焊接好的板子吧（见图 6.15）。元器件焊接完成后，我找了一支笔，

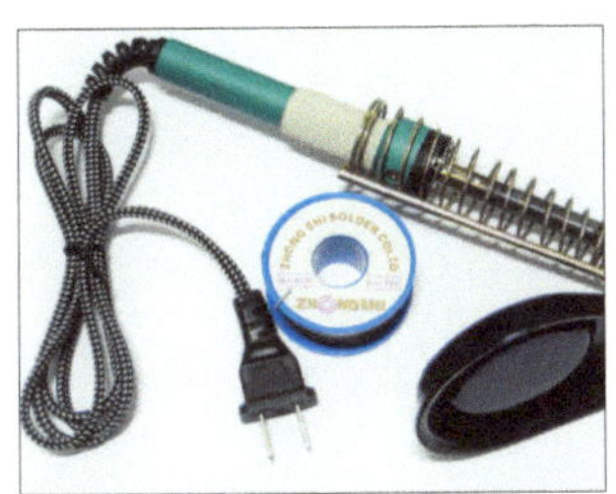

图 6.8 焊接工具

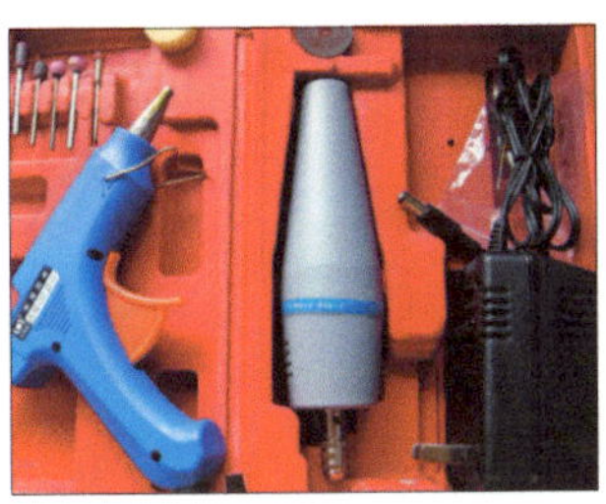

图 6.9 热熔胶枪、小电钻

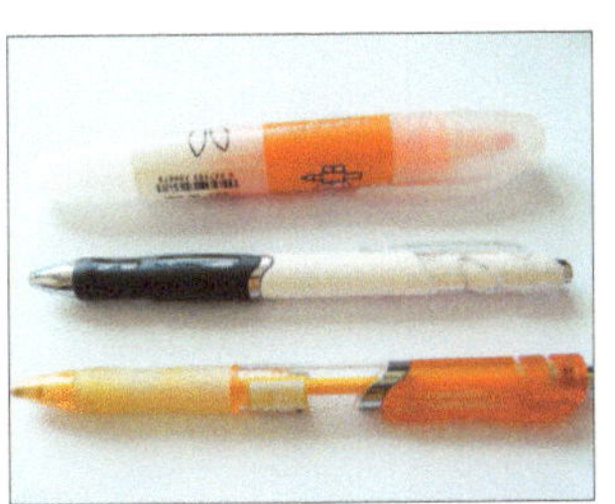

图 6.10 有透明部分的笔

图 6.11 读卡器或 U 盘的外壳

图 6.12 贴片元器件

图 6.13 测试用的电路

大小刚刚装下它，LED 也正好在笔管的透明位置，这样便于观察测量情况。然后安装上电池和开关就 OK 了（见图 6.16），至于电池和开关的位置，自己按照实际情况而定吧。当然这么小的电路板对于组装来说随意性很强，也可以放到 U 盘壳里，用一个 3V 的纽扣电池或者两个 1.5V 的纽扣电池就能驱动电路，方便又实用。

接下来就可以用它来检测一下家里的用电设备有没有漏电，再测测带皮的电线里哪根是火线，哪根是零线（见图 6.17）。如果遇到电线外皮完好、中间内芯断掉的情况就能派上用场了。

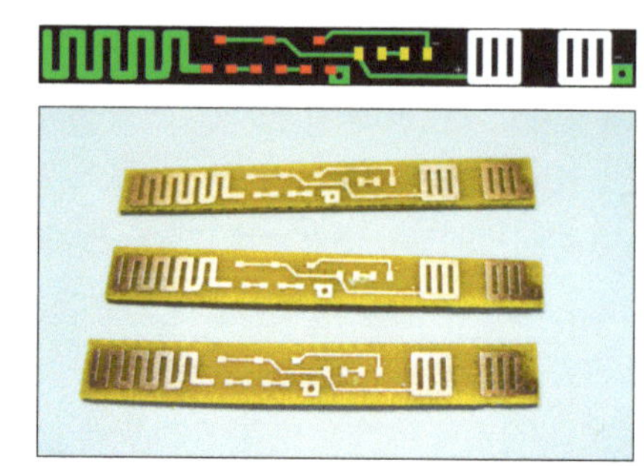

图 6.14　专门设计的贴片电路板

估计看了这篇文章，每个人 DIY 出来的非接触式交流验电笔都是不一样的，但我相信重要的是去享受这个过程。

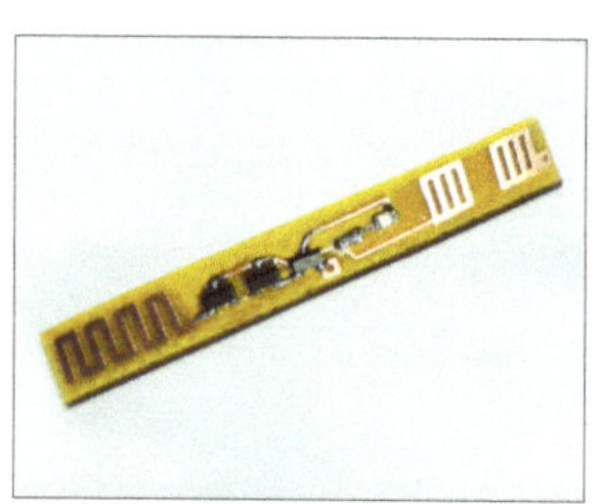

图 6.15　制作好的电路

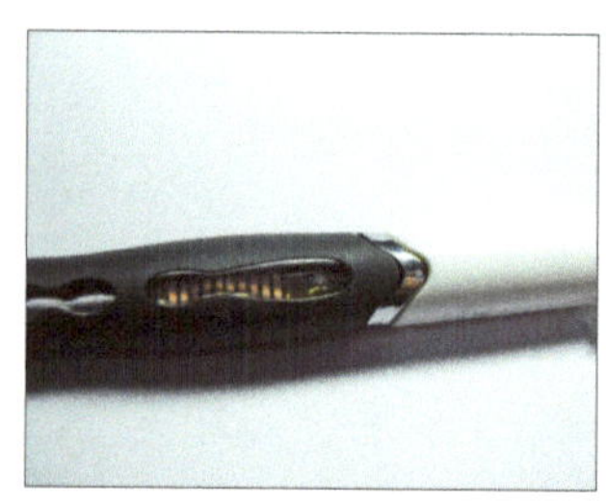

图 6.16　把电路板装在笔里

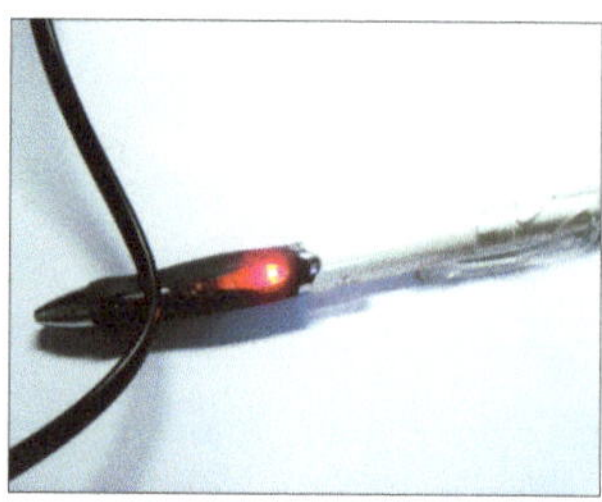

图 6.17　用电线测试验电笔

用3D打印笔“建造”独一无二的埃菲尔铁塔

◇Rover Jay

一个偶然的机会，我看到了一段关于 3D 打印笔应用的演示视频，着实让我感到兴致盎然。虽然我没有铁塔收集癖，但看见网络上用 3D 打印笔“打印”的埃菲尔铁塔，优雅的成品效果和恰到好处的结构也让我有了一份跃跃欲试的冲动。

谈到结构恰到好处，不得不说 3D 打印笔的原理非常适合“打印”埃菲尔铁塔这样每面拥有相同结构的物体，可以通过拓绘 4 个结构完全一样的平面图来完成所有零部件，然后再通过粘合组成完整的铁塔。

按照网络上一张图片的提示，我试着用一支 3D 打印笔“打印”了一个埃菲尔铁塔，用它装点我的书架实在是太酷了！

7.1 绘制平面图纸

首先，要用 Illustrator 软件绘制一幅埃菲尔铁塔的平面图。

我从网络上下载了埃菲尔铁塔的实景图，从中挑选了一张最接近平面效果的大图，并通过 Photoshop 略作修饰后，置入 Illustrator，用线条拓绘铁塔（见图 7.1）。由于埃菲尔铁塔的 4 个面完全相同，所以绘制好一面后，直接复制另外 3 面就可以了。

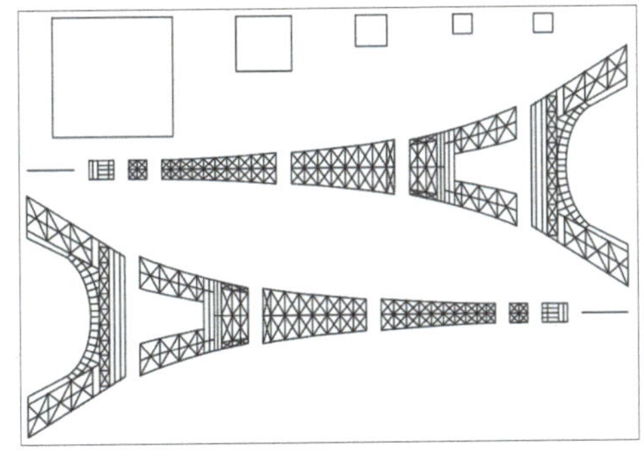

▪ 图 7.1 用电脑绘制的埃菲尔铁塔平面图

之所以要拆分开上下 6 块，是因为铁塔是一个底盘大、顶端小的方锥体结构，拆开更容易控制每两段之间的倾斜角度。另外还要绘制 5 个正方形，作为每一层的连接点，每个正方形的边长，要对应相应部件拆分点的宽度。

最后打印 2~3 份图纸作为备用（见图 7.2）：3D 打印笔绘制时会粘掉打印出来的图纸上的墨粉，因此一张图纸只能用于一次 3D 打印笔描拓。

▪ 图 7.2 打印稿

7.2 工具准备

我们需要准备的工具有：一支 3D 打印笔、一些 3D 打印机耗材（如 1.75mm ABS 耗材）、一把模型剪钳（可用剪刀代替）、一把笔刀、一些纸巾（纸巾的作用相当重要哦，在后面你就可以深切体会到了）、一张垫板和一把镊子，如图 7.3 和图 7.4 所示。

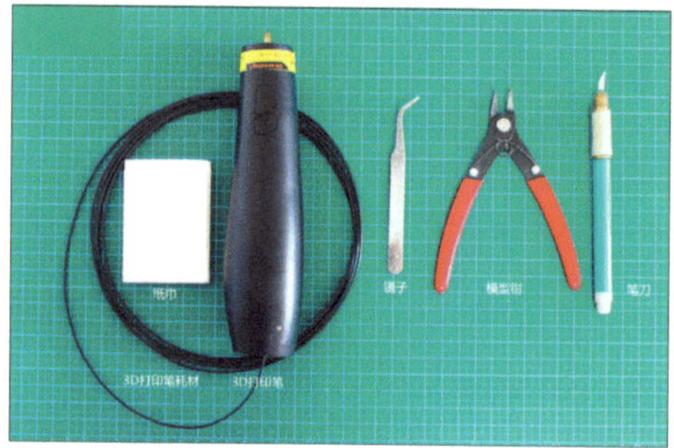

图 7.3 工具

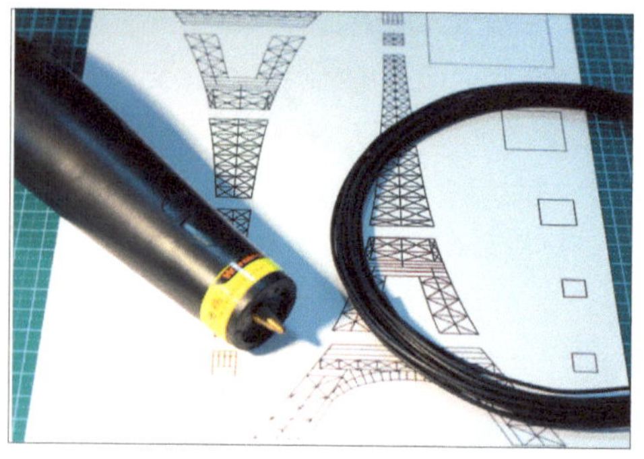

图 7.4 打印笔和平面图纸

3D 打印笔的原理非常简单，很像我们在电子制作中常用的焊接，更与热熔胶枪的工作原理如出一辙，都是通过头部加热融化耗材。你也可以把它视为 3D 打印机的挤压和喷头机构，只是要手动操作，不是由电脑或单片机自动控制。在使用过程中一定不要用手直接碰触金属笔头，否则会被烫伤。打印笔的各部分功能如图 7.5 所示。

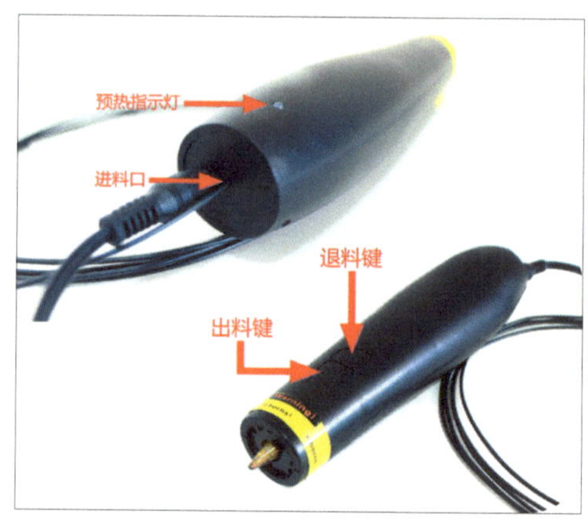

图 7.5 3D 打印笔的各部分功能

插入耗材后接通电源，预热时红灯亮起，等待蓝灯亮起即表示预热完成，就可以在长按出料键的同时稍用力推进耗材，直至笔尖出料为止。退料键用于更换不同颜色的耗材。

预热完成后，笔头在不使用时也会有耗材不断慢慢溢出（见图 7.6），每次绘画前，可用纸巾蘸掉溢出的废料（见图 7.7）。

图 7.6 预热完成后，笔头在不使用时也会有耗材不断慢慢溢出

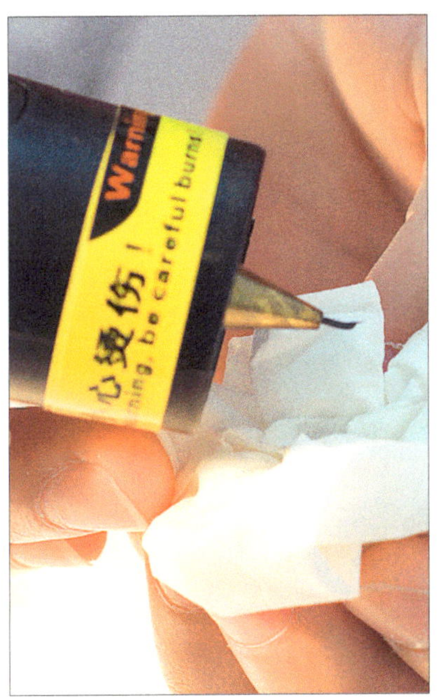

■ 图 7.7 每次绘画前，用纸巾蘸掉溢出的废料

7.3 描拓平面图

下面介绍零部件的描拓步骤。

首先将笔头浮于纸面，按下出料键，并沿着平面图的黑线进行描涂，起点可以贴近纸面，但不必紧贴（见图 7.8、图 7.9）。等出料后，控制力道慢慢移动，移动的速度需要提前练习几次。行笔时不要紧贴纸面，这是为了让笔划粗细均匀，保持美观。过程中，需要遵循以下几个要点。

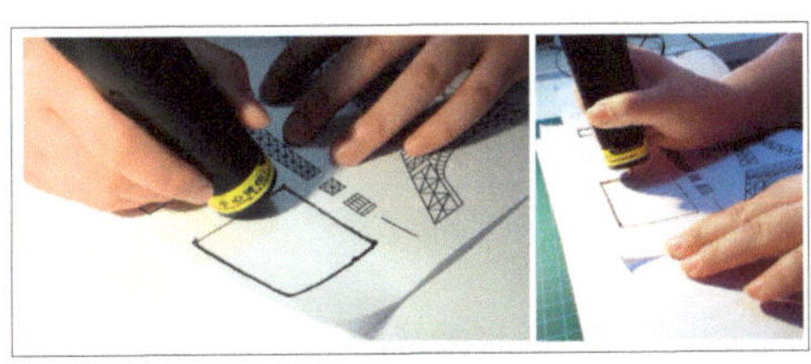

■ 图 7.8 按下出料键，并沿着平面图的黑线进行描涂

■ 图 7.9 描拓零件

（1）行笔不要忽快忽慢，以免拉长、拉细笔划。

（2）边描边轻吹，可以达到快速冷却效果。

（3）在图形的转折处，需稍许停顿，方可画出直角。

（4）尽量一笔完成一个或一组完整线条，如有停顿，没有画好整体形状，可以用模型剪钳在最近的转折处剪断，接着重新绘制。

（5）画线顺序要统一，先画所有的横线，再画竖线，最后画斜线。

（6）收笔时先顿一下，微微下压，然后轻轻抬起一点，松开出料按键，停顿片刻，吹凉后，再抬起打印笔，以免出现“拔丝香蕉”的窘境。

每一个部件需要“打印”4 个，所有零件都做好后（见图 7.10），先用笔刀将每个部件从纸面上分离开（见图 7.11），再用模型剪钳对每个部件进行细致的修整，剪去多余的毛茬（见图 7.12）。处理好的全部部件如图 7.13 所示。

■ 图 7.10　“打印”好的部件

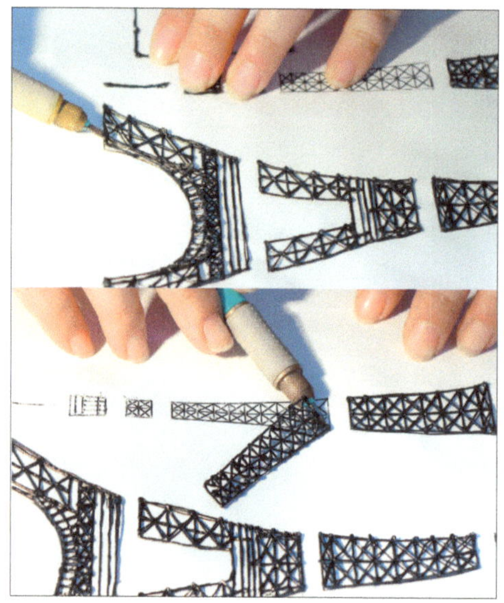

■ 图 7.11　用笔刀将部件从纸面上分离开

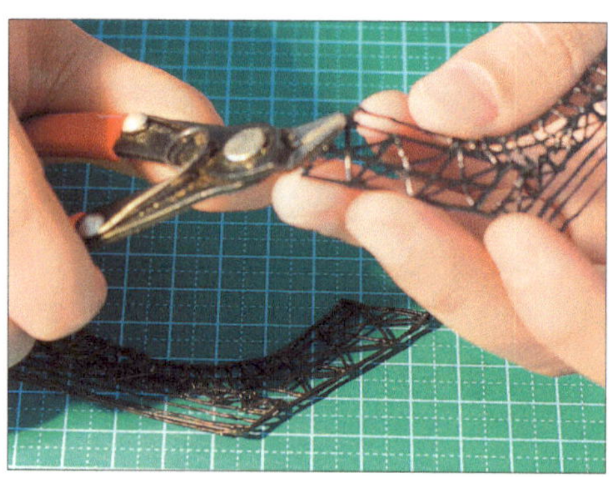

■ 图 7.12　用模型剪钳对每个部件进行细致的修整

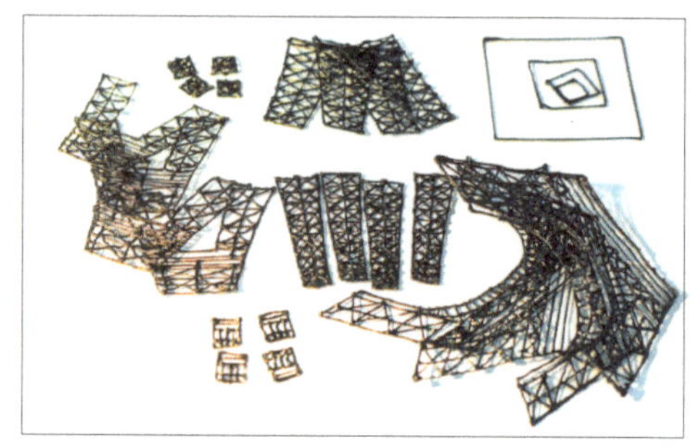

■ 图 7.13　处理好的所有部件

7.4　组装（初步粘合）

依据部件的大小，从大到小进行组装。组装时注意部件的正、反面，正面朝外会更美观。

先将要粘合的两个部件拿好，将要粘合的点对在一起。粘合组装时，先粘合所有部件的两头，用打印笔点一些料就可以，方法与用焊锡焊接类似，目的是固定 4 个面的位置，粘合时拿着部件的手指要控制好将要粘合在一起的两个部件的角度。

如果在粘合的过程中，发现有不满意的地方，可以等晾干后，通过以下两种方法调整。

（1）大幅调整：用模型剪钳剪去粘合点的耗材，再重新粘合。

（2）小幅调整：可以将笔头贴近粘合点，利用笔头的高温让耗材变软，然后及时调整粘合的角度。

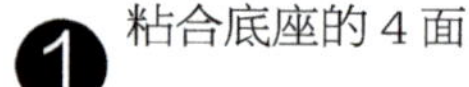

1 粘合底座的 4 面。

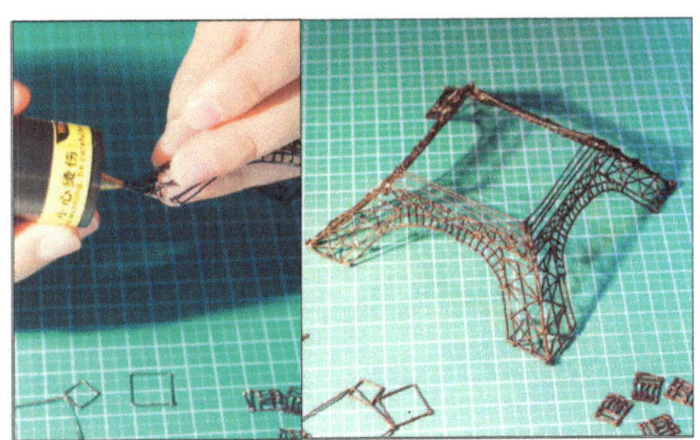

❷ 粘合第 2 层的四面和边框，同样选择点焊接的方式固定 4 个点。先粘合边框和第 2 层其中的一面，再粘合相对的另一面，然后粘合第 3 层的边框，以确保第 2 层的 4 边倾斜角度一致。最后粘合另外两面，完成第 2 层的粘合。

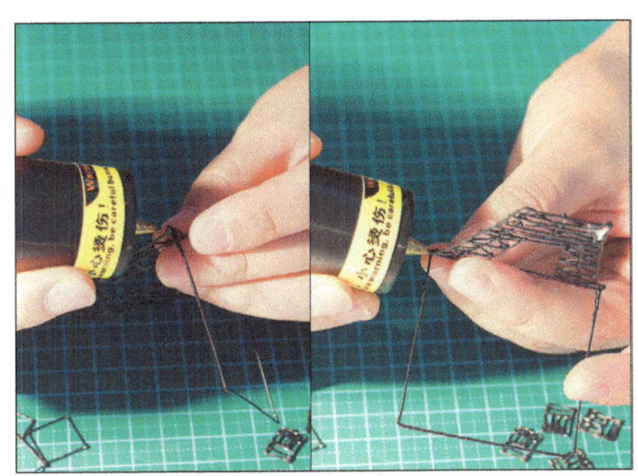

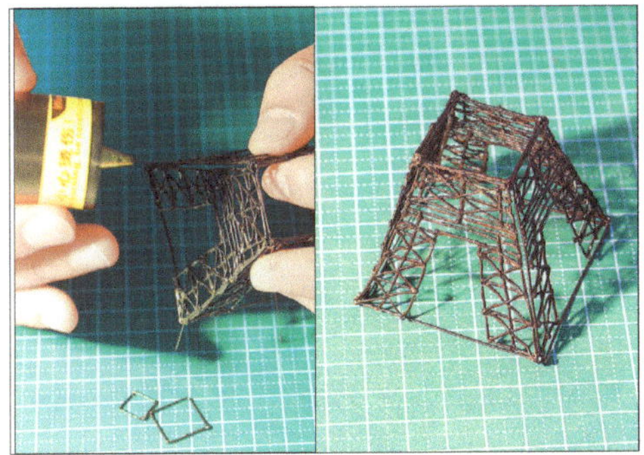

❸ 组合底座和第 2 层，也要只粘合接触面的端点，初步粘合时，尽可能不用长段的线条进行粘合，以方便修正错误的角度和不满意的接合点。

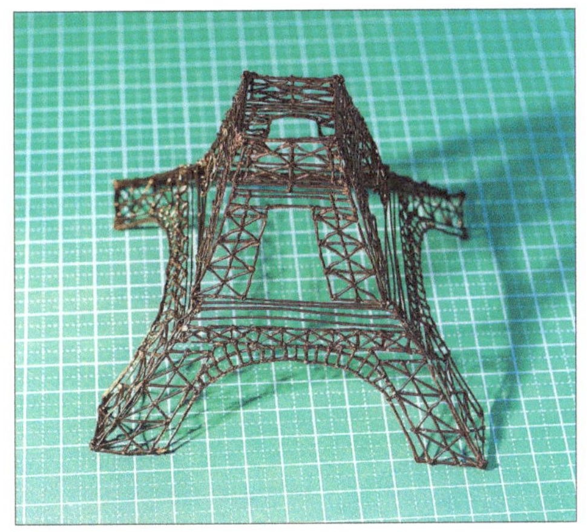

❹ 以此类推，制作第 3 层并组合到第 2 层上面。

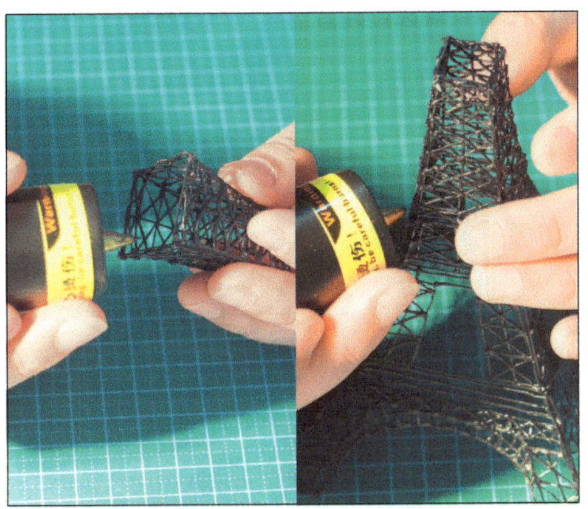

5 制作第 4 层。

6 制作第 5 层。

7 若连接后产生毛茬，可用模型剪钳剪掉。过于细小的零件可以用镊子夹住进行粘合，此时需要耐心。

8 制作好的第 4、5、6 层。

9 由于部件过于细小，为方便操作，可先将第 4、5、6 层粘合到一起。

10 将两大块组件进行最后的粘合。由于 3D 打印笔“打印”出的部件不是精确零件，初步粘合完成后，也许会出现倾斜、扭转等现象，这时要通过上面介绍的两种调整方法及时调整每组部件的位置。

7.5 组装（整体粘合）

将组装并调整好的铁塔进行整体粘合：在每两个粘合点之间（包括铁塔 4 面的连接和每层之间的连接）用线“打印”耗材，让整体的粘合更牢固（见图 7.14）。

■ 图7.14 在每两个粘合点之间用线“打印”耗材，让整体的粘合更牢固

制作铁塔的顶部时，要在出料后将手慢慢抬起，尽量将加热变软的材料拉直，可以拉长点，之后剪短，也可趁出料软的时候拉细一些，看上去会更精致（见图 7.15）。

■ 图 7.15 制作顶部的塔尖

通过这次埃菲尔铁塔的 3D 打印笔“打印”实验（成品见图 7.16），我意识到虽然 3D 打印笔的原理是如此简单，但是它给了使用者一个非同一般的“权力”，那就是在现实的三维世界里描绘出我们的设想，这些奇妙的设想绝不仅仅是让一个二维的画面立起来这么简单。这一切是那么直接，那么真实，却又那么梦幻。

■ 图 7.16 大功告成

但不得不提的是，现在的 3D 打印笔并不能实现完整意义上的“3D 打印”，因为现在的大部分 3D 打印笔还处于初级阶段，它们只能打印线条，而且是圆柱状的细线。相信通过产品开发者的努力，3D 打印笔将能实现更多的形态塑造能力和更丰富的笔划风格。

倘若你是立体思维的高手，又拥有一定的绘画能力，那么相信你一定可以想到更多、更有趣的点子。

用 SketchUp 为电子制作设计适合 3D 打印的外壳

◇王铭

每当新兴技术袭来，都会逐步改变我们的生活和工作方式。在没有现代化设备的时代，当我们要为设备做一个外壳时，需要先设计、测量尺寸、画图，随后开始加工材料、拼接、组合，最后固定材料、完成作品。这些复杂的制作工序和工艺使得优秀的“创作”在很长一段时间里归属于那些能工巧匠们。

如今，借助 3D 打印这项现代化技术创作物品时，我们依旧需要经过设计、测量尺寸、画图（建模）这 3 项基本创作过程，需要综合考虑其设计是否满足其功能、其尺寸的公差是否满足 3D 打印制作工艺，最后通过设计软件进行画图，而之后的生产过程就交给新兴技术吧。这与我们平时进行的三维设计有较大的差别。

下面我们以全国“少年电子技师”科普活动推荐使用的套件 No.18 电子变色花心为例，介绍一下如何运用 3D 打印技术创作一个能够容纳电子元器件的外壳。通过这个过程，你可以初步体会到工业设计的重要性——如何让一堆裸露的零件变成一个完整的产品。

8.1 设计

在设计这个外壳时，首先要考虑功能问题。电子变色花心（见图 8.1）的核心是两个共阴双色 LED，通电后可交替发出红、绿灯光，需要把 LED 显露出来才行。除了便于展示这个套件本身的功能，外壳还要便于安装部件、更换电池。

图 8.1 电子变色花心

在确认没有其他功能后，一个带有两个孔的盒子便浮现在我脑海中。它有一个可以拆卸的盖子，以及能够装得下所有功能模块的容积，这样一个外壳设计就基本完成了。

8.2 测量尺寸

第二步就是测量尺寸，把电池、印制电路板垫在一起的高度为 320mm，其长与宽分别等于 465mm 和 280mm。为了使警示模块能够放入该外壳且不太容易晃动，并且考虑其 3D 打印成型的材料膨胀率，我们决定把这个盒子的内径的长宽高设置为 467mm × 283.6mm × 329.6mm。

接下来要确定灯孔的位置，测量 LED

的直径为 50mm，并且两灯之间的距离为 60mm，然后测量好灯在整个印制电路板上的位置。这里设置圆孔直径为 56mm，两圆孔圆心之间的距离为 116mm。其圆心与 *X* 轴的距离为 345mm，而与 *Y* 轴的距离为 281mm。把这些对功能有重要影响的参数数值记录好后，就可以开始基本的三维画图设计了。如果数值测量有误，在后期也可以通过制作技巧弥补，比如孔的直径小了，可以再用工具扩孔；孔的位置开得不对，可以在焊接时多留引脚，然后安装时通过弯折引脚来适应孔的位置。

当然，还有一些与功能无关的数值不用测量，可以根据个人喜好来设定，比如盖子的壁厚、整个盒子的外形等。由于我比较喜欢流线形的盒子，所以我设计了一个圆角矩形外壳（见图 8.2）。

8.3 画图

接下来就是画图部分了。对于这种简单的几何形作品设计，“谷歌草图”（Google SketchUp）这款软件（见图 8.3）可以非常简单和快速地设计出来。该软件的操作方法与普通三维建模软件稍有不同，真的是在“画图”，然后通过推拉、旋转等方式将平面图形变成立体模型，非常容易上手。

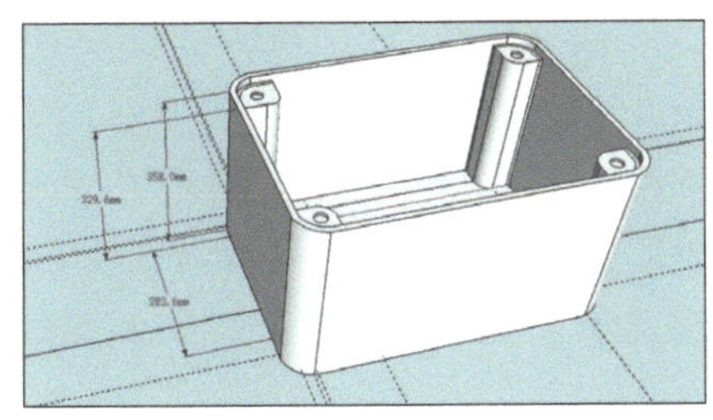

■ 图 8.2 设计的外壳

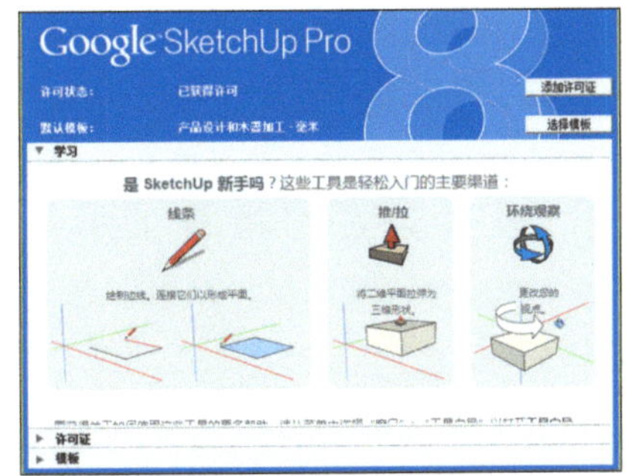

■ 图 8.3 Google SketchUp

❶ 将模板选为“产品设计和木器加工 - 毫米”。

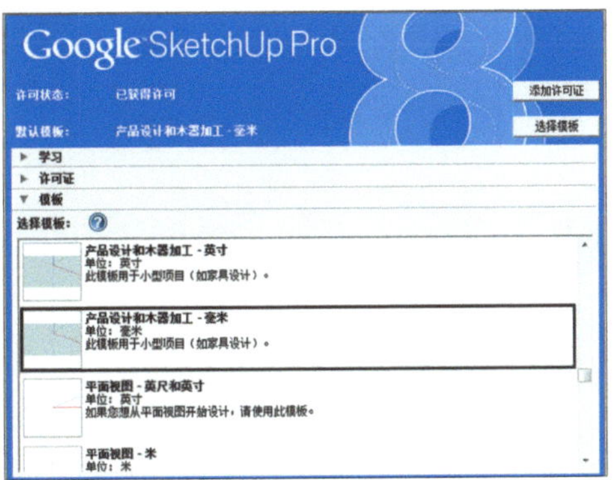

❷ 打开软件，你可以看到非常简洁的设计功能键。首先单击“镜头”→“标准视图”→“顶部”，调整我们的画图角度为俯视视角。

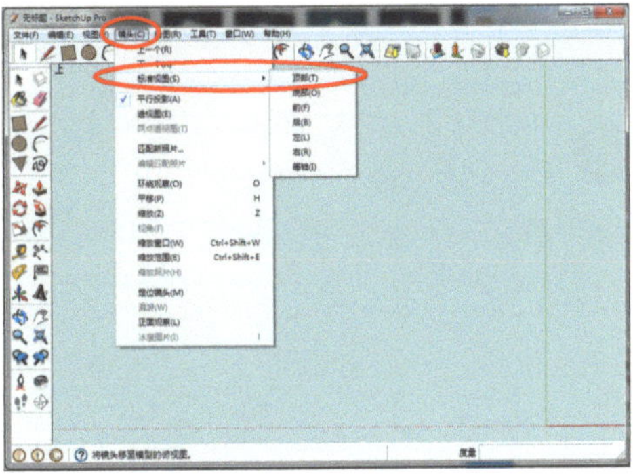

❸ 随后我们用矩形工具画一个 650mm × 460mm 的长方体，在单击鼠标确定顶点，然后开始拖动矩形时，先不要再单击鼠标确定，而是直接在键盘上输入“650mm,460mm”并回车，就可以获得准确尺寸。

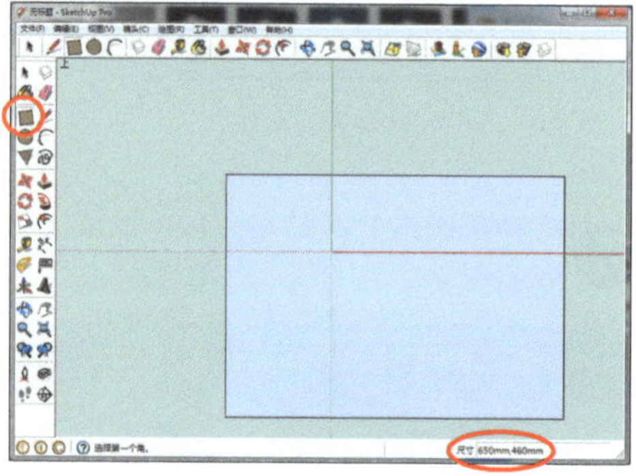

❹ 随后选择卷尺工具，在矩形一角画两个距离端点 50mm 的辅助点（也是直接输入“50mm”）。

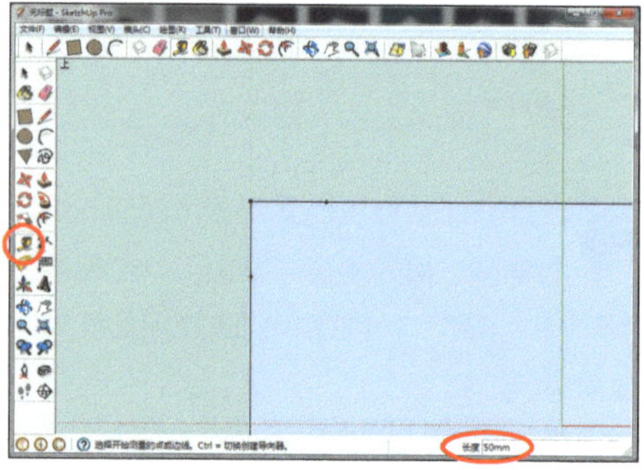

❺ 用“圆弧”绘画工具连接两个辅助点，在矩形内生成一个圆角。

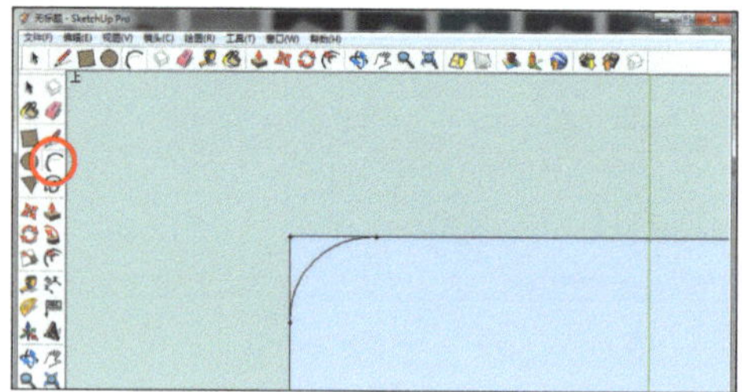

❻ 用选择工具选中圆角外侧的多余部分，然后使用“擦除”工具把它删除。在其他 3 角重复以上步骤，把原本的矩形变成圆角矩形。

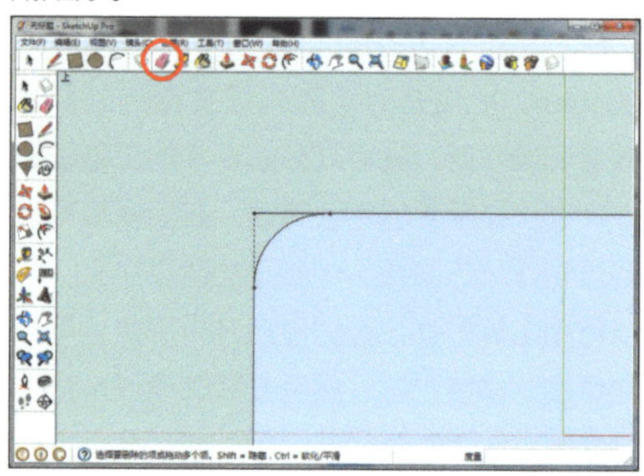

❼ 最后使用偏移工具在圆角矩形内距离边缘 15mm 的距离生成一个同比例圆角矩形，外壳的底部就画完了。

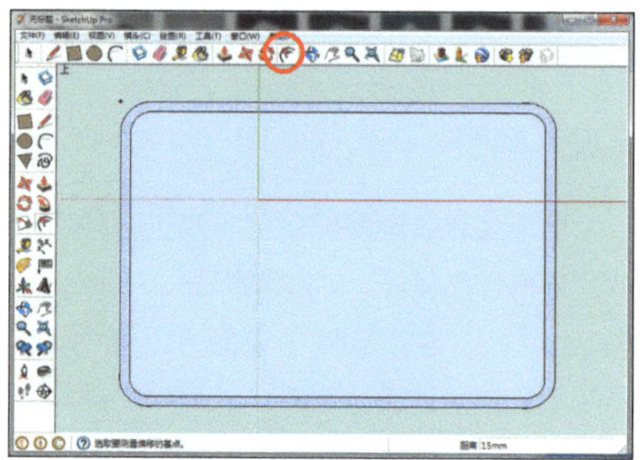

❽ 3D 打印的任何东西都必须是一个实体模型，像这样简单的薄片是不可能进行打印的，所以现在我们要给它加一些厚度。单击“镜头”→“标准视图”→“等轴”，切换到等轴视角，使用“推 / 拉”工具对内外两个圆角矩形分别向上拉伸 15mm。大家也猜到了吧，我们这个外壳的壁厚就是 15mm。

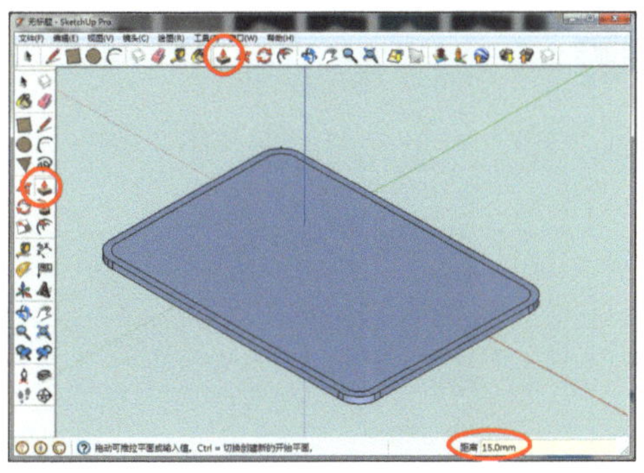

❾ 值得注意的是，使用拉伸工具后，背部还是空的，使用环绕观察工具旋转模型就会看到。

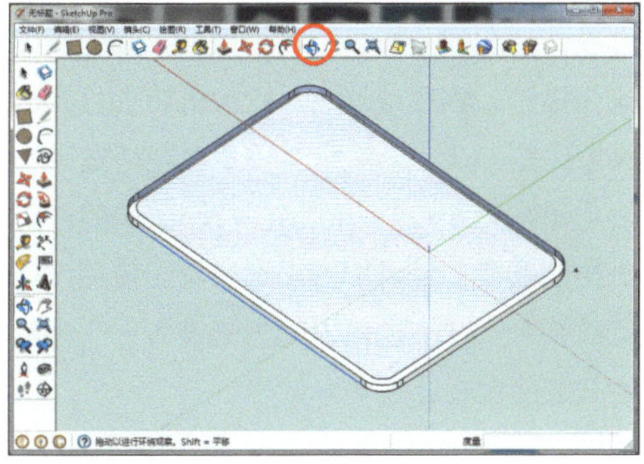

❿ 这时使用线条工具在需要填满的部分拉一条对角线，该空缺部分就会被填满。

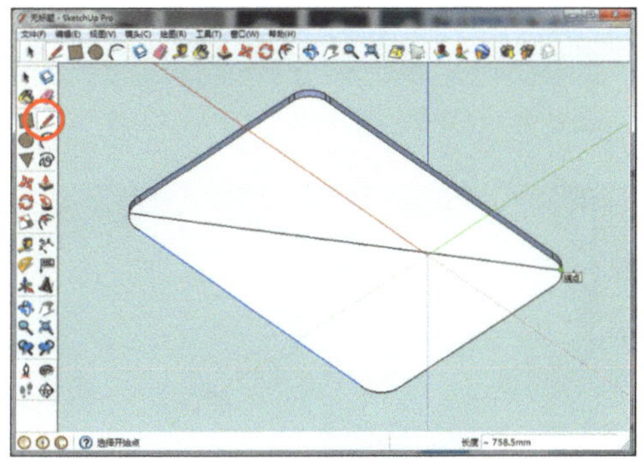

⓫ 然后旋转回正面，用推拉工具将外层边框向上拉伸 343mm，这样一个基本的外壳就完成一半啦。

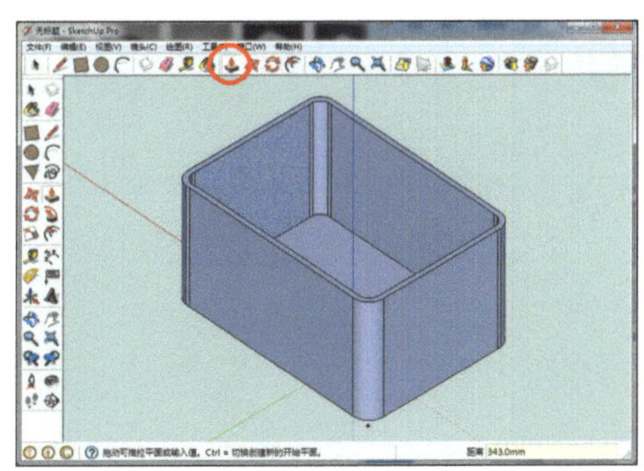

⓬ 下一步是在外壳底部生成 2 个可以露出 LED 的小孔。单击“镜头”→“标准视图”→“底部”，切换到底部视图，用卷尺工具标记出距离一个顶点 345mm（在长边上）、281mm（在短边上）的点，然后做两条垂直辅助线，交点就是圆心。

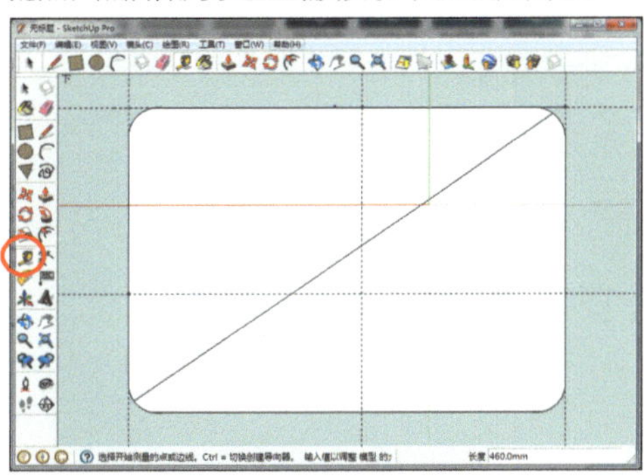

⓭ 使用圆形工具画一个圆，注意这里要输入半径，为 28mm。

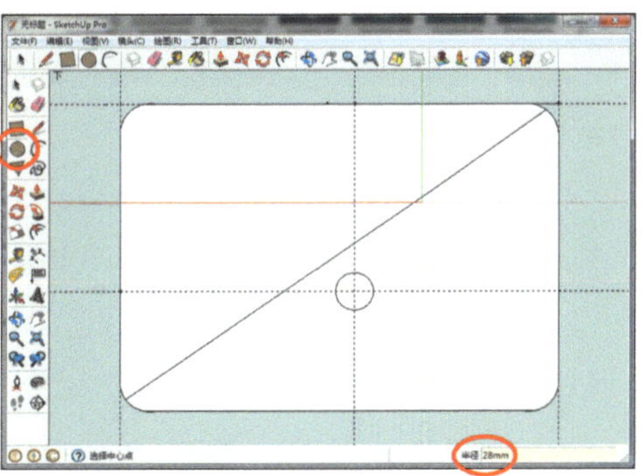

14 随后根据测量时得到的两圆心的距离值（116mm）用卷尺工具再作一个辅助点，再画第 2 个圆形。

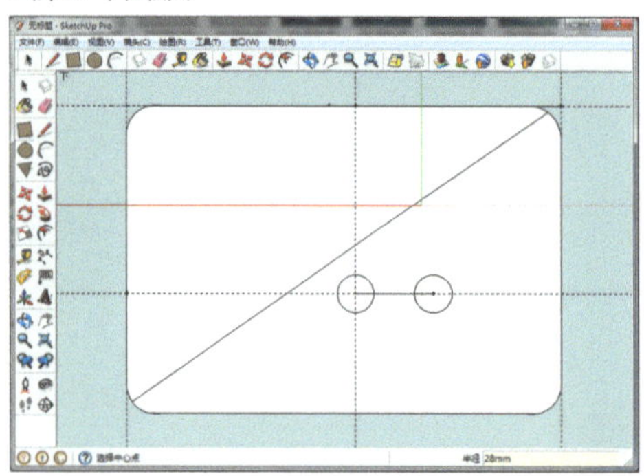

15 使用环绕观察工具适当旋转模型，然后使用推拉工具把两个圆形向下推 15mm（要求恰好是底部厚度，推过头会在内部形成突出的圆柱），形成两个圆孔。

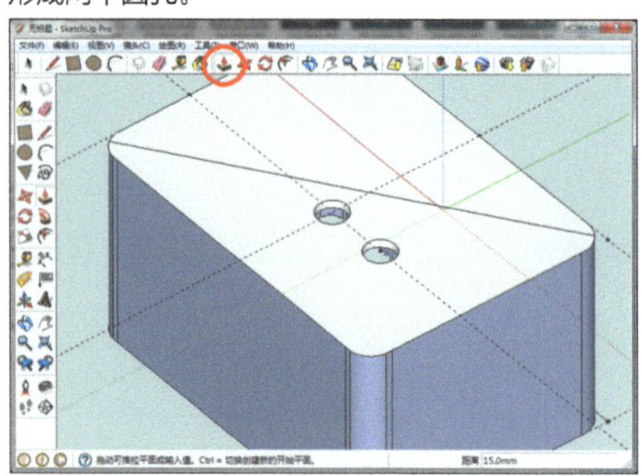

16 用前面画圆角矩形时所用的方法在底部内侧画 4 个圆角矩形，然后用推拉工具将它们拉伸至 329.6mm 高，生成螺丝孔柱。

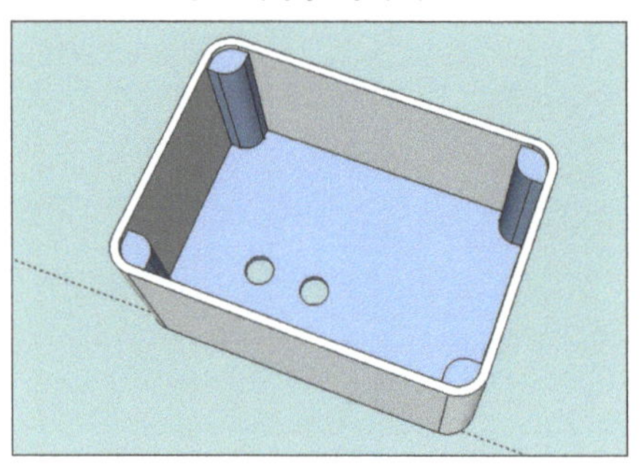

17 在螺丝孔柱上画一个圆形，再用推拉工具让其下沉 8mm，生成螺丝孔。

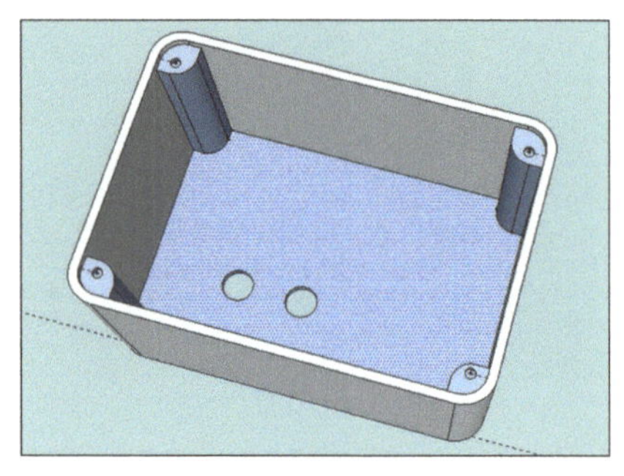

这样，一个简单的外壳设计就完成了。实际上只要测量与设计完成得足够细致，三维设计画图部分还是比较简单的。我们保存这个模型，然后使用 3D 打印机将它打印出来（见图 8.4），并把电子变色花心安装进去（见图 8.5）。你可以在打印出来的外壳上绘制图案，也可以在 3D 模型上直接设计花纹和装饰，你还可以再为它设计一个带螺丝孔的底板，让它更为完整。

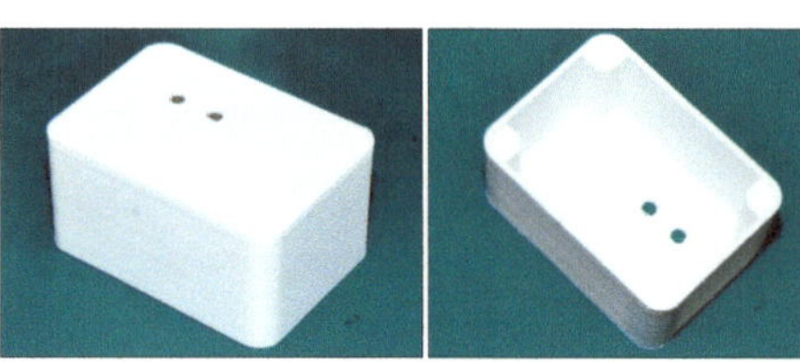

图 8.4　将外壳打印出来

图 8.5　将电子变色花心装入外壳

第 2 章

进阶制作项目

仿生萤火虫

◇沈金鑫　陈大庆

笔者出生、成长在农村，依稀记得小时候捉萤火虫的事儿。每到夏季，小伙伴们都可以在草丛里捉到很多的萤火虫，把它们放在玻璃罐里，黄绿色的光很是好看。为了读大学来到城市，毕业之后便在城市定居，却发现很少有机会能够看到萤火虫，很难再有小时候的乐趣了。想必很多的读者也都怀念小时候捉萤火虫的乐趣吧？下面就教大家如何使用 Arduino 来制作一个电子萤火虫，重新找回儿时的快乐。

本文采用 Arduino NANO 控制器、LED 来实现仿生萤火虫，Arduino 控制器控制 4 个翠绿色的 LED 以亮灭随机、亮度随机、顺序随机、时间随机的模式来模仿自然界中萤火虫的习性。

9.1　原理及材料

仿生萤火虫的系统原理图如图 9.1 所示。4 个翠绿色 LED 的正极依次连接至 Arduino NANO 控制器的数字端口 D3、D5、D6、D9 上，因为 Arduino NANO 控制器只有数字端口 3、5、6、9、10 和 11 具有 PWM 输出功能，可以实现 LED 亮度的调节。4 个 LED 的负极通过排针连接至 Arduino NANO 控制器的 GND 引脚上。另外，通过 4 个 AA 电池或者 2 个 CR2032 纽扣电池为 Arduino NANO 控制器及 4 个 LED 提供工作电压。

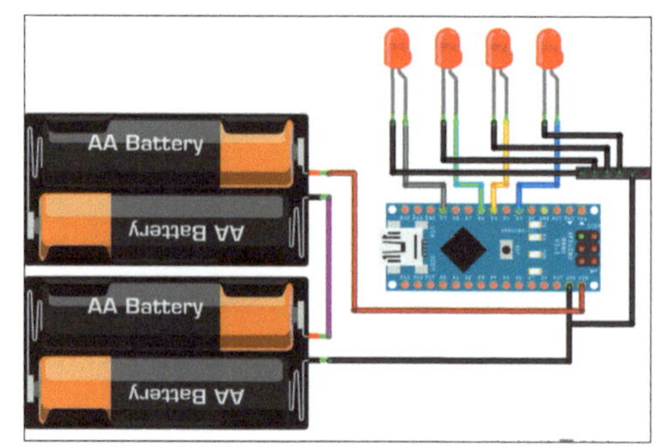

图 9.1　仿生萤火虫系统原理图

图 9.2 所示为制作仿生萤火虫所需要的材料及数量，按需备齐即可开始下面的制作。

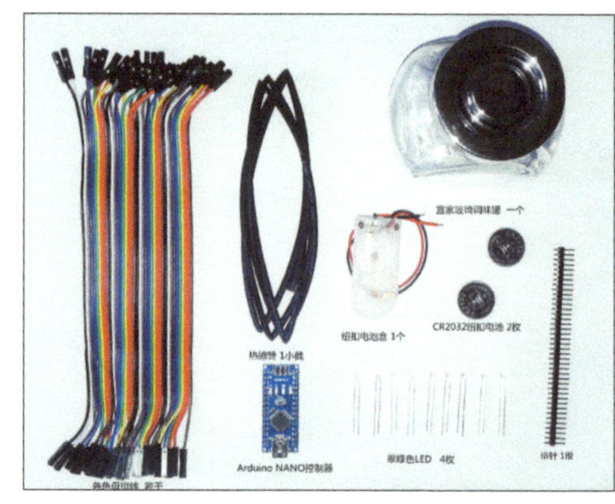

图 9.2　制作仿生萤火虫所需的材料

9.2　制作过程

❶ 将杜邦线从中间剪断并剥线，把 LED 的负极引脚（短引脚）剪去一部分，将热缩管剪成 7 ~ 10mm 的小段。

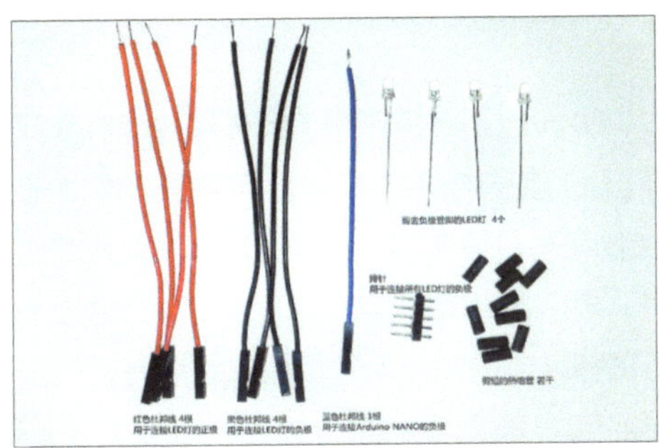

❷ 将小段的热缩管套进剥好的杜邦线，每一根杜邦线上套一个热缩管段。

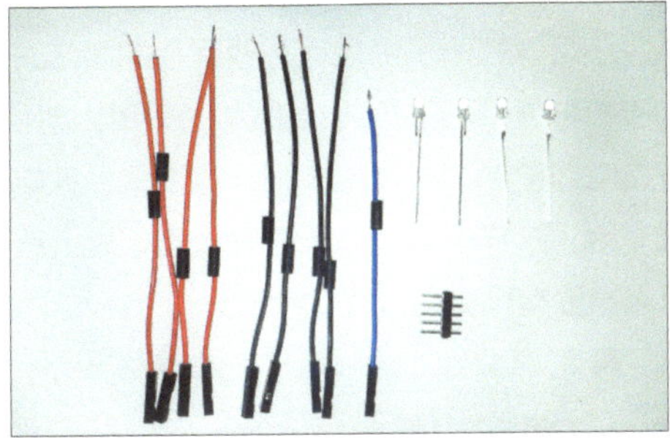

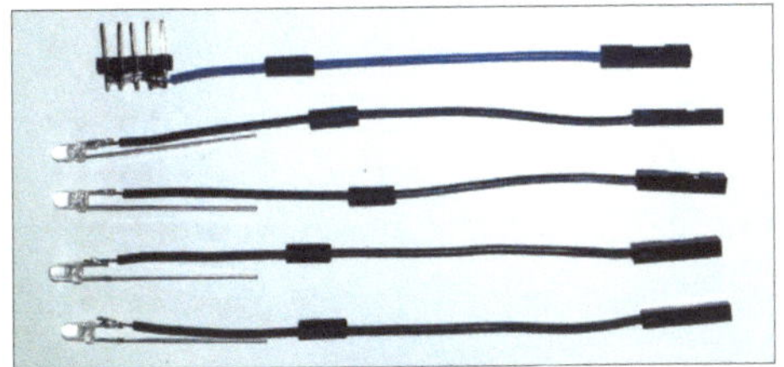

❸ 使用电烙铁或焊台将黑色杜邦线与LED的负极焊接在一起，注意在焊接时不要使用过多的焊锡。将排针上面用焊锡连接起来并焊接至蓝色的杜邦线。

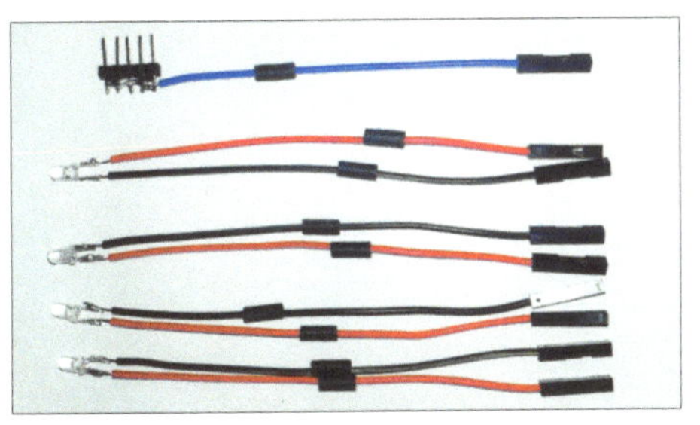

❹ 使用尖嘴钳将LED的正极引脚剪去，并使用电烙铁或焊台焊接至红色的杜邦线。

❺ 将热风枪的温度调至150℃左右，风量调节至较小，将热缩管移至LED引脚与杜邦线的焊接处，使用热风枪加热热缩管，使其收缩，包住焊接处。

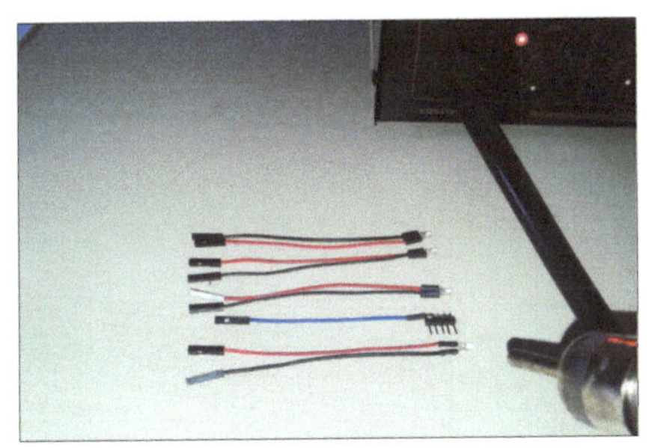

❻ 经过热风枪加工之后的LED如下图所示。

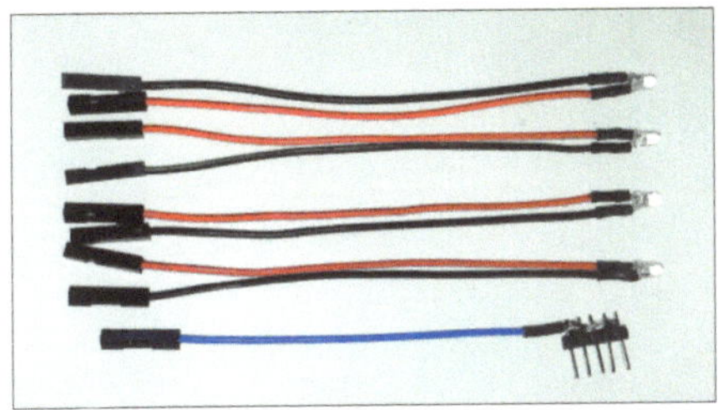

❼ 使用电烙铁或焊台将纽扣电池盒的正极（红线）与负极（黑线）焊接至Arduino NANO控制器的5V和GND引脚。

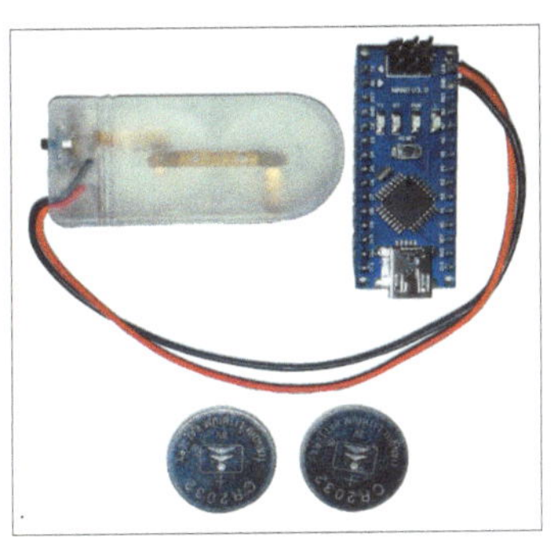

❽ 将制作好的LED的负极（黑线）连接至含有蓝色杜邦线的排针上，蓝色杜邦线接至Arduino NANO控制器的GND引脚，将LED的正极（红线）依次接至Arduino NANO控制器的数字端口D3、D5、D6、D9上。

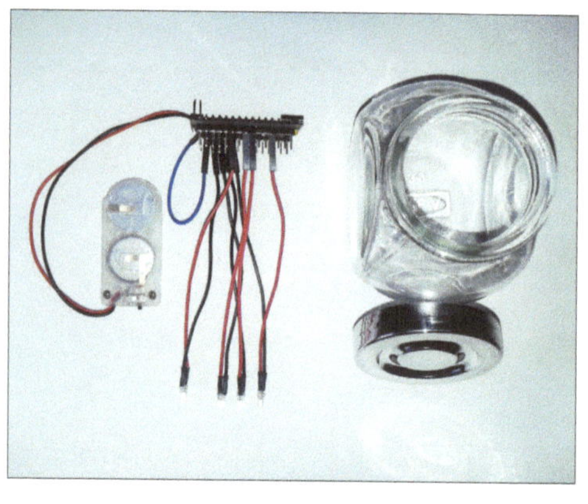

9.3 总结

在Arduino程序中，首先通过随机数获得LED点亮的数目和LED亮度值，将LED全部点亮，接着通过随机数获得点亮的时间，按照顺序依次熄灭LED。为了更好地仿真萤火虫的发光习性，可以将所有可能发光的情况都列举出来，并通过随机数来筛选本次执行的情况。另外，以尺寸更小的Microduino替代Arduino NANO，可以将控制器及电池盒放置于瓶盖下面，会更加美观。还可以在瓶子内放置一些绿色的丝带，以模仿野外草丛的情况。最后，还可以选用可充电锂电池，并使用太阳能电池来为锂电池充电，这样一来，白天晒晒太阳，晚上就可以享受有萤火虫发光的夜晚。

■ 程序请到《无线电》杂志网站www.radio.com.cn下载

门多西诺电机：给我阳光我就转

◇ 陈旭

门多西诺电机（Mendocino Motor）的基本理论出现在 20 世纪 60 年代。1962 年，太阳能电池的发明者之一，科学家达里尔·切宾（Daryl Chapin）提出了以太阳能电池对转子线圈独立直接供电的电动机方案，门多西诺电机就此诞生。不过，价格昂贵的太阳能电池板在那些年里还只是航天工业的专宠，而且也没有磁力足够强大又廉价的磁体能够让普通爱好者轻易获得，所以那时的门多西诺电机只能在专业实验室或者科技展览馆里向人们展示科技的奇妙和优雅。幸好，在太阳能电池板和强永磁体随处可见的今天，这些限制条件已经不复存在。我们只要买到合适的器材、部件，再佐以足够的细心和耐心，就能 DIY 自己的门多西诺电机。

10.1 基本原理

门多西诺电机（Mendocino Motor）是个听起来很有专业感的名词，不过这种电机的结构并不复杂：太阳能电池板安装在转子上，把电机放到阳光下就能自发转动。常见的门多西诺电机可以根据转子布置方式分成水平轴和垂直轴两种，如图 10.1 所示。

在 DIY 自己的门多西诺电机之前，我们首先来看看门多西诺电机的基本结构和工作原理。

图 10.2 中展示了一台拥有 6 组太阳能电池板和线圈的水平轴门多西诺电机三维模型。太阳能电池板和绕在铁芯上的线圈都固定在转子骨架上，构成轴对称的转子整体。在实际的电机上，颜色和形状完全相同的电池 - 线圈组可能会让人看迷糊，所以在三维模型中将每对电池 - 线圈组用不同的颜色标记。接下来的原理图中，这些颜色标记会让读者更容易看懂门多西诺电机怎样工作。为了看得更清楚些，电机转子轴两端的磁悬浮轴承也没有画出来；磁悬浮的主要意义在于减小转动阻力，所以省略掉这部分结构并不妨碍我们理解门多西诺电机的基本原理。

光照是怎样让门多西诺电机转起来的呢？

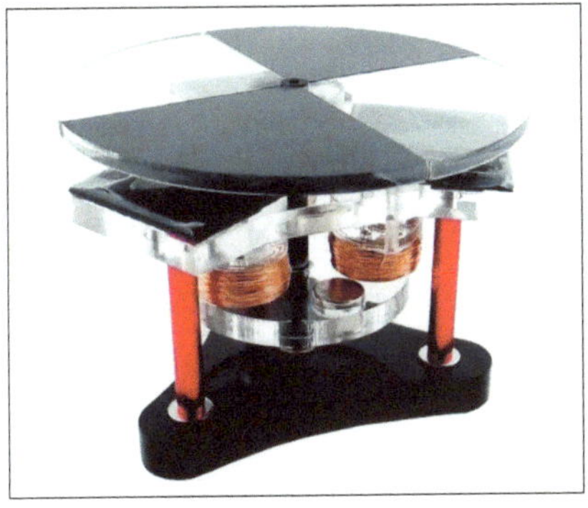

图 10.1 水平轴（上）和垂直轴（下）门多西诺电机（图片来自网络）

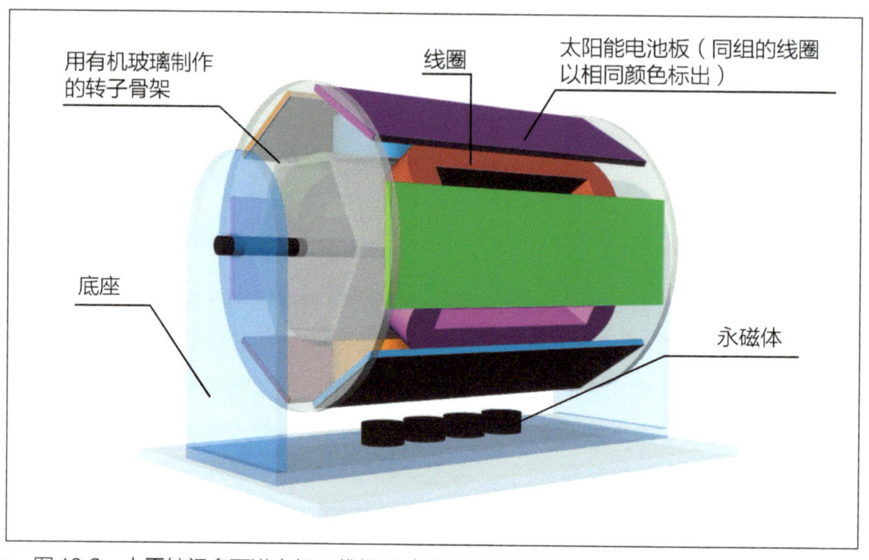

图 10.2　水平轴门多西诺电机三维模型（作为简单的结构示意，电机两端的磁悬浮轴承没有画出）

首先，我们假设一个具有 6 组太阳能电池 - 线圈的电机放在完全黑暗的盒子里，处于图 10.3 ①所示的初始状态。将电机拿出来放到阳光下（不妨假设阳光从正上方略偏左的角度照下来），由于各电池板和阳光所成角度不同，比较靠近磁铁的相应 3 组线圈中就会通过大小不同的电流，产生大小不等的磁场，和底座上的永久磁体之间产生斥力。这些斥力的合力驱动转子逆时针旋转。当转子转过一定角度变成②所示的状态时，有两个电池 - 线圈组（深紫色和橙色）拥有大致相当的光照强度，正在向磁铁靠近的电池 - 线圈组（淡紫色的一组）虽然也和永磁体之间有斥力，但比较弱，因此转子在斥力、合力和旋转惯性的共同作用下会继续逆时针旋转达到状态③。这时橙色组的电池板正对光照方向，因此这一组线圈产生的电磁力最强，它和淡紫色组、红色组共同的合力方向依然推动转子逆时针旋转。当橙色组和淡紫色组的电池板继续旋转到差不多平分阳光的角度时，也就回到了状态②的情况，我们可以看到状态②和状态④实际上是一样的，区别仅在于转子转过了两组相邻线圈之间的角度而已（在这个有 6 组线圈的电机中，两组相邻线圈之间的角度就是 60°）。如此循环往复，门多西诺电机只要有充足的阳光照射，就能持续不停地旋转。

至于垂直轴的门多西诺电机，其运行原理与水平轴电机相同。区别在于垂直轴电机的顶部往往安有一块遮光板，转子转动时这块遮光板会轮流遮住电池板，产生与水平轴电机中类似的磁场强弱变化效果。

门多西诺电机的基本原理和结构虽然如此简单，但要制出一个能转得欢的门多西诺电机却并不简单。撇开需要精心调整的磁悬浮轴承不谈，太阳能电池 - 线圈组的最佳搭配就大有奥妙。在一定的光照和温度环境下，太阳能电池板存在着最大输出功率，与该功

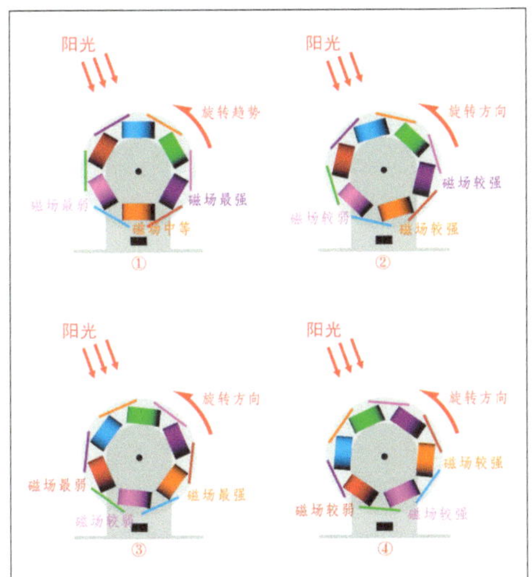

图 10.3　水平轴门多西诺电机工作原理

率相对应，有特定的输出电压和电流（通常就是该太阳能电池的标称电压、电流）。对于线圈来说，只有在转速很快的情况下，电感对电流变化的阻碍作用才不能忽略。所以重点在于如何确定其电阻——由于线圈导线的电阻与匝数成正比关系，因此需要根据太阳能电池的最大功率点、线圈框架尺寸等因素选择电感线圈的最佳导线直径和匝数。

如果太阳能电池对线圈供电的输出功率已确定，那么其输出电压和电流的比值就是线圈电阻的阻值。为了找到这个电阻与线圈尺寸、匝数、线径等参数的关系，我们需要用到下列几个基本公式。

长度为 l，电阻率为 ρ，横截面积为 S 的导线电阻为：

$$R=\frac{\rho l}{S}$$

对于圆导线，我们知道它的横截面积 S 为：

$$S=\frac{\pi d^2}{4}$$

如图 10.4 所示，内径 $r1$、外径 $r2$、高度为 h 的圆筒形线圈框架中，线圈紧密排布的横截面积 $S0$ 为：

$$S0=kh(r2-r1)$$

式中 k 为导线的排布系数，根据几何学关系（将圆截面的导线与排列的六边形相比较），可以得到 k 约为 0.9。

设线圈匝数为 n，则存在以下的两个数量关系：

$$S0=nS$$

$$l=2\pi\left(\frac{r2+r1}{2}\right)n=n\pi(r2+r1)$$

联立上述各式即可得到最佳导线直径 d 为：

$$d=\sqrt[4]{\frac{14.4\rho h(r2^2+r1^2)}{\pi R}}$$

得到导线直径后即可算出线圈匝数 n：

$$n=\frac{3.6h(r^2-r^2)}{\pi d^2}$$

用文字概括一下在给定太阳能电池的情况下寻求最佳线圈搭配参数的思路，就是：首先根据电池在最大功率点的电压除以电流得到等效电阻 R，再结合线圈框架的有关尺寸算出线径 d，最后由线径和框架尺寸算出线圈匝数 n。

读者可能还会想到：在选定线圈框架尺寸的情况下，假如有两种标称功率相同但电压、电流不同的太阳能电池，是选用电压较

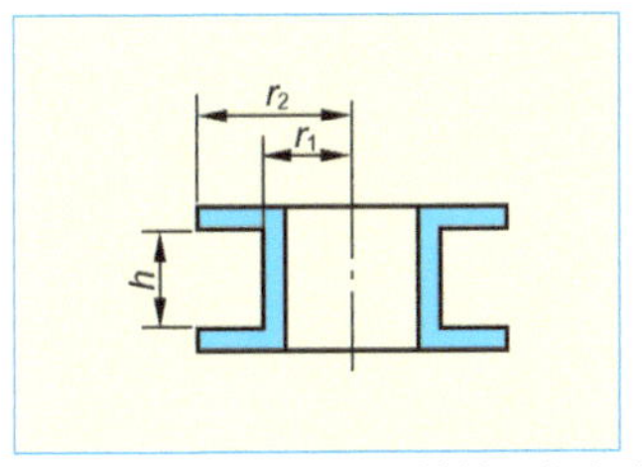

图 10.4　常见的圆筒线圈框架截面

高但电流较小的电池好，还是选用电压较低而电流较大的电池好？为了定性地讨论这个问题，除以上两个公式之外，还需要用到计算 n 匝长直螺线管中磁感应强度 B 的公式：

$$B=\mu nI$$

式中 I 为通过线圈的电流，μ 是磁导率。虽然物理学中经过简化的螺线管和前文中介绍的线圈形状有差别，但在定性讨论中，此式依然可作为有效的近似。将此式和前述两式联立，可以发现：在用相同功率的电池与各自的最佳匹配线圈组合，得到同样大小磁感应强度的情况下，电压较低、电流较大的那一组线圈线径要比电压较高、电流较小的那一组线圈大些，但匝数更显著地小于后者。假如小线径（匝数较多）线圈与大线径（匝数较少）线圈的线径之比是 $1:a$，那么两者的匝数之比就是 $a^2:1$。这样看来，从方便绕制线圈的角度考虑，选择电压较低、电流较大的太阳能电池应该比较合适。

至此，我们已经基本解决了太阳能电池与线圈之间如何搭配的问题。

如果要进一步深入考虑，我们会想到电机不大可能一直在理想光照条件下运行。为了让电机在不太亮的环境里也有充足的活力转动，线径和匝数的选择应该怎样变化呢？为了解答这个问题，我们需要了解太阳能电池的特性——图 10.5 中示意性地画出了不同光照强度下太阳能电池输出电压与电流之间的关系。正如我们预料，当电压一定时，光线越弱，太阳能电池能够产生的电流越小。与之相对应的，就是阻值较大的线圈电阻。提高线圈匝数和减小线圈线径都能使其电阻变大。因此，参考在最大功率点时用公式计算出的线径 d 和 n，我们需要更细的导线，绕出更多的匝数。至于具体的线径和匝数，有条件的读者可以在合适的光照下测出手中太阳能电池的电流 - 电压 (I–U) 特性后选取合适数值代入前述公式计算，如果对电机的性能要求不是很严格，也可以在参考线径、匝数的基础上适当改动后绕制线圈。

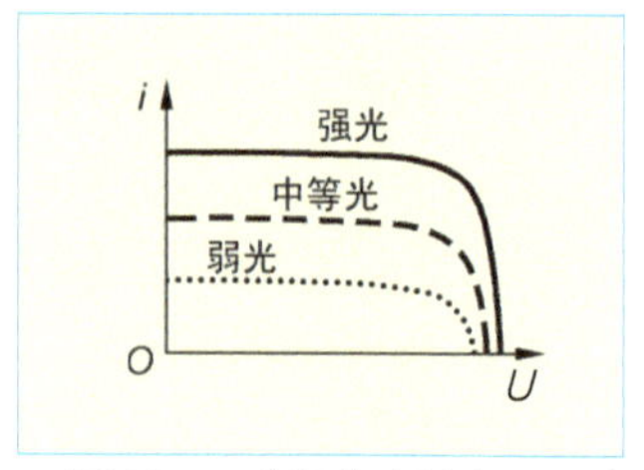

■ 图 10.5 太阳能电池在不同光照强度下的典型电流 - 电压 (I–U) 特性曲线

了解到门多西诺电机的基本原理和影响其性能的重要因素之后，我们就有更充足的信心制作一台自己的门多西诺电机，亲身感受制作过程的乐趣。

10.2 门多西诺电机 DIY

打造一台垂直轴门多西诺电机的过程从绘制三维模型开始。图 10.6 中的三维模型是一台采用 3 组太阳能电池和线圈的简单垂直轴门多西诺电机。

为了尽可能为初次制作的爱好者减小困难，这台门多西诺电机没有采用磁悬浮轴承，它的取材和结构都很简单。用一支笔尖朝上的中性笔作为转子的支撑轴，笔尖就是油性墨水润滑的滚珠轴承。在笔身的中上部套一片三角形定子支架用来支撑永磁体和遮光板。电池 - 线圈组固定在转子骨架上。

确定了电机的基本形态和组成之后，就可以从制作转子、定子骨架开始打造这台门多西诺电机。转子、定子的骨架都可以依照图 10.7、图 10.8 中的尺寸用有机玻璃制成，

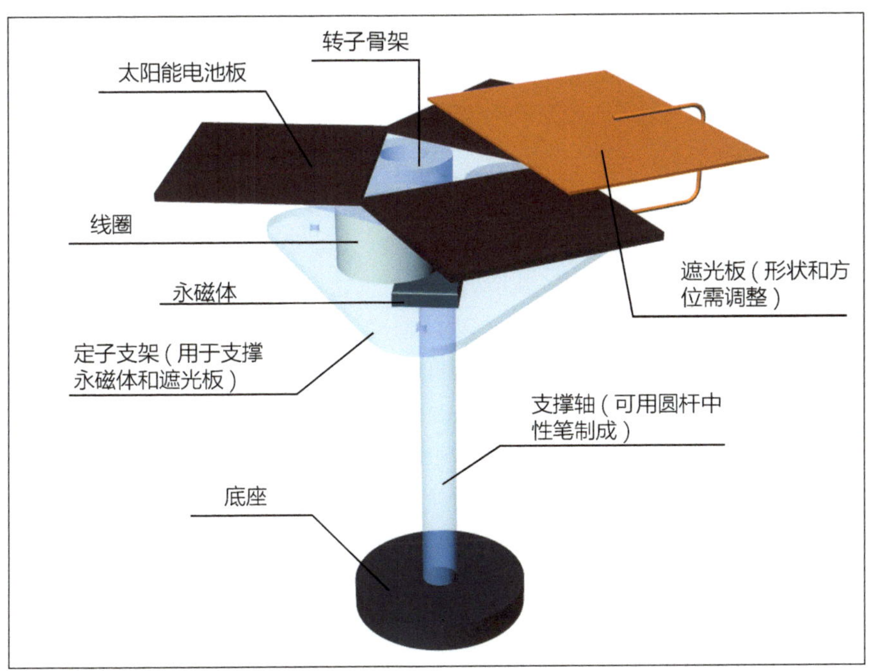

■ 图 10.6　垂直轴门多西诺电机三维模型

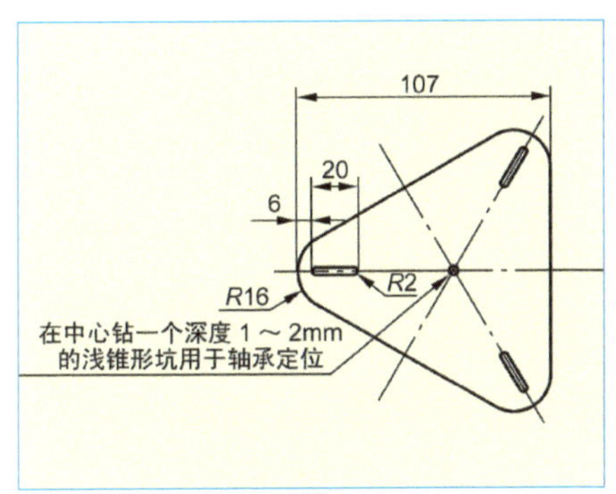

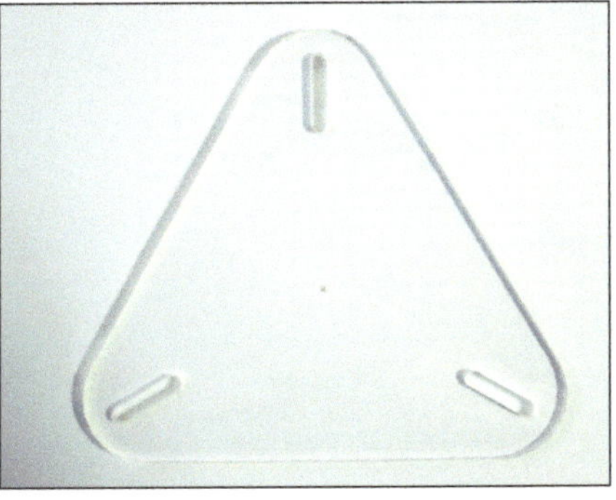

■ 图 10.7　转子骨架的制作尺寸和成品

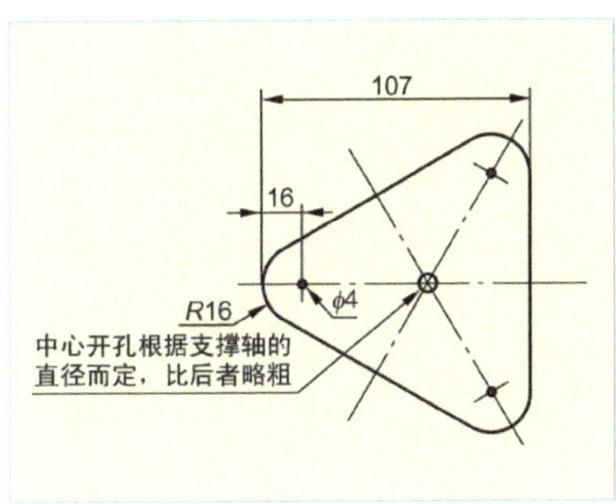

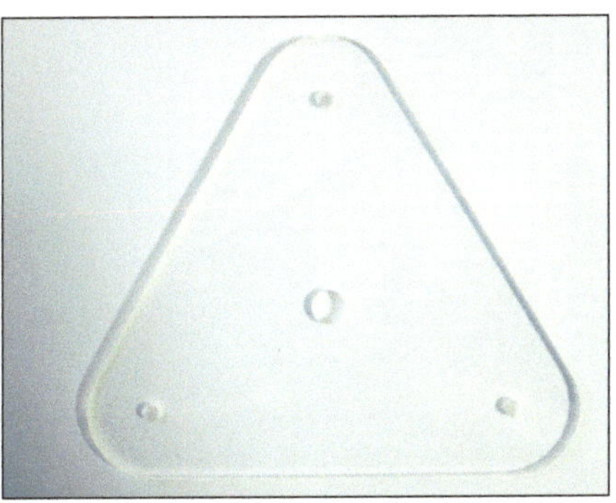

■ 图 10.8　定子骨架的制作尺寸和成品

读者如果缺乏加工设备，可以向制作广告招牌的商店订制。在转子骨架上，用于穿过太阳能电池板螺丝的开孔是狭长的，这是为了方便读者微调太阳能电池板和转子中心之间的距离，实现整个转子的配重平衡。

需要读者自行制作的组件还有线圈。当然，也可以在网上订制。根据常见的塑料骨架尺寸，建议在 0.2~0.6mm 的范围内选择线径，绕制匝数 n 在 300~1000 的范围之内。计算线圈参数的公式在前文中已经详细推导过，有兴趣的读者可以绕制多套规格不同的线圈来验证理论。在绕制线圈时，为了方便后续的组装步骤，推荐以不同颜色的引出线标记线圈的起始端和结束端。比如，以棕色线为起始端，顺时针绕制完成后，再以蓝色线和线圈的末端焊接，如图 10.9 所示。

线圈、永磁体分别用万能胶粘在定子骨架和转子骨架上，线圈安装的大致方位见图 10.10。在粘接线圈时，需要注意 3 枚线圈与转子骨架中心等距分布，相邻线圈之间的间距也要一致。虽然最后可以用微调太阳能电池板的方法将转子调整到平衡状态，但太阳能电池板的重量不大，其平衡调节能力也有限。因此，线圈的安装需要谨慎小心，尽可能做到对称。线圈粘接好以后，用铜制螺钉和螺帽把太阳能电池板安装在转子骨架的相应开孔处，暂时先不拧紧，以便于后续步骤中移动太阳电池板在转子骨架上的位置，实现平衡微调。所有电池板装上转子骨架之后，按图 10.10 中那样将电池板的接线端子

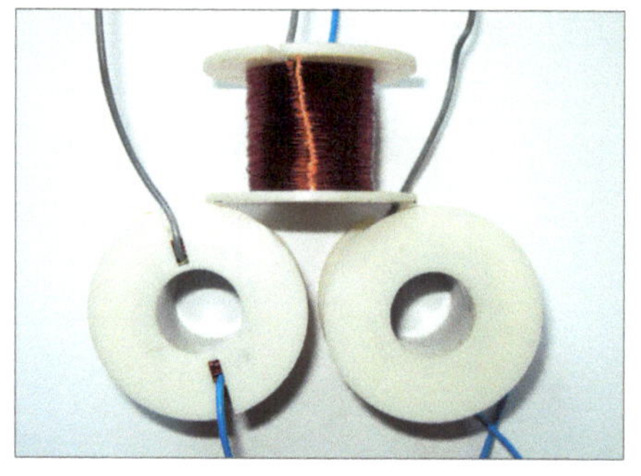

图 10.9　线圈骨架和绕制完成的线圈

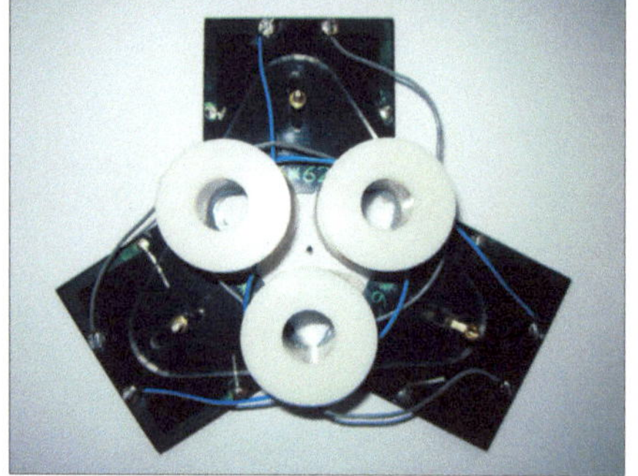

图 10.10　在转子骨架上粘接线圈，并安装太阳能电池板

与该电池板对侧的线圈引出线逐一焊接。

接下来把作为支撑轴的中性笔插入定子骨架的开孔处。这个步骤也是整个装配流程中比较简单的一环。中性笔的笔尖和定子骨架之间需要保持合适的距离：这个间距比线圈骨架的高度加上永磁体的厚度之和略大，但是又不能太大，否则永磁体的作用力就比较弱了。为了方便装配，定子骨架中心孔的孔径比中性笔的笔杆直径略粗。如果不想用胶固定，可以在中性笔的笔杆上卷一层厚薄合适的纸以保证笔杆和定子骨架中心孔之间有足够的摩擦力。

这台电机上的遮光板是由粗铜丝弯成形状合适的支架，将硬卡纸粘在支架的顶端，如图 10.11 所示。遮光板做好后，先放到一边备用。

底座是整个门多西诺电机中最随意的部件，它只需要满足两个条件：有足够的强度支撑起放在上面的所有其他部件；自身有足够大的重量和底面积，不易倾倒。一个底部盛有玻璃珠的广口玻璃瓶是符合以上要求的不错选择。

因为定子骨架和支撑轴之间已经在前述的制作步骤中固定牢靠，只需要把这套组件（定子骨架和支撑轴）搁到玻璃瓶的瓶口上就行了。然后将制作好的转子组件（转子骨架、电池板和线圈）小心地搁到支撑轴顶部（也就是中性笔的笔尖上）。在转子骨架上细心地移动每一块太阳能电池板，使转子在静态时能保持平衡。再用手拨动转子组件让它旋转，观察转动时摩擦力的大小和动态平衡情况，最理想的状态应该是转动灵活且平稳。如果有某一端太重或者太轻而无法通过调节电池板位置来达到平衡的情况，可以更换不同长度的固定螺钉或者在螺钉下增加铜柱。

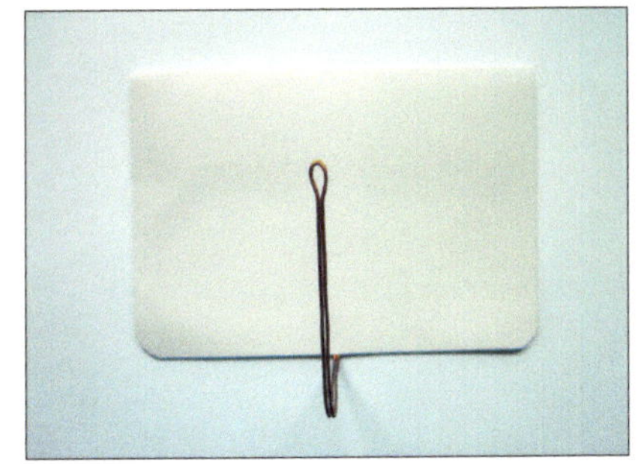

图 10.11　用硬卡纸粘在粗铜丝弯制成的支架上做成遮光板

最后在定子骨架上粘接永磁体，粘接永磁体时让磁体朝上的一面和线圈之间相斥。在确定遮光板的方位后用螺丝将其固定在定子骨架的预留孔上，遮光板的轴线和永磁体轴线之间大致应成 120° 夹角。读者如果不确定遮光板的安装位置，可以先不安装遮光板，在门多西诺电机放到阳光下实验的时候，用遮光的平板物体挡住一部分太阳能电池板，观察电机的旋转情况，找到最合适的遮光板安装方位。

这台门多西诺电机做好以后，放在明媚的阳光下就能转起来。如果无法旋转，请检查如下事项：每一个线圈和永磁体之间是否有足够的斥力？转子是否可以在笔尖上灵活旋转？有没有明显的阻力或者在转动中是否和其他部件发生磕碰？

光照强度、线圈和太阳能电池板的搭配、永磁体的磁场强弱等因素均能影响门多西诺电机的旋转速度。如果读者有光强仪、转速测量表等设备，可以自己设计实验流程来探索各项参数变量和门多西诺电机转速之间的关系。引导读者感受到科技制作 DIY 的趣味，是本文的主旨所在。

11 电子指南针

◇赵义鹏　苏亦可

电子指南针又称电子罗盘，笔者近日做了一个简单的电子指南针，所用的传感器为 HMC5883L。采用 HMC5883L 做传感，主要是它的价格吸引了笔者。网购价格为 8 元左右，而其他传感器或者价格偏高，或者资料偏少。HMC5883L 作为一款入门级的三轴磁阻传感器。

HMC5883L 是带有数字接口的弱磁传感器芯片，采用了霍尼韦尔各向异性磁阻(AMR) 技术，能用于测量地球磁场的方向和大小，常应用于低成本罗盘和磁场检测领域。HMC5883L 的精度控制在 1°~2°，使用 I^2C 系列总线接口。

HMC5883L 为三轴磁阻传感器，所谓磁阻传感器就是根据磁性材料的磁阻效应制成的。当给磁性材料通电时，材料的电阻取决于电流的方向与磁化方向的夹角。HMC5883L 能在空间笛卡尔坐标系（x、y、z 三个方向）感知磁场的方向和大小。我们简要介绍一下在水平面（x、y 平面）的情况。

如图 11.1 所示，当 HMC5883L 在水平面内与地球磁场方向成上图的夹角 θ 时，传感器的 x 和 y 轴将会产生不同的磁阻，通过公式：$\theta=\arctan(Y/X)$，可计算出传感器与磁场方向的当前夹角。其中，X 为地球磁场在传感器 x 轴方向的矢量值；Y 为地球磁场在传感器 y 轴方向的矢量值。下面介绍一下电路设计。

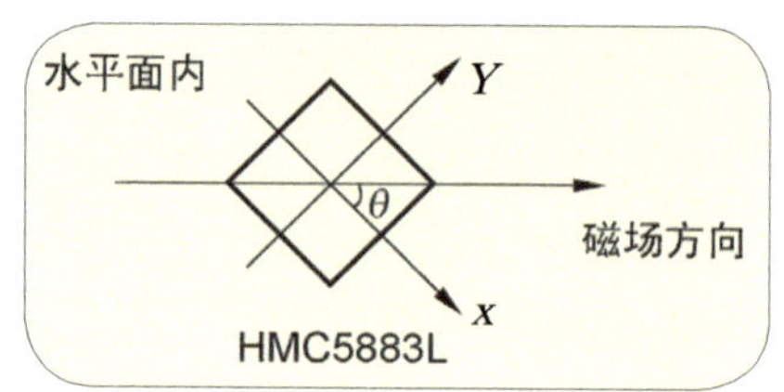

图 11.1　HMC5883L 在水平面内与地球磁场的关系

本制作的电路如图 11.2 所示。所用电子元器件清单如表 11.1 所示。电子元器件实物图如图 11.3 所示。

表 11.1　元器件清单

元器件	型号及数量
STC11F04	1 个
电容	22pF，2 个
晶体振荡器	12MHz，1 个
HMC5883L 模块	1 个
电阻	1kΩ，4 个
电阻	470Ω，1 个
三极管	S9013，3 个
LED	24 个
圆孔单排座	1 个
单排排针	1 个
方孔单排座	1 个
洞洞板	1 个
导线	若干个

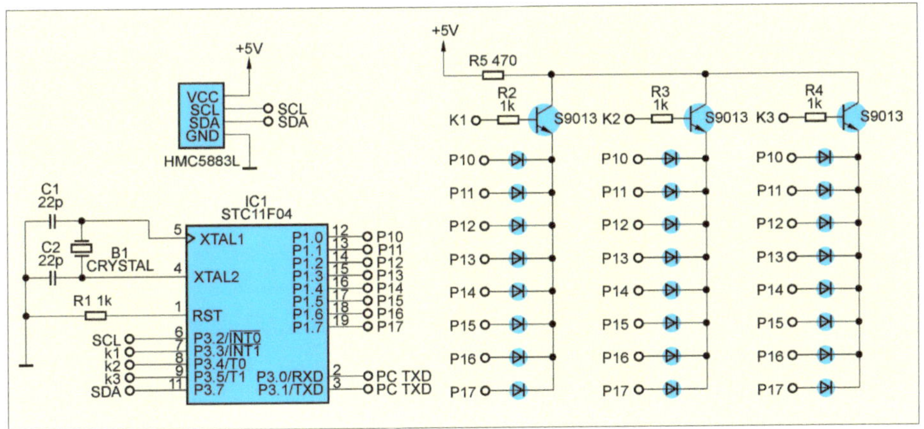

图 11.2 电路图

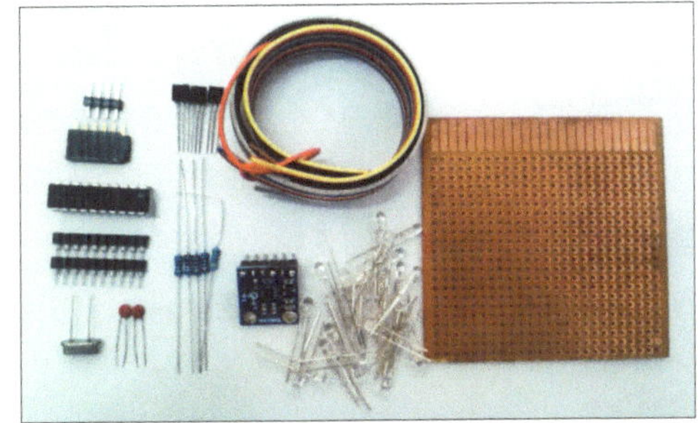

图 11.3 电子元器件实物

电路所需的单片机为 STC11F04，该单片机有 20 个引脚、4KB 的 ROM。设计电路时，将 STC11F04 的所有引脚都用上了，这样能将单片机充分利用起来。如果使用 28 引脚的或 40 引脚的单片机，就会使电路的体积增大，而且会空出一些端口，造成浪费。

电路中的 24 个 LED 呈圆形均匀分布在单片机四周，当作方向指示灯。单片机通过 P3.2 和 P3.7 模拟 I^2C，来读取 HMC5883L 的数据。单片机处理取得的数据后，将点亮某一指定的 LED。LED 的亮、灭由 P1 口和 P3.3、P3.4、P3.5 共同控制，当要点亮某一个 LED 时，先要导通它所在组的三极管，然后由 P1 口选择相应的 LED 发光。

由于电路设计的是一次只点亮 1 个 LED，所以只在公共 5V 处接了一个 470Ω 的总限流电阻，在 P1 口则不加限流电阻。笔者在查看 STC11F04 的手册时，发现可以省去复位电路的 10μF 电解电容，所以本电路也就没加。这样做的目的是尽可能地减小电路体积。笔者采用的是带 3.3V 稳压芯片的 HMC5883L 模块，这样可以直接接入 5V 电压。图 11.4 ~ 图 11.6 所示是笔者用了一天时间才焊接完成的电路。

图 11.4 电路正面（未插单片机和 HMC5883L 模块）

■ 图 11.5 完整的电路正面

■ 图 11.6 电路反面（走线比较乱）

有关于 HMC5883L 的数据读取代码网上有很多，这里不再赘述。笔者主要来讲讲电磁干扰的问题。

从网上直接找到的代码大多没有考虑电磁干扰。因而，若将读取的数据反正切处理后，直接映射到 24 个 LED 上，会有很大的偏差，偏差最大能达到 45°。这里的磁干扰主要分为两类：空间磁干扰和电路本身干扰。由于空间磁干扰具有不确定性，所以不必考虑（比如拿一块磁铁放到任何指南针旁边，那么指南针只能指向磁铁。因为在指南针附近，磁铁的磁场已远远超过地球磁场，所以在空间磁干扰中，任何指南针都是失真的）。笔者主要处理电路自身产生的磁干扰。以下介绍一个主要在水平面进行校正的简单处理方法。

在水平面内，如果没有干扰，那么电子指南针读出的数据成正圆分布，即线性的。如果存在干扰，那么电子指南针读出的数据就会成非线性分布，呈椭圆分布。我们要做的就是把椭圆修到正圆，这就要同时修圆心和半径。

具体做法是：首先水平放置指南针，然后接入 5V 直流电源（最好不要用电脑的 USB 做电源，这是因为指南针离电脑太近，电脑产生的磁场会严重干扰指南针）。之后在水平面内缓慢旋转指南针一到两圈，使指南针自动校准。

此时，单片机会读出 x、y 轴的最大值和最小值 X_{max}、X_{min}、Y_{max}、Y_{min}。切记不要让指南针与水平面倾斜太大，不然就会影响 x、y 轴的数据。之后，算出 x、y 轴的偏移量 X_{offset}、Y_{offset}：

$X_{offset}=(X_{max}+X_{min})/2$

$Y_{offset}=(Y_{max}+Y_{min})/2$

X_{offset}、Y_{offset} 用于修正圆心。然后，选取比例因子 p：

p=(float)($X_{max}-X_{min}$) / (float)($Y_{max}-Y_{min}$)

最后，得到修正后的 X、Y：

$X=X-X_{offset}$

$Y=p(Y-Y_{offset})$

这样通过反、正切计算得到的 X、Y，就能得到转角。代码如下。

```
 while(1)
{
  Read_HMC5883L();
  // 读取 HMC5883L 中的数据
  x=BUF[0] << 8 | BUF[1];
  // 将 HMC5883L 中的数据分别合成 x、y、
z 轴数据
  z=BUF[2] << 8 | BUF[3];
  y=BUF[4] << 8 | BUF[5];
  // 以下为数据处理
  if(z<0)
  // 假如指南针反放，则取相反数
  z=-z;
  if(z>380)
  // 保证在作 x、y 方向旋转时，垂直方向
不能摆动过大，
  // 不然就会影响 x、y 轴的最大值和最小
值
  {
    // 以下是依次找出 x、y 轴的最大值
和最小值
    if(x>x_max)
    x_max=x;
    if(x<x_min)
    x_min=x;
    if(y>y_max)
    y_max=y;
    if(y<y_min)
    y_min=y;
    x_offset=(x_max + x_min) /
2;
    // 找出修正圆心的偏移量
    y_offset=(y_max + y_min) /
2;
    p=(float)(x_max - x_min) /
(float)(y_max - y_min);
    //p 是比例因子
    x=x-x_offset;
    // 得到修正后圆的半径
    y=p*(y-y_offset);
  }
  angle_xy= atan2((float)y,
(float)x) * (180.0 /3.14159265) +
180; // angle_xy 为 0~359
  show(angle_xy);
  // 点亮对应的 LED
  Delay5ms();
}
```

自动校正后，电路上点亮的 LED 就会指向南方。通过以上对电路自身干扰的简单处理，就能将偏差降到 10° 以下。由于笔者设置的显示部分由 24 个 LED 组成，相邻的两个 LED 对应的圆夹角为 15° ，所以能直接使用以上程序得到的数据。这个指南针在实际使用中的稳定性很好。

至此，一个简单的电子指南针就做成了。由于笔者是非电气类专业出身，有关电路方面的设计可能不符合相应规范，还请读者指正。

与本制作相关的源程序可到《无线电》网站 www.radio.com.cn 下载。笔者还录制了本制作的使用效果视频，需要注意的是视频的前半部分是自动校正过程。

12 钥匙扣遥控器

◇张彬杰

大家都有这样的经历吧：有事急着要出去，可是家里的电视机还开着，遥控器却又找不到。这时候，如果身上有个便携红外遥控器的话，就可以随手方便地关掉家里的电视机了。不仅如此，它当然也可以遥控家里的其他电器，如空调、DVD 播放机、VCD 播放机、风扇、照相机等，只要你编写出设备的对应红外编码。那么红外编码又是如何编写的呢？下文将和你分享制作这款钥匙扣遥控器的全过程。

12.1 主要部件

这次制作的主要元器件有：纽扣电池、红外发射二极管和 ATtiny13 单片机（见图 12.1 和表 12.1）。纽扣电池用于给单片机供电，单片机通过红外发射二极管发射事先编好的红外编码。

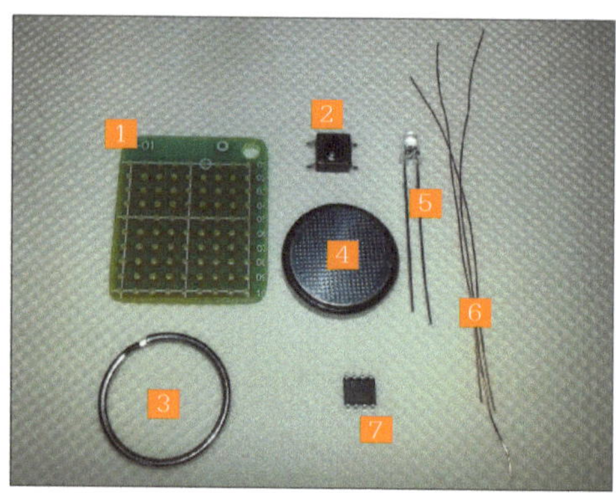

图 12.1 主要部件

表 12.1 主要部件

编号	名称	作用
1	万用板	用于支撑各种零件
2	微动按钮	电源开关
3	钥匙圈	挂在钥匙扣上
4	纽扣电池	3V 电源
5	红外发射二极管	发射 38kHz 的红外信号
6	铜线若干	固定钮扣电池同时作为导线
7	ATtiny13 单片机	控制芯片

ATtiny13 有硬件 PWM 输出，有了它就可以方便地输出 38kHz 左右的 PWM 波形了。这个频率也是常规红外信号的发射频率。

12.2 制作过程

❶ 首先焊接红外 LED，多余的 LED 引脚作为焊接用的导线。

❷ 然后焊接按钮。

❸ 焊接 2 根铜制导线用于连接电池正极，电池下面也焊接 2 根导线用于连接电池负极。

❹ 焊接烧录好程序的单片机（记得设置单片机的时钟为内部 9.6MHz）。

❺ 连接好钥匙圈，就可以挂在钥匙扣上使用了。

❻ 为了记录红外编码，我特意制作了红外接收电路，它和计算机连接可以方便显示波形。

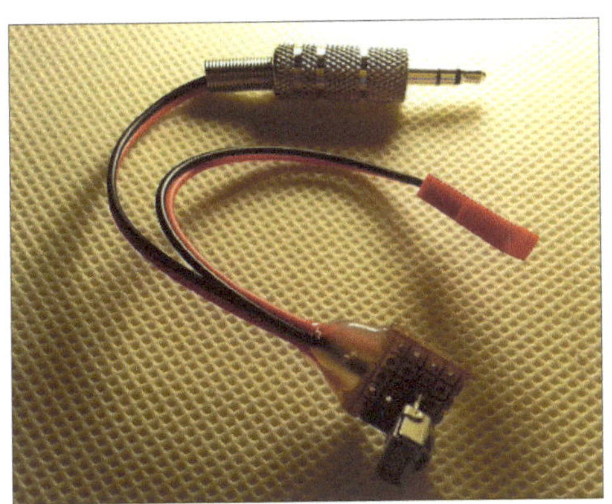

12.3 关于编码的记录

图 12.2 所示就是通过软件 cooledit 进行录制的红外波形文件。其实红外一体化接收头在接收到 38kHz 的红外信号时，会输出低电平。由于电脑的录音输入端串联着电容，这就导致接收头收到信号时，电脑上显示的是高电平，有反向的效果。

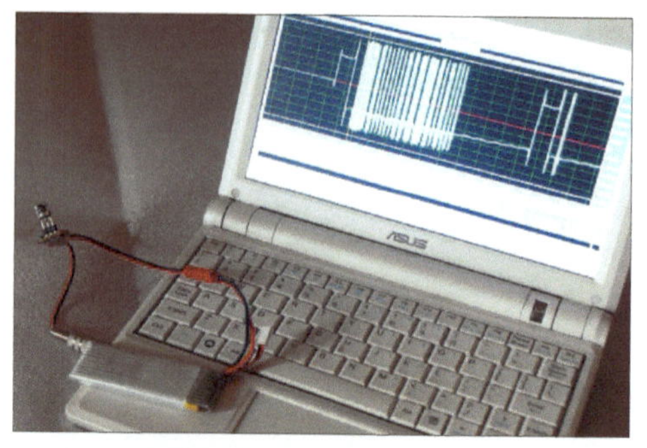

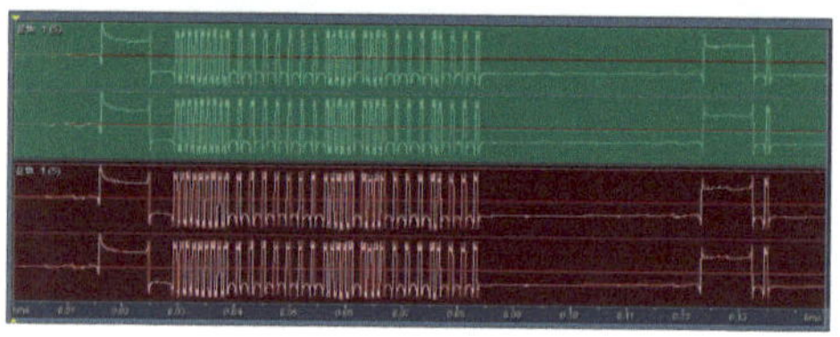

图 12.2　通过 cooledit 录制红外波形文件

关于红外编码的采集方法，可以到《无线电》杂志网站 www.radio.com.cn 上查阅《用电脑声卡捕捉和分析红外遥控编码》这篇文章，写得非常详细。

12.4　原理讲解

发射电路的原理图如图 12.3 所示。ATtiny13 有 2 路硬件 PWM，分别为 OC0A 和 OC0B。在硬件电路上，红外发光二极管和 PB0 相连接，即 OC0A。通过设置 PWM 寄存器 TCCR0A=0x83，就能让 OC0A 发出占空比为 50% 的 38kHz 波形了。通过设置寄存器 TCCR0A=0x03，就能关闭 OC0A 的翻转输出。

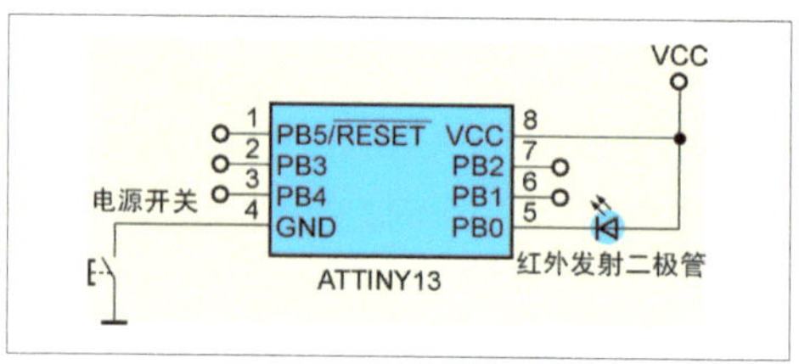

图 12.3　发射电路原理图

编写程序首先要了解红外编码的特点，即发射 38kHz 波形的时间和关闭的时间。这个时间可以通过计算机的音频输入或录音输入接口来记录。实现记录的电路如图 12.4 所示。电路仅仅需要一个红外一体化接收头和一个电阻来实现（在使用电池时电容可以省略）。

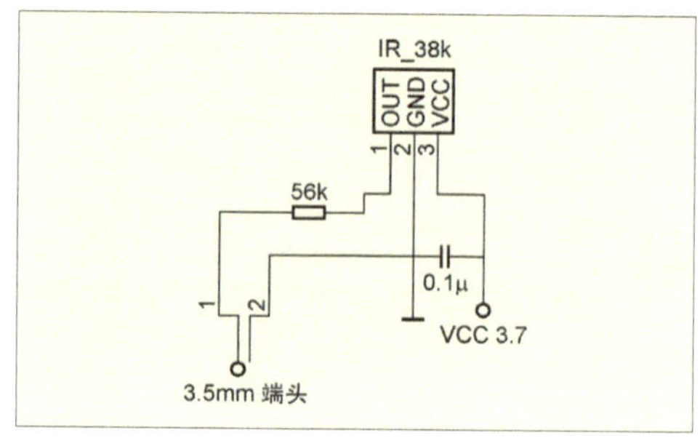

图 12.4　波形时间记录电路

记录好红外波形后，就可以根据编码的特点来编写逻辑 0 和逻辑 1 的实现函数。如果遇到特殊的发射时间和关断时间，可以直接向 TCCR0A 寄存器写入控制位，并通过相应延时来完成。

通常遥控家里电视机的 main 函数内容如下。

```
TCCR0A=0x83;delay_us(9000);
TCCR0A=0x03;delay_us(4500);
_0();_0();_0();_0();_0();_0();
_1();_0();
_1();_1();_1();_1();_1();_1();
_0();_1();
_0();_1();_0();_0();_1();
_0();_0();_0();_1();
_0();_1();_1();
_0();_1();_1();_1();
_0();
TCCR0A=0x03;delay_ms(40);
TCCR0A=0x83;delay_us(9000);
TCCR0A=0x03;delay_us(4500);
TCCR0A=0x83;delay_us(560);
TCCR0A=0x03;
```

在主程序开头和结尾，有特殊时间的发射红外波和关闭红外波，这由写PWM 控制寄存器加延时函数来实现。如“TCCR0A=0x83;delay_us(9000);”就是发射 9ms 时间的红外波，而“TCCR0A= 0x03;delay_us(4500);”就是关闭 4.5ms 时间的红外波。除了特殊操作时间，编码的一帧还是有许多重复的时间（开关长度）。这些重复的时间长度也就是逻辑 0 和 1 了。

主程序的中间部分通过调用子函数 _0() 和 _1() 来实现。子函数的有序组合就形成了特定编码。子函数也是向 PWM 寄存器 TCCR0A 写入控制位，让 PWM 以 38kHz 的频率翻转或停止翻转，翻转（发射）的时间还是通过延时来实现。这两个子函数的内容如下。

```
void _1(void)
{TCCR0A=0x83;delay_us(560);
TCCR0A=0x03;delay_us(1685);}
void _0(void)
{TCCR0A=0x83;delay_us(560);
TCCR0A=0x03;delay_us(560);}
```

■ 注：程序使用 CVAVR 编译，单击工程文件即可直接打开修改。当然你不想修改完善的话，可以直接烧录编译好的 HEX 文件。

13 蝴蝶结变声器

◇孙德庆

《名侦探柯南》中的蝴蝶结变声器是款有趣又屡立奇功的道具，其实在现实中我们也可 DIY 它。使用我们介绍的这款变声器，使用者可以把自己真实的声音伪装成 7 种不同的声音，还可以选择叠加上颤音的效果。它可以把原本的声音提高 3 个音高或者降低 3 个音高，因此伪装成另一个性别的声音也是可能的。除此以外，用它实现机器人的说话效果也是很有意思的。这款变声器特别适合用在电话上，来与电话另一头的人开玩笑。

这种语音的变化并不是简单的调频等操作能够完成的。一般来说，如果需要自行处理声音，需要电路具有比较强的运算能力来支持，往往是使用 DSP 一级的芯片来参与运算。但是对于爱好者来说，这是很麻烦的一件事，所以最好选用成品芯片来完成这一操作。无论是在软件还是在硬件上，使用成品芯片都可以大大简化设计。

13.1 电路介绍

这个电路的核心是一块 HT8950 语音调制芯片，这款芯片可工作于 2.4~4V，所以，镍氢电池、碱性电池或锂电池等均可使用。HT8950 片内有 8 位 ADC 和 DAC，以 8kbit/s 速率转换语音，存储于片内 SRAM，并加以处理。同时，该芯片内置放大器和偏置电路，可以直接使用驻极体话筒，因此用户需要设计的外围电路并不多。一般来说，依照该芯片的应用指南来构建即可。我在这里同时接出了按键与拨码开关，方便调整变声模式。另外，电路中有两个电位器，一个起到输出分压的作用，用于调节音量，另一个接在话筒反馈回路上，调节话筒灵敏度。具体电路如图 13.1 所示。

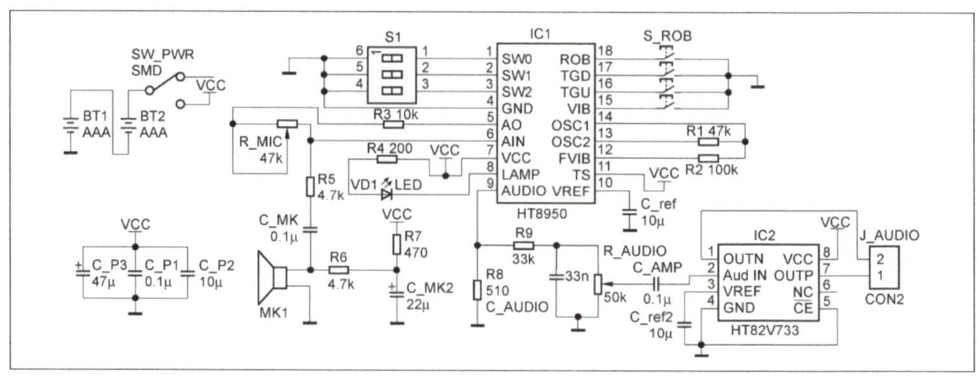

■ 图 13.1　变声器电路原理图

HT8950本身不具有大功率输出的能力，所以直接驱动扬声器是有困难的。使用三极管放大或者常用的LM386等集成功放芯片均可完成任务，这里，我使用了HT82V733集成功放芯片。这款芯片的工作电压范围较HT8950更宽，而且外围元件少，可输出240mA电流,可以轻松驱动扬声器,发出声音。

通常，将电路组装好后，装上电池，这个电路就可以正常工作了，只需要调整电位器，让电路工作在最佳状态即可。

需要注意的是，与其他功放系统一样，在扬声器到话筒的反馈足够强时，会发生啸叫。为解决这一问题，可以尽可能地拉开扬声器与话筒的距离。另外，话筒与电路板间最好采用软质线连接，以避免扬声器发出的声音，通过电路板耦合到话筒上。还可以在话筒上加一个喇叭形的集音罩，以增强话筒的方向性。当然，采用外置话筒和扬声器，可以彻底避免这个问题的发生。

13.2 使用方法

将3个拨码开关全部断开，就可以使用按键控制芯片的功能。按“上、下”键可以升高或降低音调，各有3级可选，还可以直接按“Robot”键，直接返回机器人音调。在当前芯片状态下，按下“上、下”键，对应的下一个状态可以在PCB右下角的环形图上看到。如果想固定在一个音调上，也可以直接拨动拨码开关。拨码开关所对应的二进制值在环形图上也有对应的标识。另外，按下“Vibrato”键，可以在当前状态下叠加颤音效果。

选择好需要的音调后，对着话筒说话，电路就会将变声后的声音用扬声器播放出来。无论变得低沉有力，还是婉转动听，电路都可以实现对应的效果。如果发生啸叫，可以适当降低扬声器的音量，并设法减少扬声器到话筒的耦合。还可以将输出线直接焊至其他设备（如电话或录音机）上，直接送出变声之后的声音。

13.3 外形设计

不可否认，这块变声器的外形设计受到了日本漫画家青山刚昌的作品《名侦探柯南》的影响。当然，像漫画作品里那样能够将声音转化为任意指定目标的音色，目前还没有成熟的算法。电路板选用蝴蝶结的形状后，从对称上考虑，将扬声器放置于电路板中心。电源采用两节7号电池，方便获得与更换。电池斜向安装在电路板一侧，可以更有效地利用印制板空间。

13.4 制作要点

为使电路尽可能美观，需要减少过孔的数量，因此，贴片元器件是首选。一般来说，对于分布参数要求不高的电路，可以用面包板做原理验证，之后的最终定稿电路就可以大量使用贴片元器件。贴片元器件最大的好处是无需剪脚，能有效减少组装的工作量。此外，还能大幅减少PCB的面积，节省打板费用。而且，贴片元器件焊接后没有尖刺，不扎手，对于没有外壳的电路板来说，既方便拿取，还显得整洁。如果使用热转印或感光板方式自制PCB，使用贴片元器件进行原理验证也是很方便的。

使用贴片元器件进行制作时，一般选用0805规格的阻容元件，由于业余制作的电压往往不高，所以无需选择较大封装的。另外，0805封装可以直接用于洞洞板焊接，尺寸合适。但 0603 封装以下，手工焊接就开始出现困难。焊接贴片元器件时，使用尖头调温焊台效果较好，既可避免温度过高，损伤元件和PCB铜箔，也能使操作更加精确，但熟练后使用其他规格的电烙铁亦可。做好的实物电路如题图所示。元器件布局细节如图 13.2 所示。

图 13.2 实物电路细节

Tips：算法介绍

声音的变调是很常见的现象，尤其是在模拟时代，对磁带加速或减速播放，就可以听到声音的音调发生变化。但是这种简单的变调会导致声音的长度发生变化，所以需要运算来解决这一问题。

需要注意的是，音调移动与频率移动不能混为一谈。频率移动的方式比较简单，使用调制方法就可以获得，但是频率移动后声音的频谱并没有扩张，而进行音调移动后声音的频谱却扩张了。所以音调移动保留了原来的谐波成分，而频率移动则破坏了谐波。因此，频率移动后的音效具有很强的金属感，作为特效音很不错，但对于任何一个非正弦的谐声来说，都不是一个好方法。

现在，我们往往使用数字信号处理来实现音调移动，主要采用相位声码器 (Phase Vocoder) 以及时域谐波缩放 (Time Domain Harmonic Scaling) 等算法。但显然，这些强大的现代算法，无论是在设计难度，还是能量消耗上，都不适合爱好者仿制，下面我为大家介绍一种 elm-chan(http://elm-chan.org/works/vp/report.html) 使用的简化算法。

Chan 使用的方法有点类似于磁带。他建立了一个环形缓冲器，见图 13.3。它的写入速度是一定的，但读取速度可变，因此声音的音调就会变化。为减少节拍失真，读取指针在累加时，需要保留小数部分，减少误差。在升调过程中，声音会欠采样，并出现混叠失真，但事实上，基本听不出来。

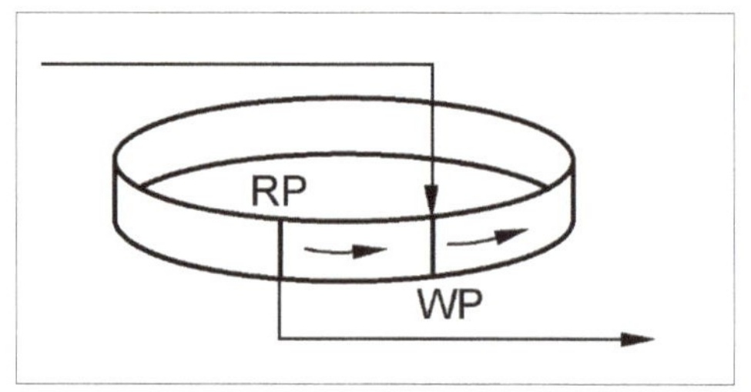

图 13.3 环形缓冲器

因为环形缓冲器的长度是有限的，读取指针（RP）可能会超越写入指针（WP）。在这种情况下，整个缓冲器的声音会被插入或移除。缓冲区的长度会影响听觉效果，过长的缓冲区会造成音节的缺失或重叠。实验表明，语音信号使用 20ms 就很合适。

图 13.4 中以写入指针为参照，观察读取指针。当读取指针超越写入指针时，这种波形的不连续会造成“嗒嗒”声。为了抑制这种效应，在数据切换时使用交叉淡入淡出的方式。被挤出的数据存储在混合缓冲区里，与环形缓冲区的另一端相重叠。交叉淡入淡出在经过这段区域的 32 个采样时间内完成。

为实现颤音效果，动态改变读取速度即可。只要缓冲区不要太小，读取指针不会超越写入指针。

为实现机器人效果，可以使用平衡调制的方法。简单来说，就是在载波上乘一个 0 ~ 1200Hz 的正弦波。那些增加出来的频率成分就可以实现机器人声的效果。

使用以上算法，HT8950 能够实现的功能也可以使用单片机完成。只要具有足够的内存空间、ADC 以及 DAC，使用软件实现这些功能并不困难。另外，如果需要使用计算机完成变调，Voice Changer 或者 Cool edit 一类软件都是不错的选择。

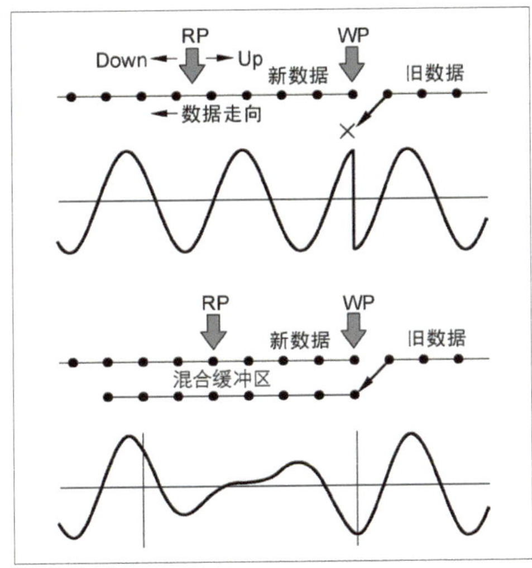

图 13.4 混合缓冲区

14 “程序猿”的二进制时钟

◇程晨

前几天在 makerpapa（创客老爹）搞的活动上，我的哥们儿王建伟提出想做一个二进制的时钟，就是那种一看上去要算半天的时钟。比如有 4 个灯，第一个表示 1，第二个表示 2，第三个表示 4，第四个表示 8。这样的话，如果是 2 点就第二个灯亮，如果是 5 点就第一个和第三个灯亮。了解二进制的人都知道 4 个灯能表示的最大数是 15，所以小时用 4 个灯就可以表示了。

至于分钟，就需要 6 个灯了，6 个灯最大能表示的数是 63。你要是带着这个表上街，就能充分体现“程序猿”的身份了。我立刻被这个想法打动了，说要用护腕做一个，不但体现身份，还属于可穿戴设备，到时候撸开袖子看时间，还算半天，太拉风了。那位同学反驳了我的想法，说他要做个挂着的。

最后我们决定求同存异，先把原型搭出来。

14.1 硬件连接

元器件用的就是 DFRobot 的 Arduino 入门套件（见图 14.1），里面有 10 个 5mm 的 LED，数量刚刚好。

先用 Fritzing 画个接线示意图吧，要不然这么多线，一会就插乱了，完成后的如图 14.2 所示。

其实这就是 LED 的标准接法，正极接 Arduino 的 I/O 口，负极串电阻接 GND，只不过这里重复了 10 次。套件包里是红、黄、绿的 LED 各 3 个，还有一个全彩 LED（在图中使用白色表示），这里我把这个全彩 LED 当作了红色 LED 使用。

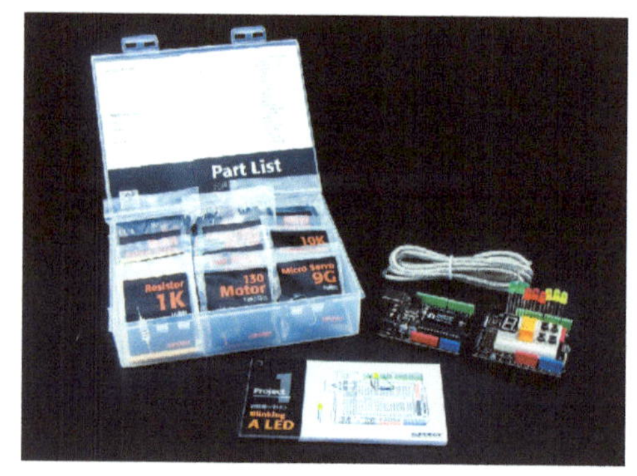

图 14.1 Arduino 入门套件

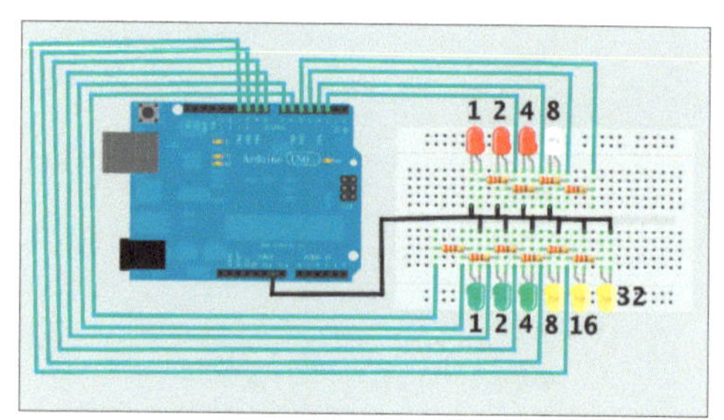

图 14.2 接线示意图

为了方便观看，我定义上面的 LED 表

示小时，从左到右依次表示 1、2、4、8，分别连接 Arduino 的 2、3、4、5 引脚；而下面的 6 个 LED 表示分钟，从左到右依次表示 1、2、4、8、16、32，分别连接 Arduino 的 6、7、8、9、10、11 引脚。

如果大家想先验证一下硬件连接是否正确，可以自己写一个 Arduino 程序测试一下，这里我就不测试了。完成后的实物如图 14.3 所示。

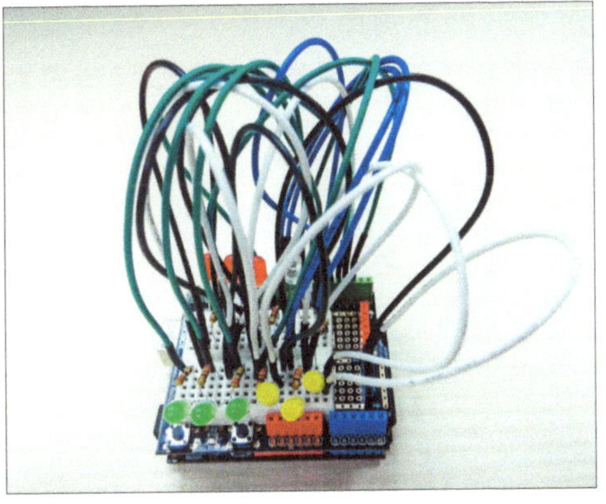

■ 图 14.3 连接好的二进制时钟原型

14.2 程序设计

是不是感觉乱糟糟的一堆？图中后面的 4 个LED都快看不见了。接下来就开始设计程序，这里我让计算机直接发送时间给 Arduino，Arduino 接收到之后再用二进制的方式显示出来。计算机端我用的是 Processing。

打开 Processing 后，我们可以在 example 中找到一个叫 Clock 的例子（见图 14.4）。打开后，Processing 界面如图 14.5 所示。这个例子的功能就是获取计算机的时间，然后用钟表的形式显示出来，例子的运行效果如图 14.6 所示。

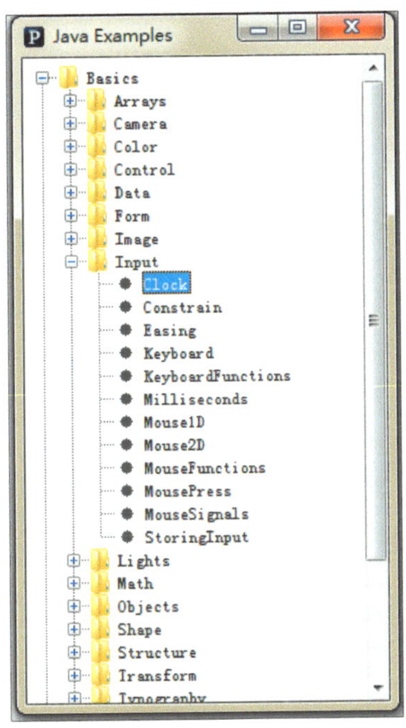

■ 图 14.4 在 example 中找到一个叫 Clock 的例子

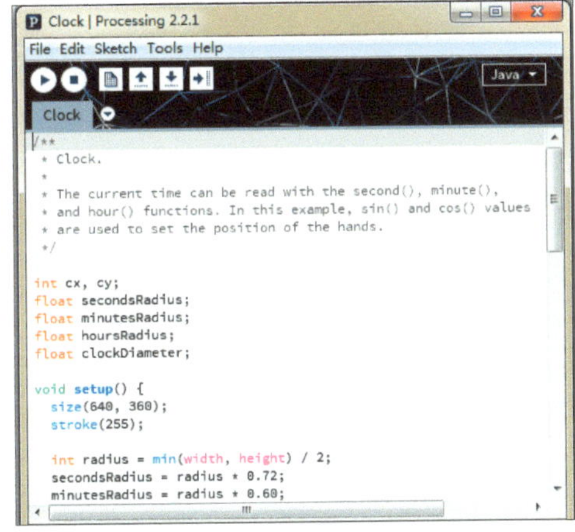

■ 图 14.5 打开 Clock 例子

■ 图 14.6 Clock 的运行效果

我们就在这个例子的基础上修改一下吧，让它在显示时间时，便把时间通过串行通信发送给 Arduino。

首先，我们要在代码中 import 串口的类库，并且定义一个串口对象 myPort。

```
import processing.serial.*;
Serial myPort;  // Create object
from Serial class
```

然后在 setup 函数中添加初始化串口的代码，设置波特率为 9600。

```
String portName = Serial.list()[0];
myPort = new Serial(this,
portName, 9600);
```

最后在 draw 函数的末端添加发送时间的代码，为了减少数据的发送频率，我们用一个变量 oldMinute 来保存当前的分钟数，这样只有分钟数变化时，计算机才会发送一遍时间，发送的内容是字母 T 加上小时和分钟的数据。T 在这里充当了数据头，Arduino 只有在接收到 T 后，才会处理后面的数据。

```
if(minute()!= oldMinute)
{
  oldMinute = minute();
  myPort.write( ‘T’ );
  myPort.write(hour());
  myPort.write(oldMinute);
}
```

完成 Processing 的代码后，我们来写 Arduino 的代码。首先要定义小时和分钟两个变量，还要有一些说明和辅助变量，内容如下。

```
//hour
//1、2、4、8 对应端口 2、3、4、5
//minute
//1、2、4、8、16、32 对应端口 6、7、8、
9、10、11
int hour,minute;
int i;
```

在 setup 函数中，将 2~11 端口都设置为 OUTPUT，同时设置串口波特率为 9600。

```
void setup()
{
  for(i=2;i<12;i++)
  {
    pinMode(i,OUTPUT);
  }
  Serial.begin(9600);
}
```

在 loop 函数中接收数据，只有接收到字母 T 时才处理后面的数据，因为计算机的时间是 24 小时制，所以数据接收完成后，要对小时数做一个判断，当小时数大于 12 时，要将其转换到 12 小时以内。最后调用 showTime 函数显示二进制时间。

```
void loop()
{
  if ( Serial.available())
  {
    if( ‘T’ == Serial.read())
    {
      while(!Serial.available());
      //hour
      hour= Serial.read() ;

      while(!Serial.available());
      //min
      minute= Serial.read();
```

```
        if(hour>12)
        hour = hour-12;
        showTime();
      }
    }
}
```

showTime 函数实现时间的二进制转换，这里我们用了一个除 2 将变量右移的技巧，大家都知道数据在计算机里是以二进制的形式存在的，假设 5 在计算机中存储为 00000101，要显示 5 这个数就要点亮第一个和第三个灯，那程序会如何处理呢？

首先判断变量是奇数还是偶数，如果是奇数，就要点亮第一个灯，实际上就是要判断最后一位是 0 还是 1。判断完成后将变量除 2，数据就变成了 00000010，大家发现了吗，除 2 这个操作在二进制中就是将整个数列向右移动一位。这样我们再判断数据的奇偶性，就能决定是否点亮第二个 LED，后面依此类推。我们通过一个 for 循环就能快速地实现数据从十进制到二进制的转换。showTime 函数如下。

```
void showTime()
{
  for(i=2;i<6;i++)
  {
    if(hour%2 == 1)
    {
      digitalWrite(i,HIGH);
    }
    else
    {
      digitalWrite(i,LOW);
    }
    hour = hour/2;
  }
  for(i=6;i<12;i++)
  {
    if(minute%2 == 1)
    {
      digitalWrite(i,HIGH);
    }
    else
    {
      digitalWrite(i,LOW);
    }
    minute = minute/2;
  }
}
```

将程序下载到 Arduino 中，运行 Processing 中的 Clock 程序，显示二进制时间的效果如图 14.7 所示。

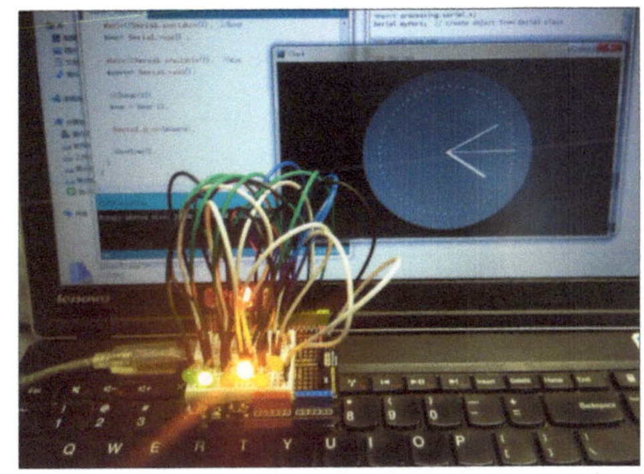

图 14.7　二进制时钟的运行效果

图 14.7 所示的二进制时钟原型机中上面一排的第三个灯亮，对应的时间是 4 点，而下面一排的LED是第二个和第四个灯亮，对应的时间是 10 分，所以当时的时间就是 4 点 10 分。原型机完成了，大家期待我的可穿戴式二进制手表吧。

14.3　改进 1：让时钟可穿戴

在完成了二进制时钟的原型机之后，一直就想着怎么能戴在手上，成为一块二进制手表。在我脑海中首先出现的就是之前做铁甲钢拳格斗机器人时剩下的另一个护肘（见图 14.8），也许这个手表可以先来个手工版的。制作所用的器材见表 14.1。

图 14.8　制作铁甲钢拳时用的护肘

表 14.1　制作材料

序号	器材	货号	数量
1	DFRduino Pro Mini	DFR0159	1
2	DS1307 时钟模块	DFR0151	1
3	5mm 柔光 LED 包	FIT0372	1
4	220Ω 电阻、热缩管	/	10 组
5	护肘	/	1
6	单芯优质杜邦线	FIT0030	1
7	AA（5 号）电池升压模块	DFR0250	1
8	AA 镍氢充电电池	FIT0022	2

手工活就先 从 LED 开始吧，按照原型机的设计，我们需要 10 个 LED，确切地说，是 10 个接了 220Ω 电阻的 LED。我用 4 个蓝色的 LED 显示小时，用 6 个红色的 LED 显示分钟。220Ω 电阻接在了 LED 的正极，准备好的 LED 如图 14.9 所示。

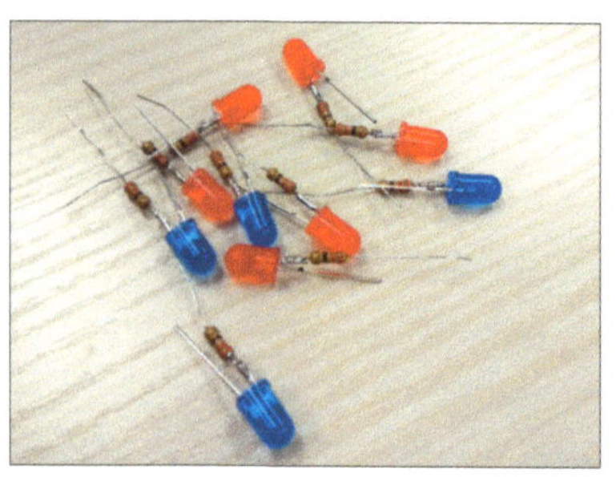
图 14.9　准备好的 LED

为了连接方便，我还在电阻的另一端焊上了一节杜邦线，并套上了一段热缩管（见图 14.10）。

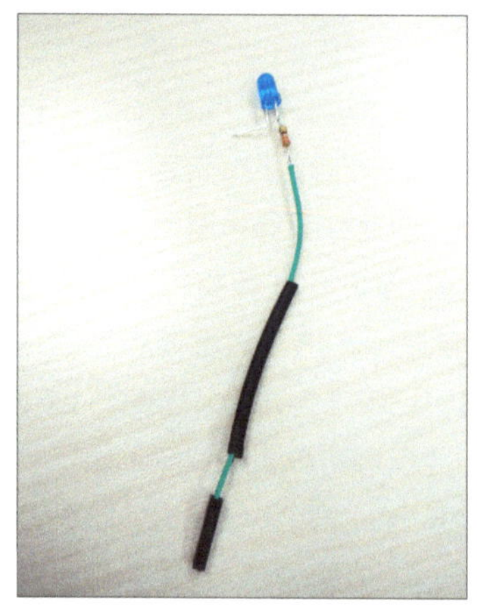
图 14.10　在电阻另一端焊上杜邦线

10 个 LED 都配置完成之后，可以在护肘上摆一下位置，我预计的排列样式如图 14.11 所示。

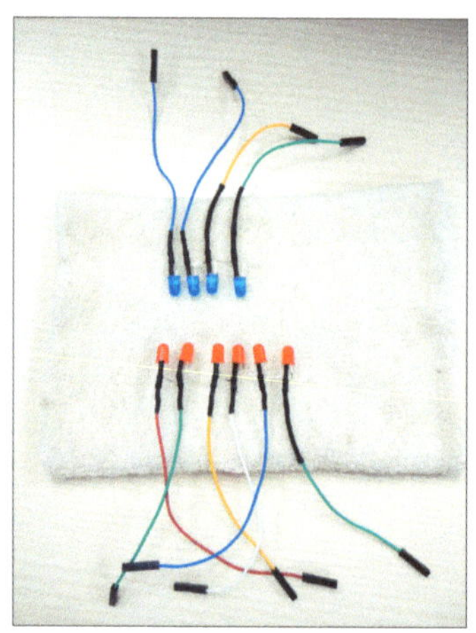
图 14.11　在护肘上确定一下最后的样子

将护肘拿走，我们把所有 LED 的负极都连在一起，并在末端也连上一节杜邦线，以方便后续和控制板连接（见图 14.12）。

我没有选用标准的 Arduino 控制板，为了让整个手表看起来更紧凑（不过最后看起来也没有达到这样的效果），选用的是 DFRduino Pro Mini（见图 14.13），这是基于 Arduino 的最小系统。DFRduino Pro Mini 上是没有焊插针的，需要自己焊接。我这里可以利用一些圆孔作为缝纫孔，缝纫孔就无法再连接其他的元器件了，因为考虑到 4 个角都至少要有一个缝纫孔，所以我选择了 9、10、TXD 和 RAW 作为缝纫孔，记住这一点很重要，因为在写程序时，这些引脚就无法使用了（后来我写程序时感觉应该把 6 和 13 作为缝纫孔，而不是 9 和 10）。

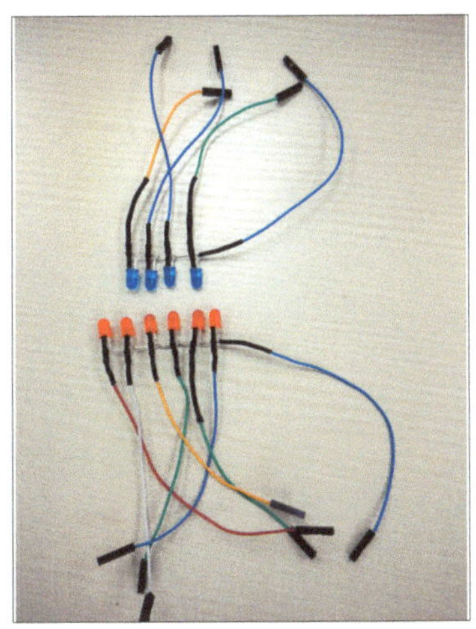

图 14.12 将所有的负极连在一起

图 14.13 DFRduino Pro Min

将控制板和连接好的 LED 都缝在护肘上，完成后如图 14.14 所示。这里我给 DFRduino Pro Mini 的引脚上焊了一些弯脚插针，以方便插接杜邦线，采用这种方式是考虑到如果有元器件有问题需要调整，可以尽量减少修改的工作量。焊接插针时要注意缝纫孔上不要焊插针，在图中一些 LED 末端的杜邦线已经连接到了控制板上，这时是不是已经没有紧凑的感觉了？

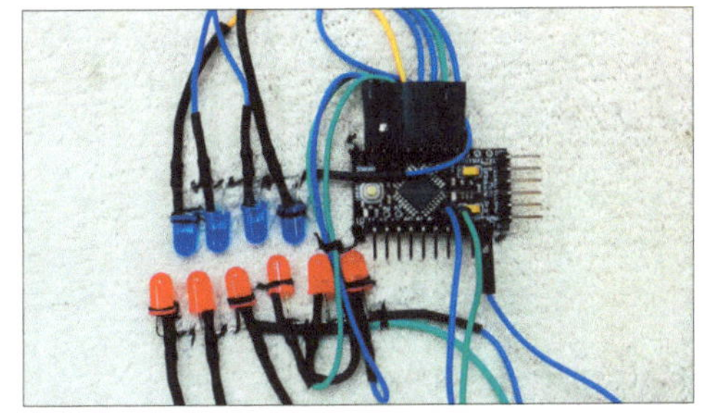

图 14.14 将控制板和 LED 都缝在护肘上

手工活到这里就算告一段落了，接下来要来点技术活了。文章开头就已经说过，我要做的是一块手表，是要戴着出门的，不可能像原型机一样还用一条 USB 线缆连着电脑，从电脑上获取时间，所以需要一个能够告诉 Arduino 当前时间的模块——RTC 实时时钟模块，这里选择的是 DS1307 时钟模块（见图 14.15）。

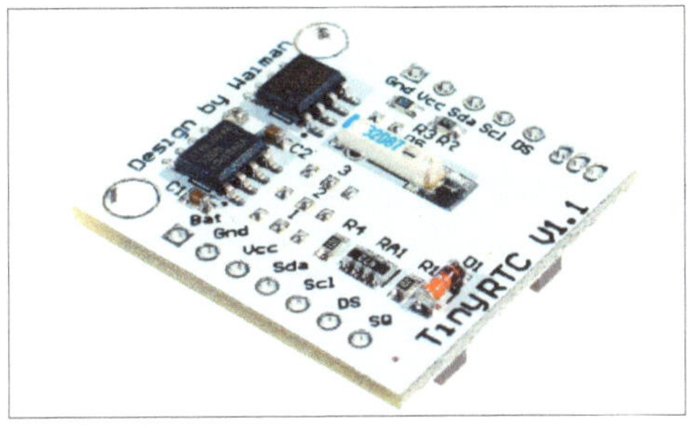

图 14.15 DS1307 时钟模块

DS1307时钟模块出厂时就附带电池（CR1225，41mAh)，并已经烧录了准确的北京时间（MST）。模块在不具备外接5V电源的情况下，最短使用寿命可达9年，但是一般能达到17年。模块通过I^{2}C协议通信，同时支持I^{2}C扩展。为了方便调试，可以先在一块Arduino UNO上测试一下模块，提醒大家一定要按照使用时的情况和要求测试好之后再缝在护肘上，之前的LED我就返了一次工。DS1307时钟模块与Arduino的连接方式如图14.16所示。

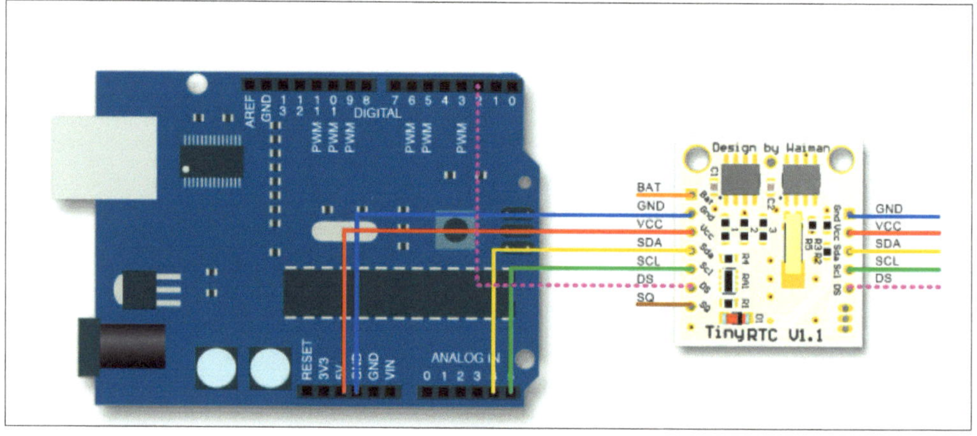

■ 图14.16　DS1307时钟模块与Arduino的连接

连接好之后（这里就不再附实际连接图了），在DFRobot的网站上下载一个该模块的库文件，放在Arduino开发环境目录下的libraries文件夹当中。再打开Arduino的开发环境，在Examples中就会发现多了DS1307，里面包含3个例程（见图14.17），其中TinyRTC_Test_V13是测试比较全面的例程，大家可以用它来测试一下手上的DS1307时钟模块，同时里面的很多函数也可以直接复制到新项目中使用。

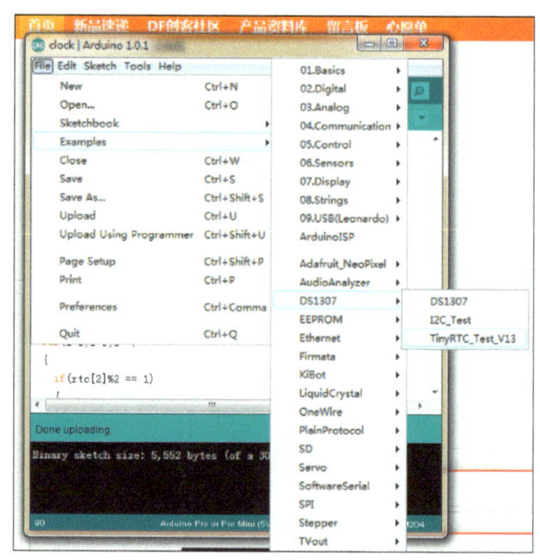

■ 图14.17　DS1307时钟模块的例程

测试（见图 14.18）完成后，将 DS1307 时钟模块缝到护肘上，同时将 I^2C 接口用杜邦线连接到 DFRduino Pro Mini 的插针上，这里 DS1307 时钟模块的引脚上也焊好了弯角插针。最后将 LED 都连接到控制板上，并且通过下载器将 DFRduino Pro Mini 连接到电脑上，LED 与控制板引脚对应的关系是：蓝色 LED 表示小时，连接到引脚 2、3、4、5；红色 LED 代表分钟，连接到引脚 6、7、8、11、12、13（9、10 作为缝纫孔空了出来）。打开 Arduino 开发环境，我们再来完成二进制手表的代码。

图 14.18　整体调试

首先我们要参考例程 TinyRTC_Test_V13 包含一堆头文件，同时再定义一个数组和一个变量，数组 rtc[7] 用来存储从 DS1307 时钟模块获取的时间，数组中的 7 个值分别表示秒、分、时、星期、日、月、年，而变量 oldMin 用来保存之前的分钟时间值，该变量用来确定是否要更新 LED 的时间显示。

```
int rtc[7];
//秒、分、时、星期、日、月、年
int oldMin; //之前的分钟值
//从 TinyRTC_Test_V13 例程中将函数
DS1302_SetOut 复制过来
void DS1302_SetOut(byte data ) {
......
}
```

在正式编写代码之前，我们来捋一下程序的流程：因为二进制手表只有小时和分钟两个值可以显示，而且也没有交互的按钮，所以手表的程序逻辑很简单，就是从 DS1307 时钟模块获取时间，然后判断分钟数和之前保存的分钟数是否一致，如果不一致，说明时间有变化，就要更新 LED 的显示。因此 setup 函数和 loop 函数编写如下。

```
void setup()
{
 //将连接 LED 的引脚置为输出
 for(i=2;i<14;i++)
 {
  pinMode(i,OUTPUT);
 }
 //DS1307 时钟模块使用的是 I2C 协议
 Wire.begin();
 //获取当前时间，同时给 oldMin 赋初值
 getTime();
 oldMin =rtc[1];
}
void loop()
{
 getTime();//获取当前时间
 //如果分钟值有变化，就要更新 LED 显示
 if(rtc[1]!=oldMin){
 oldMin=rtc[1]; //更新 oldMin 的值
 showTime(); //更新 LED 显示
 }
}
//这里获取时间定义的函数是
getTime()，而显示时间、更新 LED 则定
义了函数 showTime()，两个函数的实现如
下
void getTime(void){
 DS1302_SetOut(0x00);
 RTC.get(rtc,true); //获取时间，将
 时间存入数组 rtc 中
}
/*showTime 程序和原型机中的程序类似，
只是在具体的引脚方面有些改动*/
void showTime(void){
 //判断小时数值是否大于 12
 if(rtc[2]>12)
 rtc[2]=rtc[2]-12;
 for(i=2;i<6;i++)
```

```
  {
    if(rtc[2]%2 == 1)
    {
     digitalWrite(i,HIGH);
    }
    else
    {
     digitalWrite(i,LOW);
    }
   rtc[2] = rtc[2]/2;
  }
  for(i=6;i<12;i++)
  {
   if(rtc[1]%2 == 1)
   {
    if(i>8) // 大家可以思考一下为什么这
    里有个 if 判断
      digitalWrite(i+2,HIGH);
    else
      digitalWrite(i,HIGH);
   }
   else
   {
    if(i>8)
      digitalWrite(i+2,LOW);
    else
      digitalWrite(i,LOW);
    }
    rtc[1] = rtc[1]/2;
   }
  }
```

程序完成之后，还差最后一步——给整个手表装上电源，这里我选用的是 AA 电池升压模块（外观见图 14.19），这款模块只需 2 节电池就可以提供 5V 的电压，保证手表的运作。两节电池通过 GS1662 芯片升压之后，可以轻松输出 5V 电压、1A 电流，而且模块上还有一个开关，当不看时间时，就可以把手表关上。

将电源模块缝在护肘上，手工版二进制手表完工后整体的效果如图 14.20 所示，因为 LED 显示时间时太亮，所以最后这张效果图没有将电源打开。大家制作时，最好选用更大的电阻串在 LED 上，这样 LED 就不会太刺眼了。

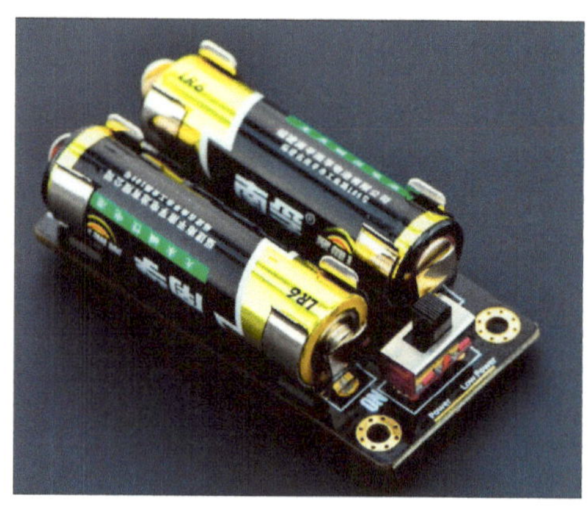

图 14.19　AA 电池升压模块

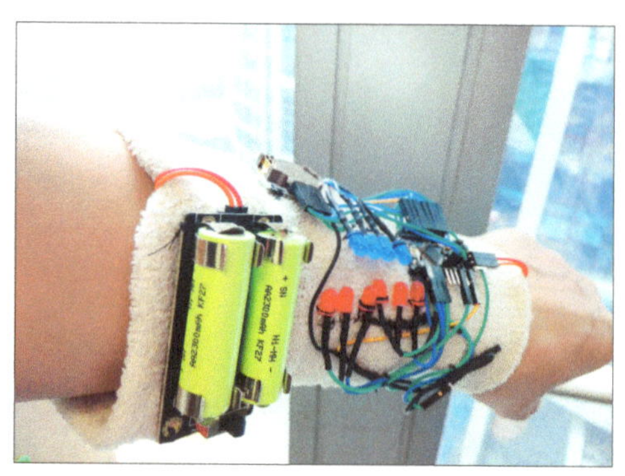

图 14.20　最终的手工版二进制手表

14.4　改进 2：Matrix 版

之前的手工版二进制时钟被很多人吐槽说不好看，我这个理工男的审美真是伤不起呀。经受了多次打击后，本人决定再做一个新的 Matrix 版 binWatch。

模块就选用 DFRobot 的可编程 8×8 点阵模块，如图 14.21 所示。

图 14.21　可编程 8×8 点阵模块

该模块内部使用的是 Leonardo 的 ATmega32U4，所以我们通过模块上的 MicroUSB 端口就能够直接烧写程序，另外模块内置了 3.7V/140mAh 的锂电池，不用单独添加电源。

显示方面，我对整个表面 64 个 LED 的规划如下（见图 14.22）。

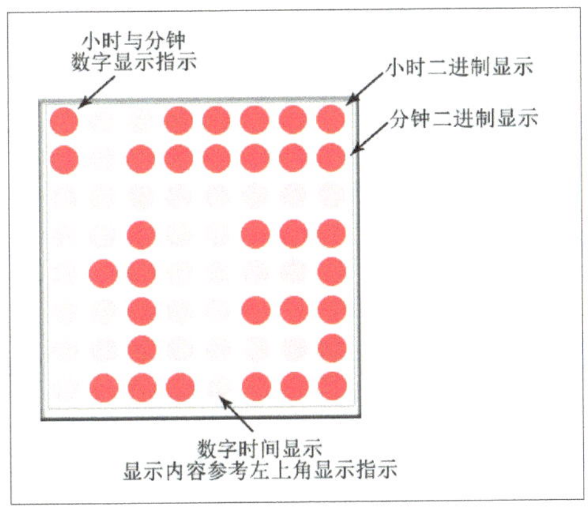

图 14.22　LED 的规划

第一排从右往左的 5 个 LED 用来表示小时的二进制值，5 个 LED 可表示的最大数是 31，而我们只需要显示到 23 就可以了。

第二排从右往左的 6 个 LED 用来表示分钟的二进制值，6 个 LED 可表示的最大数是 63，而我们只需要显示到 59 就可以了。

第三行作为分隔行，不显示任何东西。

再往下的 5 行能够显示两位数字，我就用这块区域来显示文字化的两位数，显示的内容依据第一、二排的第一个 LED 来确定。当第一排的第一个 LED 点亮时，下方的数字区显示的是小时值；当第二排的第一个 LED 点亮时，下方的数字区显示的就是分钟值。第一、二排的第一个 LED 同一时间只有一个点亮，而切换显示内容的功能，我交给了模块上的轻触按键来完成。

14.4.1　程序设计

在 DFRobot 的网站上找到模块相对应的原理图，根据矩阵 LED、轻触按键和控制板的连接关系定义变量及数组如下。

```
byte row[8] = {9, 8, 4, A3, 3,
10, 11, 6};
byte col[8] = {2, 7, A5, 5, 13,
A4, 12, A2};
//触碰按键接在 A1 口
int pushButton = A1;
```

另外我们需要定义一个 8×8 的矩阵，用来保存显示在 LED 矩阵上的内容。

```
byte picture[8][8]=
{
    {0,0,0,1,1,1,0,1},
    {0,0,0,1,0,1,1,1},
    {0,0,0,0,0,0,0,0},
    {0,1,1,0,0,1,1,0},
    {1,0,0,0,1,0,0,0},
    {1,0,0,0,1,0,0,0},
    {0,1,1,0,0,1,1,0},
    {0,0,0,0,0,0,0,0}
};
```

接着再定义如下几个变量，其中 oldTime 用来和 millis() 配合实现定时的功能，而变量 valueH、valueM、valueS 则用来保存小时、分钟、秒这 3 个量。

```
unsigned long oldTime;
int valueH, valueM, valueS;
```

程序的主体如下。

```
void setup(void)
{
  //初始化连接 LED 矩阵的引脚
  LED_Init();
  //初始化连接轻触按键的引脚
  pinMode(pushButton, INPUT);
  oldTime=millis();
  //串口波特率为 9600，用于校对时间
  Serial.begin(9600);
}
void loop(void)
{
  //控制显示区
  Draw_Pic();
  //利用函数 millis() 和变量 oldTime 来定时，这里我的定时时间为 1s，即 1000ms
  if(millis()-oldTime>=1000)
  {
   oldTime = millis();
   //秒的变量加 1
   valueS = valueS + 1;
   //判断秒的变量是否达到 60,如果达到，就要进位，将分钟值加 1
   if(valueS >= 60)
   {
     valueS = 0;
     valueM = valueM + 1;
     //判断分钟的变量是否达到 60，如果达到，就要进位，将小时值加 1
     if(valueM>=60)
     {
       valueM = 0;
       valueH = valueH + 1;
       //判断小时的变量是否达到 24
       if(valueH>=24)
       {
        valueH = 0;
       }
     }
     //以二进制方式显示小时和分钟的值
     Show_Bin(valueH,valueM);
  }
  //判断轻触按键的状态，以决定数字显示区是显示小时还是分钟
  if(digitalRead(pushButton))
  {
    //如果按键抬起，则显示分钟值，同时切换左上角的显示指示
    picture[0][0]=0;
    picture[1][0]=1;
    Show_Num(valueM);
  }
  else
  {
    //如果按键按下，则显示小时值，同时切换左上角的显示指示
    picture[1][0]=0;
    picture[0][0]=1;
    Show_Num(valueH);
  }
 }
 //查询是否收到数据来设定时间
 setTime();
}
```

各个函数的具体实现都是一些基础内容，包括 LED 矩阵的显示、数字的二进制处理、串行数据的接收处理等，有些内容可以参考前两个版本的 binWatch，有些内容可以参考 Arduino 的基础例程，这里只列出函数 setTime、LED_Init 和 Draw_Pic，其他不作详细介绍，有兴趣的朋友可到《无线电》杂志网站 www.radio.com.cn 下载源程序。需要说明一点，在程序中，除了函数 Draw_Pic，其他显示操作都是对数组 picture 的修改，实际上程序的执行过程是修改了数组 picture 中的某些变量，然后在函数 Draw_Pic 中调用数组 picture 来实现显示。

程序完成后，还需要想个办法把这个 8×8 点阵模块固定在手腕上，Makerpapa 的王建伟帮我设计了一个类似手表的外壳，

而表带则是本人用尼龙粘扣手工缝纫而成的，整体完成之后如图 14.23 所示。图中所显示的时间是 12:49，第一排 LED 从右往左，点亮的 LED 是第 3 个和第 4 个，所以小时值就是 $2^{(3-1)}+2^{(4-1)}=12$，分钟值直接看数字显示区就好。

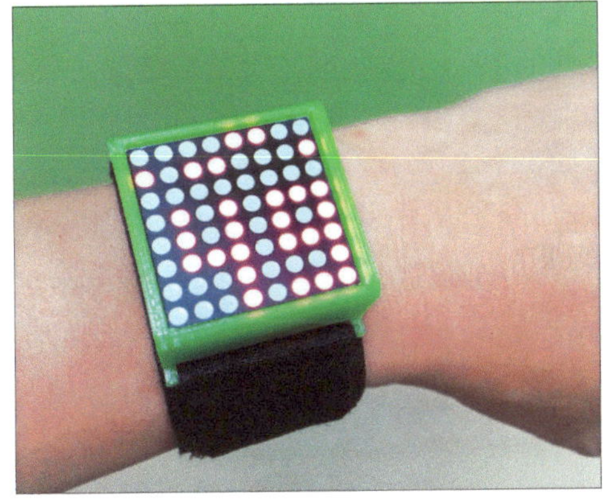

图 14.23 加上外壳的 Matrix 版二进制时钟

当模块侧面的按键被按下时，数字显示区显示的是小时值，当按键弹起时，显示的就是分钟值。要是想锻炼一下算术，那就自己数点算时间吧。

14.4.2 外壳 3D 建模过程

戴着闪闪发光的手表，我心想要不要自己也尝试设计一下这个手表的外壳。之前在翻译《解析 3D 打印机》时，也顺道学了一些 3D 建模的知识。

建模之前，先要确定模块的大小，显示模块的大小是 32mm × 32mm × 16mm，手表外壳壁厚 2mm，有了这两个基本数据，就可以开始建模了。建模软件我选择了被 Google 收购的 SketchUp。

❶ 打开 SketchUp 后，在模板中选择“产品设计与木器加工 – 毫米”这一项。

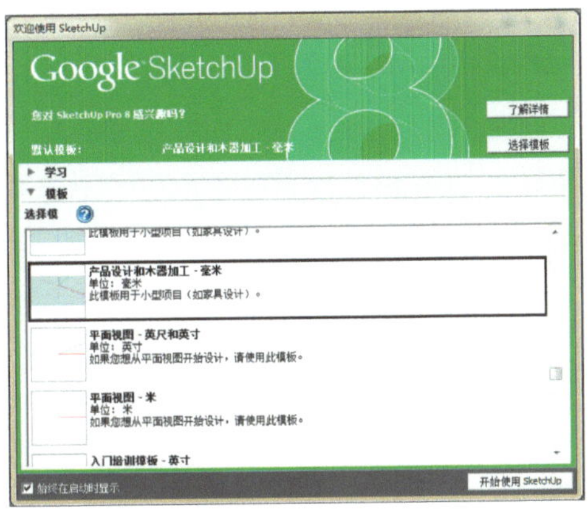

❷ 在软件界面中打开“大工具集”，使用时直接用鼠标选择工具集中的相应工具就可以了，比如绘制方形、圆形，拉伸、移动等。

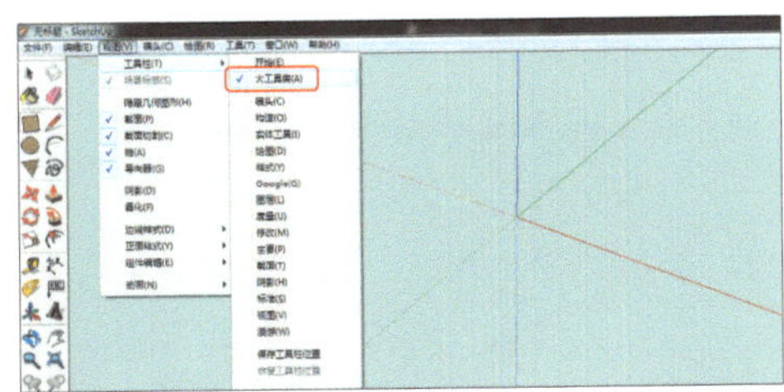

❸ 首先选择绘制方形的工具，因为模块的尺寸是 32mm × 32mm，而壁厚是 2mm，所以这个方形的大小应该是 36（32+2+2）mm × 36mm，可以直接在软件界面右下角的尺寸框中输入相应的尺寸，这里输入 36、36，就得到了一个 36mm × 36mm 的正方形。

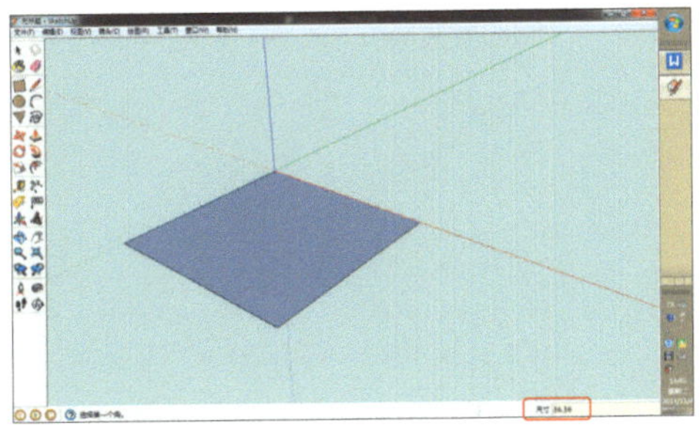

❹ 接着使用推 / 拉工具将正方形拉高，模块的高度是 16mm，我们留 2mm 的余量，拉伸高度定为 18mm，同样的，直接在右下角的尺寸框中输入 18 就可以了。此时就得到了一个 36mm × 36mm × 18mm 的立方体。

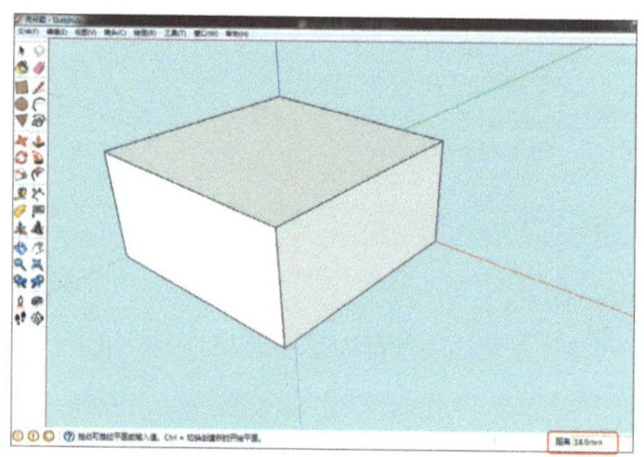

❺ 然后使用偏移工具将上表面的正方形边沿向内偏移 2mm，作为外壳的厚度。

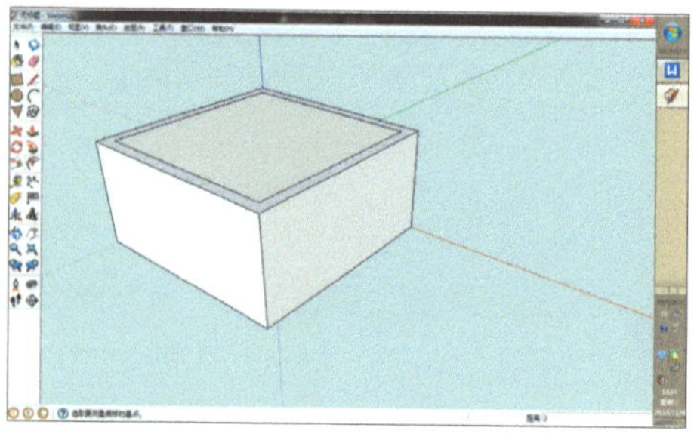

❻ 还是使用推 / 拉工具将刚才向内偏移 2mm 的正方形向下推 18mm，这样就得到了一个只有外壳的方框。显示模块到时就放在这个方框中。

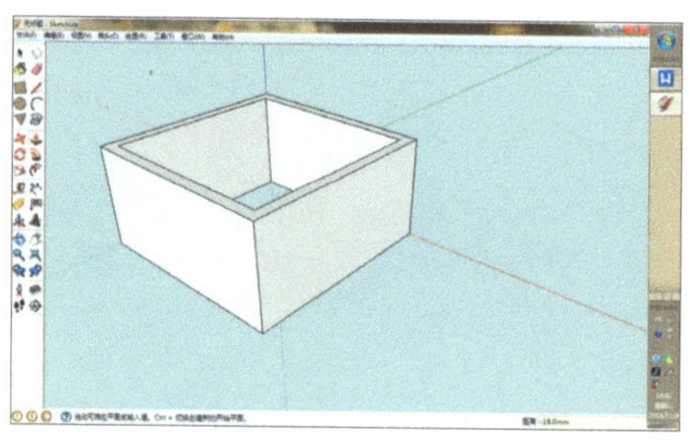

❼ 接下来就要绘制外壳表面两侧用来连接表带的“耳朵”。在方框一侧的底部绘制一个 36mm × 4mm × 2mm 的长方体。

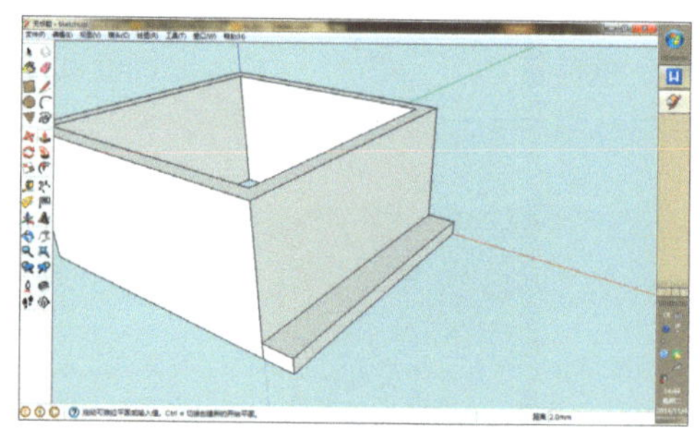

❽ 使用偏移工具将长方体的顶面边沿向内偏移 2mm，因为顶面的宽度本身只有 4mm，所以偏移之后会得到一条线段，线段的两个端点距离两边的垂直距离为 2mm。

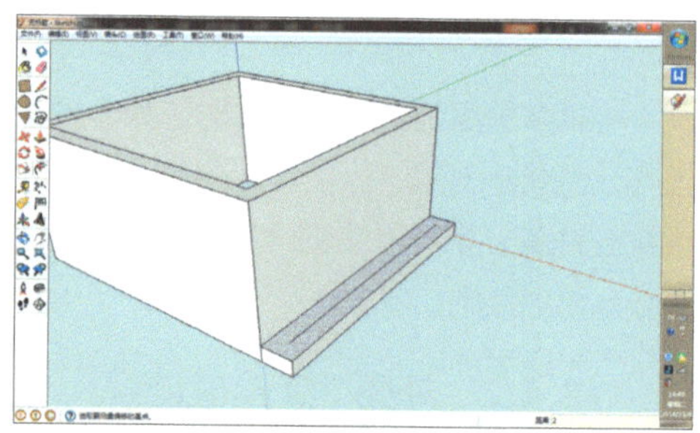

❾ 使用线条工具将线段的两个端点用垂直线段连接到外壳的外表面上，在“耳朵”的上表面形成一个小的长方形。

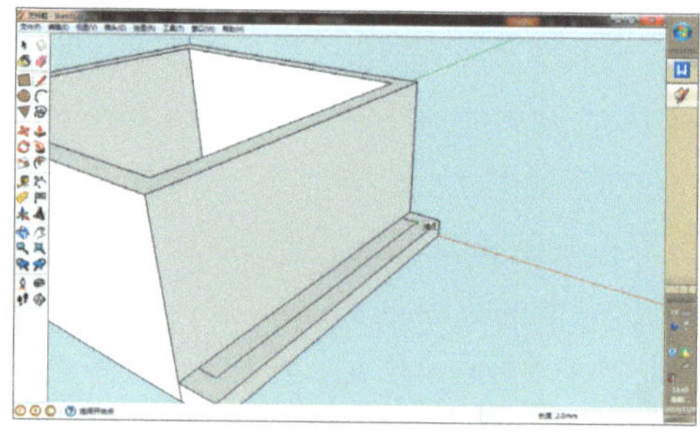

⑩ 同样使用推 / 拉工具将这个面向下推 2mm，形成一个开口。这样一侧的“耳朵”就做好了。

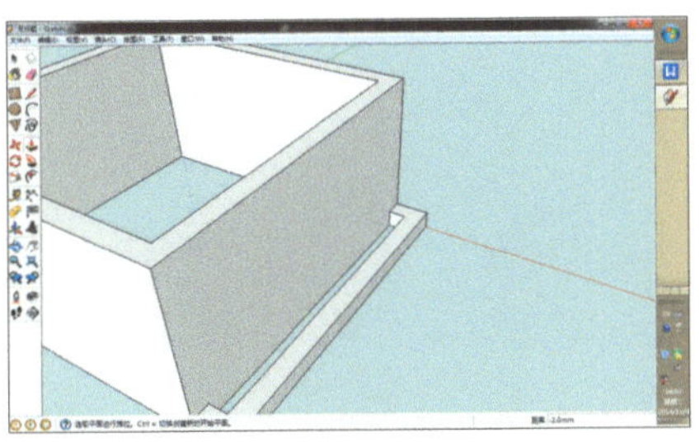

⑪ 用同样的方法在另一侧也制作一个“耳朵”。

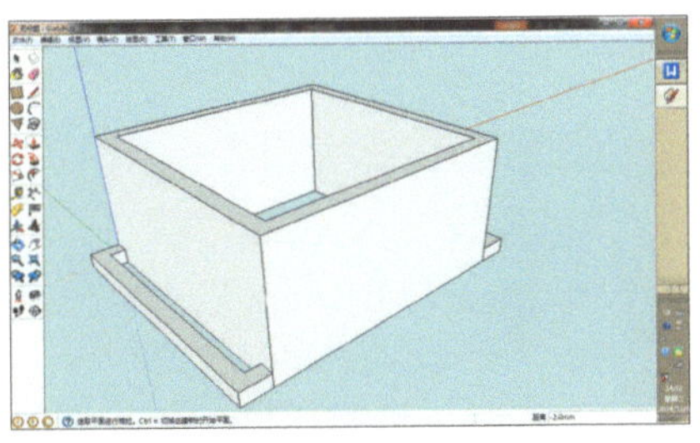

⑫ 此时外壳整体基本上完成了，最后一步是在外壳没有“耳朵”的一侧留一个开口。大家注意的话会发现，显示模块上的开关和轻触按键是在 32mm × 32mm 的范围之外的，同时我们希望模块的 MicroUSB 端口能露在外面，方便下载程序和设定时间。外壳上的开口就要把这些东西露出来。我用卡尺测量了 MicroUSB 端口的厚度，不到 4mm，就按照 4mm 来设计。

⑬ 在外壳方框的内壁上，在距离底边 4mm 的位置画一条直线。

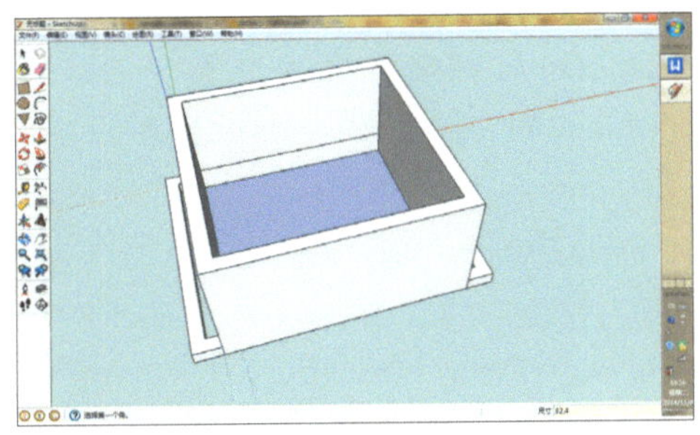

⑭ 使用推 / 拉工具将下方形成的小的长方体向外推 2mm，形成一个开口。

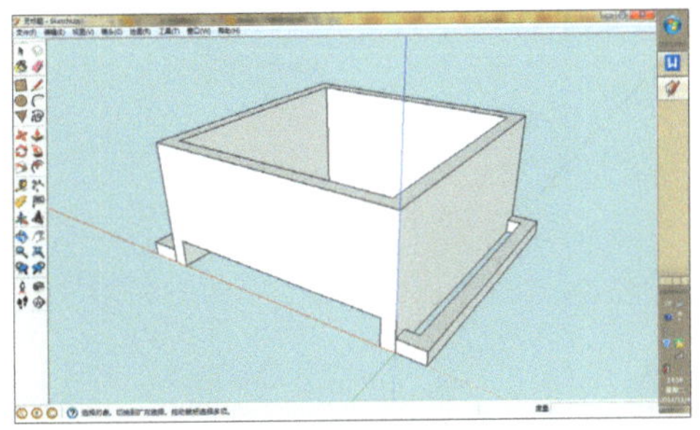

⑮ 最后用擦除工具将方框和“耳朵”连接处的线段擦除掉，这一点非常重要，这样“耳朵”和方框才能连接成统一的整体，完成后如下图所示。此时 binWatch 外壳建模就完成了。

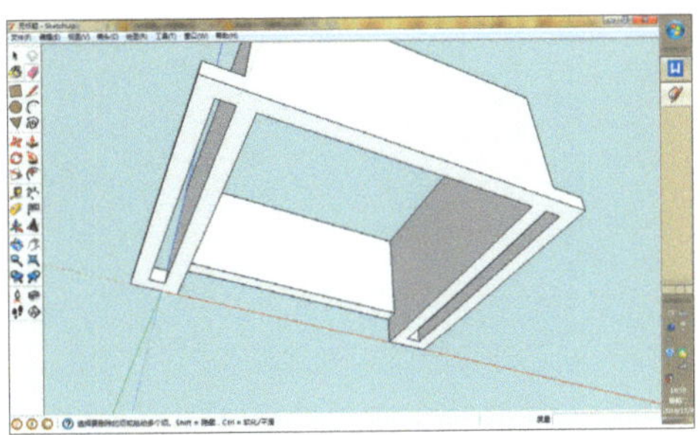

⑯ 为了能够使用 3D 打印机打印手表外壳，需要将这个模型导成 STL 格式。

在 SketchUp 中的文件格式是不适用于 3D 打印的，所以我们需要给 SketchUp 安装一个插件，进行格式转换。这里采用 Nathan Bromham 写的格式转换插件，可以从 Guitar-List 的网站（www.guitar-list.com/download-software/convert-sketchup-skp-files-dxf-or-stl）上下载，下载并安装完成后，在 SketchUp 的“工具”菜单下应该能够找到“Export to DXF or STL”选项。

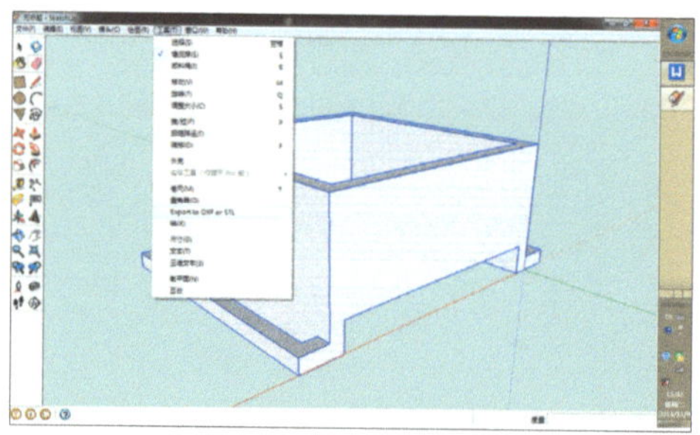

⑰ 在 Cura 中打开导出后的 STL 文件，然后再将它转换成 3D 打印机可用的 G-code 文件，就能够打印了。

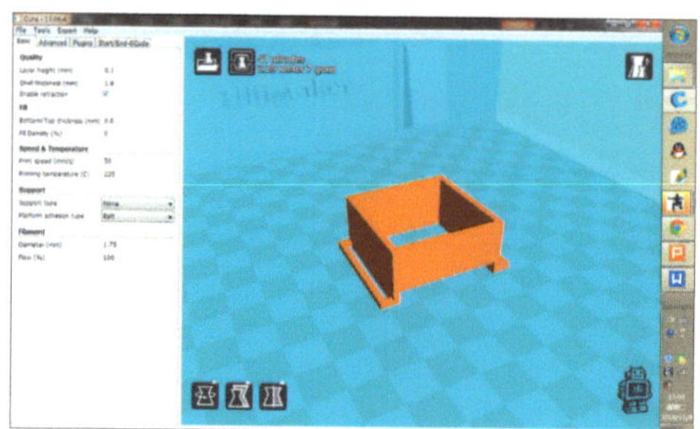

⑱ 打印完成后，在两个“耳朵”上缝上一段尼龙粘扣。

⑲ 最后把两个尼龙粘扣粘在一个表带上，Matrix 版的 binWatch 就完成了，有没有兴趣也制作一个呢？

二进制时钟的另一种解决方案

◇王建伟

编者按：记得程晨在上一节的开头提到，二进制时钟的想法是王建伟向他提出的吗？正好王建伟也完成了他的版本，大家可以对比一下设计思路有何不同。

很小的时候，我在某本杂志上看到了一款用二进制表示时间的手表，当时的我甚至连二进制是什么意思都还不知道。在之后的某一天，老爹给我讲了这个东西，我就觉得很有意思，但是当时想自己做一个还是不能如愿。

时过境迁，如今的我也贴上了“理工男”“技术宅”“创客”这样的标签（干着和老爹当年非常相似的事情），某天突然想起来多年前的那个东西，于是就决定做一个出来。

二进制和我们平常用的计数方式（十进制）的不同之处在于，用到的数字则只有 0 和 1 两个，当数到 2 时因为没有数字用了，就需要进位了。我第一次接触这种计数方式时，最大的感觉是“我的天，要想表达个大点的数字得用多少位啊”。如果你也是这么想的，那我给你讲个故事：某天我和一个朋友边走边闲聊，聊到二进制时，他说他认为小孩应该从学数数的时候就学二进制，因为我们现在单手可以做 10 个数字的手势，两只手可表示 100 个数字；如果你用掰手指头的方式，就只能数 10 个了；但是如果用二进制的方式数数，你就可以数 1024 个数字，小孩数数的能力会有一个质的变化。你看，在某些情况下，十进制其实并没有特别高效是吧？当然，如果你了解计算机的基础是门电路的话，就会知道冯・诺依曼在计算机中采用二进制并不是为了让计算机更高效，而是为了能实现计算机这种设备。

15.1 设计思路

在设计部分，我想让别人看到这个表时能看到 3 个元素，分别是：（1）以一个二进制数表示小时；（2）以另一个二进制数表示分钟；（3）这个表的运算中心。

首先要计算表示小时和分钟各需要多少位来表示。我们知道 n 位的二进制数可以表示 2 的 n 次方个数字。一天有 24 个小时，所以需要 5 位二进制数来表示（只用 4 位，最大只能表示 15，别忘了 0 也是一个数字）。同样，可以知道表示分钟需要 6 位二进制数。运算中心方面，为了快速开发，我决定使用 Arduino，考虑到大小，使用了 Arduino Nano。使用它还有一个好处，就是 Arduino Nano 的引脚是焊接在电路板的下方的，把电路板露出来也不会看到凌乱的杜邦线。

所以，现在我们的 3 个展示要素分别是一个 5 位二进制数、一个 6 位二进制数和 Arduino Nano。为了让这个表看起来更像是一个装饰品，我把表示小时的二进制数间隔地插入到表示分钟的数字中间，并将二者用颜色区分。因为觉得把两个东西放到一个平面上不太好看，所以把 Arduino Nano 放到了另一个面，与 LED 呈 45° 夹角。最终的样子如图 15.1 所示。

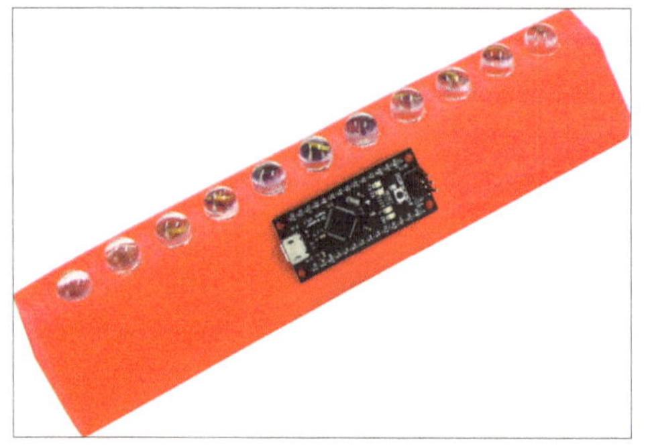

图 15.1　二进制时钟成品

15.2　硬件设计与制作

为了体现这个表的极客范和科技感，LED 采用了荧光绿色和蓝色这两种冷色系的颜色（你看电影里黑客们打代码不都是用荧光绿色吗？）。因为想做成摆在桌子上的表，考虑到人们看表时距离可能比较远，所以用了能买到的最大的 LED，直径为 10mm。

给表的外壳建模时，我用的是 SolidWorks。画一个五边形，然后拉伸凸台、抽壳，并在需要的地方拉伸、切除就好了，最终的样子和图 15.2 所示一样。底面的凹陷是因为壳体不够大，想要让 Arduino Nano 的引脚放进来而做出的牺牲。

模型下载地址：http://www.thingiverse.com/thing:485575

把外壳 3D 打印出来后，把 Arduino Nano 和 LED 装进去，然后连接。需要做两件事：一是把所有的 LED 的负极都连接到 Arduino 的 GND 上，二是把正极连接到 Arduino 的不同引脚上。不要使用 1、2 号引脚，因为校时需要使用串口，会让这两个引脚的显示不正常。当然，为了方便，也可以直接按图 15.3 所示的方式连接。如果你觉得 LED 太亮，可以在 Arduino 和 LED 中间串一个电阻，阻值选 220Ω 就好。

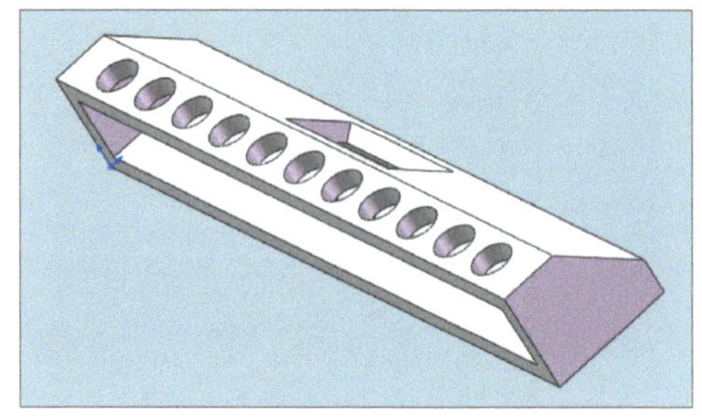

图 15.2　二进制表外壳的 3D 模型，以 SolidWorks 制作

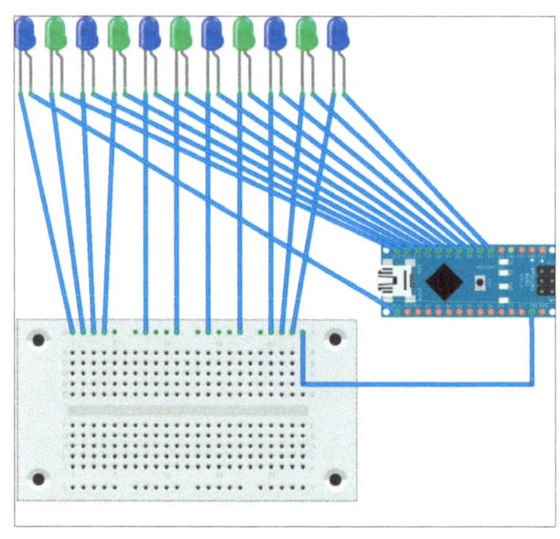

图 15.3　Arduino Nano 和 LED 的连接方式

15.3　程序设计

编程方面，在 Arduino 的官网可以下载到一个叫作 Time 的库（地址是 http://

playground.arduino.cc/Code/Time），这个库提供了几个函数，可以直接调用函数表示分钟、小时之类的，并且还有一个可以同步电脑系统时间的 processing 程序可以直接使用。

安装好库文件后，打开里面的例程 TimeSerial.ino。分析其中的 loop() 部分可以发现，这个例程中主要做的是两件事，我们可以从函数的名字看出其各自的功能：processSyncMessage() 是同步时间，digitalClockDisplay() 是显示时间。因为我们要做的其实是改变这个程序中显示时间的方式，所以我们重点理解的是显示时间的这部分，转到这部分代码会发现原来的程序是用串口发送时间，而我们要改成我们需要的方式，也就是改变引脚的高低电平。OK，here we go！

首先，我们需要定义两个数组来表示我们把什么引脚和 LED 连接了起来。如果你的连接方式和我的一样，那么这里也应该和我的变量一样。注意变量的名字不要和库中的保留字 hour() 和 min() 冲突。

```
int mini[6] = {3,5,7,9,11,13};
int hou[5] = {4,6,8,10,12};
```

然后需要把这些引脚设置成输出，在 setup() 的最后面写这样几条语句。

```
for(int i = 0; i < 6; i++){
pinMode(mini[i], OUTPUT);
}
for(int i = 0; i < 5; i++){
pinMode(hou[i], OUTPUT);
}
```

接下来，我们要在 digitalClockDisplay() 里写我们的逻辑，也就是在什么情况下、哪一个 LED 需要亮。这里有很多种方法，下面介绍一种比较直观的。

比如 19 这个数字，我们怎么让计算机知道它的个位是什么呢？其实可以把它除以 10，看余数是几，比如 19 除以 10 的余数是 9，那么个位就是 9。如果想知道十位是几，就可以把它除以 100，余数大于等于 10 而小于 20 的话，就意味着它的十位是 1。类比二进制的话，19 除以 2，余数为 1，所以二进制中第一位的数字为 1。除以 4 余数为 3（写成二进制的话就是 11），大于 2，那么第二位就应该是 1。除以 8 余数为 3，小于 4，所以第三位为 0。以此类推，就可以知道每一位应该是 0 还是 1 了。下面以计算分钟的第 2 位举例，代码如下。

```
if(minute() % 4 > 1){
digitalWrite(mini[1], HIGH);
} else {
digitalWrite(mini[1], LOW);
}
```

把 11 个 LED 的亮灭控制方式写完，编程部分就基本完成了。但是如果你是按照图 15.3 所示的方法接线，因为连接 LED 时使用了 13 号引脚，而原程序中把 13 号引脚用作其他用途（表示是否同步了时间），所以需要删除相应的代码：setup() 中的 pinMode(13, OUTPUT); 和 loop() 中的 if (timeStatus() == timeSet) {digitalWrite(13, HIGH); // LED on if synced} else {digitalWrite(13, LOW);// LED off if needs refresh}。

之后，把程序烧写到 Arduino 中去就好了。我改写后的完整 Arduino 程序大家可以从《无线电》杂志网站 www.radio.com.cn 下载。

同步时间部分需要用到另外一个软件

——Processing，在官网（processing.org）上下载程序并安装后，运行之前下载的库中的SyncArduinoClock.pde文件。把Arduino和电脑连接，然后单击Processing中的run就可以同步时间了。这个程序会自动把电脑中的时间同步给Arduino。

这里遇到一个问题就是Arduino一旦断电，就不知道现在的时间了，解决方法有两个：一是使用时钟模块计时，让Arduino上电时从时钟模块中读取时间；二是先把Arduino连接到电脑上同步时间，然后用另外的电源（比如4节5号电池串联起来）给Arduino的5V和GND两个引脚供电，然后把USB接口插到一个插座上，再撤掉额外的电源（也可以一直用这个电源供电），如图15.4所示。第二种方式比较烦琐，但是我不喜欢长时间用电池供电，采用了这种方式。

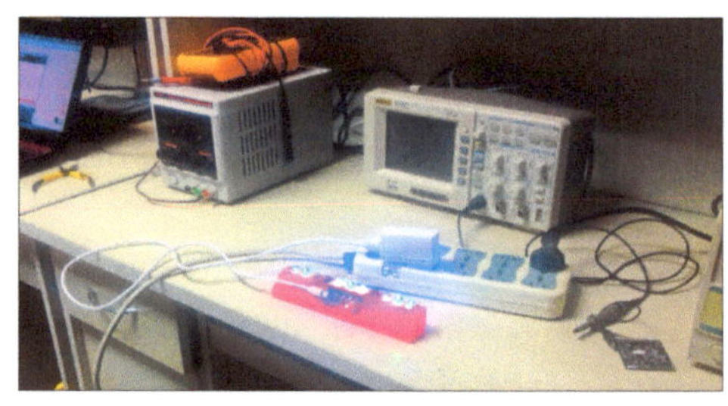

图15.4　制作完成的二进制表

如果你想验证一下自己的二进制表显示的时间是否正确，就需要知道十进制和二进制转换的一些知识，如果懒得自己计算，也可以用电脑自带的计算器来验证。记得将计算器切换为程序员版本，才可以在左边选择不同进制。

旋转 POV 显示屏

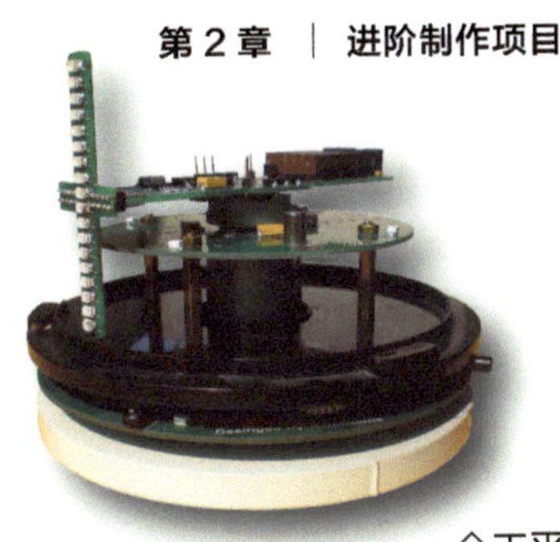

◇王平

POV 即英文“Persistence of Vision”一词的缩写，翻译成中文的意思就是“视觉暂留”。当人的眼睛在观察物体时，物体反射的光线映像会在人的视网膜上保留很短暂的一段时间。在这短暂的时间段里，前面的视觉形象还没有完全消退，新的视觉形象又继续产生时，就是利用人眼的视觉暂留在高速转动的物体上呈现出静态或者动态图像。

对“POV”现象的认识和利用，可以追溯到 200 多年前，留影盘的发明就是利用了此原理。时光飞逝，在科学技术飞速发展的今天，本文将利用现代工程设计的理念和方法，与广大电子爱好者分享趣味 POV 电子显示屏的设计与制作。

16.1 设计思路

首先是立意，你想做一个什么外形的 POV，在你没有一个大体轮廓的构思前，最好别急于动手。你考虑得越充分，就会发现最后需要修改的地方越少，反之会让你很痛苦，甚至打击信心。于是虚拟设计技术的应用可以很好地解决设计初期的探索问题，通过计算机三维虚拟设计，对所用到的零件进行 1:1 精确建模，在计算机中进行组装模拟和调试，不断修正设计中存在的缺陷，最终完成作品的设计。另外在设计这款旋转POV之前我先做了摇臂式的 POV，已经查阅过很多的资料，有过这方面的经验。之所以设计旋转式的 POV，是因为摇臂式的刷新速度比较慢，稍稍滞后于人眼的分辨率，这也是摇臂式 POV 的机械属性所造成的。我们在看的时候，会有稍许晃眼的感觉，而旋转式的就可以很好地解决这个问题。转速越高图像越清晰，转动机构相对来说比摇摆机制作起来要更方便，适合更多的爱好者仿制，于是就诞生了这件旋转 POV 作品。

16.2 功能概述

旋转 POV 显示屏主要由电机转速控制板、旋转供电板、系统主控板、LED 灯板以及红外通信控制板等部分组成，系统框图如图 16.1 所示，各模块的作用见表 16.1。

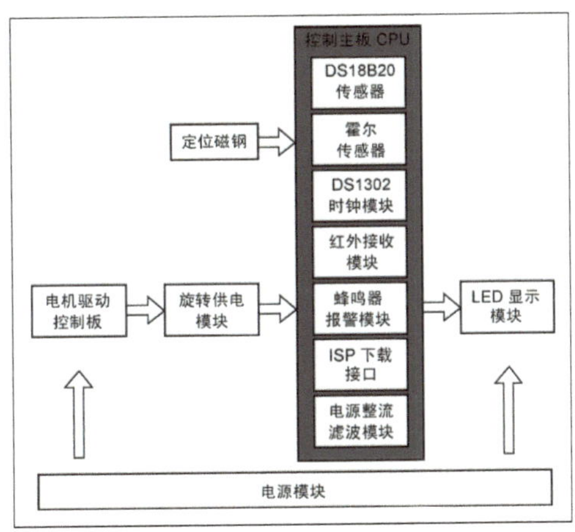

■ 图 16.1 系统框图

表 16.1 系统各模块作用

模块	作用
电机驱动板	负责直流电机的无级调速，控制电机的转速，电机安装在电机驱动板上，同时电机又构成 POV 的主承重结构
旋转供电模块	既要保证电机主轴的高速旋转，还要保证直流电源可以稳定地供给旋转主控板和 LED 灯板，同时为霍尔传感器固定磁钢提供基座
旋转主控板	旋转 POV 的核心控制部分，含有各种接口模块。主控芯片采用稳定的 AT89S52，便于购买和调试，主板上有实时时钟芯片，保证掉电后时钟可以继续运行，下次上电时即为当前时间，不需要再进行调整。红外接口可以使用红外遥控器与 POV 主板进行交互设置，通过红外遥控器设置时间、闹钟、显示模式等，当到达设定闹铃时间时，蜂鸣器进行报警提示，板载温度模块可以对当前环境温度进行测量
LED 灯板	18 个高亮 LED 排成一列，构成显示单元，LED 灯板通过 DIP2 × 11 的双排针与旋转主板完美结合。既保证信号传递，又保证机械强度，在高速运行时有效克服离心力，保证画面稳定显示
红外接口板	红外接收头安放在接口板的中心，保证红外通信的正常可靠，蜂鸣器也安装在控制板背面的中心处，保证发声正常

16.3 供电方式

旋转 POV 的供电方式是设计成败的关键之一，让我们先来看一下有哪些常规的供电方式。

16.3.1 自感应供电

这种方法就是从指针板上引出导线，接入到电机内部绕在转子上，当电机旋转时，该导线切割磁感线，根据法拉第电磁感应定律可产生感应电动势，经过整流后可作为整个旋转系统的电源，自感应供电优缺点见表 16.2。

表 16.2 自感应供电的优缺点

自感应供电优点	（1）设计很巧妙，无机械磨损 （2）由于感应出来的是交流电动势，所以可以利用该过零信号来定位，不必另外准备定位信号
自感应供电缺点	（1）提供的电流有限，只能适合 LED 较少的旋转时钟。当 LED 数量较多时，需要更大的电流，这种方式就不能满足了 （2）这种方式要对电机本身进行改造，也有一定的难度。并不是所有的电机都适合这种改造，而且这种改造可能会给电机带来损害 （3）只有在电机旋转时才能发电给指针板供电，一旦停止转动，供电也就无以为继了，这样要实现旋转时钟的不间断走时，还得另加备用电池并采用低功耗设计

16.3.2 无线供电

这种供电方式采用电磁场与电磁波原理，一个小型的无线输电电路，需要两个同心线圈。这种方式的优缺点与自感应供电类似，详情见表 16.2。

16.3.3 自备电池

在指针板上安装电池，由电池供电，一般是用 2~3 节 7 号电池，自备电池优缺点见表 16.3。

表 16.3 自备电池优缺点

自备电池优点	不用担心电压波动，也不受机械磨损或者接触不良之类问题的困扰
自备电池缺点	浪费电池，既不经济也不环保，还非常麻烦。电池很重，一般的电机带不动，必须用功率较大的电机，这也意味着成本的上升

16.3.4 机械传导供电

机械传导供电是采用滑环和电刷，通过机械接触传导电流，它的优缺点见表 16.4。

表 16.4 机械传导供电优缺点

机械传导优点	能够提供比较大的工作电流
机械传导缺点	存在机械摩擦，会产生磨损。因此要求滑环和电刷材料要耐磨，经得起折腾。另外，还得有足够的弹性，并且要耐锈，否则会导致接触不良。由于存在机械阻力，就要求电机有比较大的功率，同时相应的伴有机械噪声

16.4 旋转供电结构分析

在 POV 设计中采用改进型机械传导方式供电，延续自身优点，克服了机械传导的缺点，我们先来了解一下电机结构（见图 16.2）。

直流电机主要由转子、定子、换向器、电刷等部件构成，电源通过电刷和换向器供给转子线圈。当转子线圈中有电流通过时，在磁场中受到磁场力的作用而旋转，直流电机就是通过这个原理转动起来。这样看来，电机的电刷和换向器应该很耐磨，而且电刷有弹性，可以保证接触良好。高级的直流电机电刷为石墨的，可以保证长时间稳定运行，而我设计的旋转供电部分正是利用电机的这个特点，在电机轴上再加装一个电机座，主控板上安装一个换向器，这样电机旋转带动套在主轴上的换向器作同步运行，就把电源完美地送到旋转主板上，既保证结构的稳定与可靠，又可以保证供电传输的不间断。

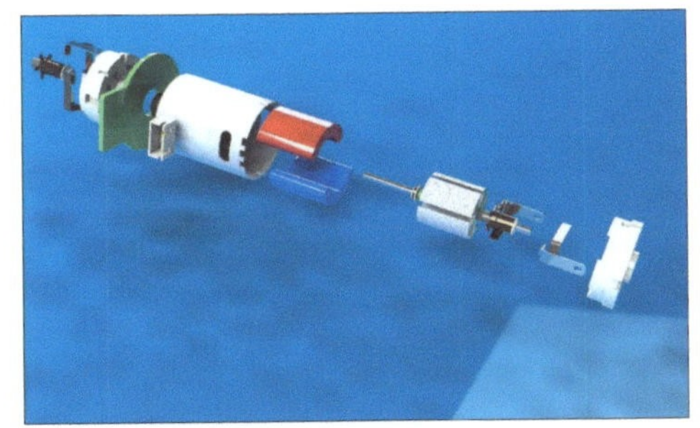

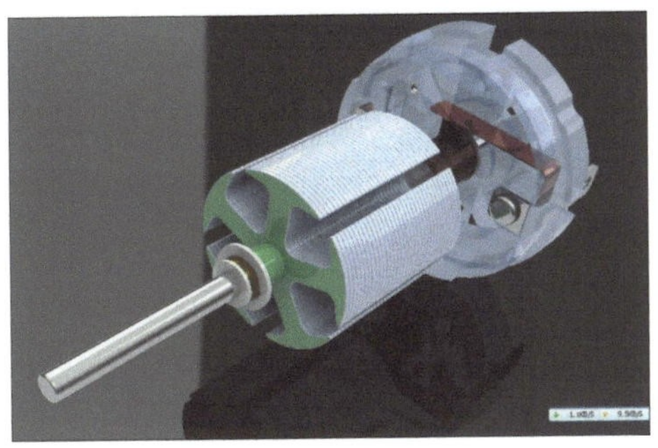

图 16.2 电机的结构

16.5 旋转供电原理

旋转供电的结构想必大家已经清楚了，现在我再来讲一下旋转供电的电器原理。

先来个换向器特写（见图 16.3），换向器有 5 个独立的电极，5 个电极之间相互隔离，镶嵌在环氧树脂基座上。

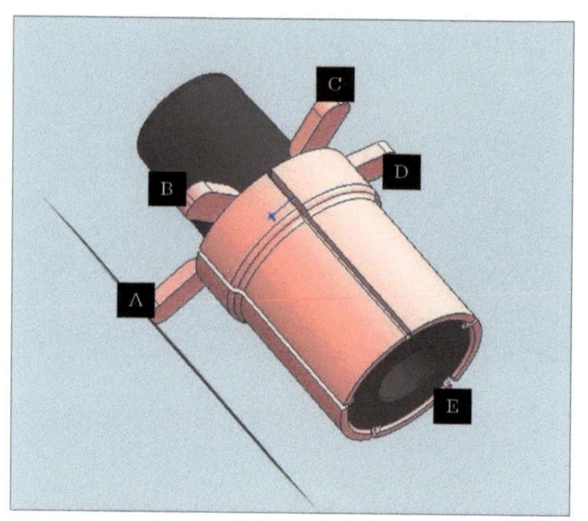

■ 图 16.3 换向器

A、B、C、D、E 为电机换向器触点。由于旋转供电部分均采用电机自身零件，只需再做简单加工处理，安装方便，取材容易，所以旋转供电部分使用寿命与电机寿命相同。另外，当电机轴带动换向器旋转时，在任意时刻最多只有 3 个换向极与两侧电刷接触，此时输出脉动直流电压，然后通过旋转控制板上的整流、滤波电路输出给稳压芯片，这样就可以得到稳定的电流，转速越高，供电越稳定。

16.6 POV 结构设计

明白了旋转供电的原理以后，接下来就要开始整体结构设计了，这是个考验耐心的工作。因为 POV 是高速旋转的，为了能安全使用，同时又要满足 DIY 取材方便的要求，我找到了一个 CD 光盘盒，通过软件对光盘盒的精确建模来确定整个 POV 系统的边界，所有的设计都要容纳在这个透明的小盒子之内（见图 16.4）。

在设计 POV 的结构时，需要反反复复不停地改进。设计就是这样，需要根据实际情况进行修正，一般的设计原则是由简单到复杂，先实现基本功能，再细化布局和美化外观（见图 16.5）。

■ 图 16.4 顶视设计图

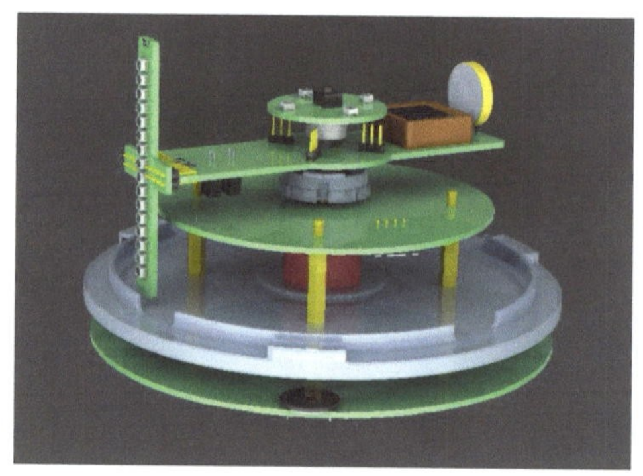

■ 图 16.5 系统外形设计图

为了让大家更好地理解如何进行结构设计，笔者录制了部分结构设计视频给有兴趣的读者进行参考。

在 POV 机械结构方面力求简单稳定，采用“三明治”的方法把电机固定在电机驱动板和旋转供电板之间（见图 16.6），并通过铜螺柱把供电电源由电机控制板引入至旋转供电板中。铜螺柱不仅可保证整体结构的强度，还兼具电力传输的功能，这样可使结构简化。另外，在旋转 POV 主板设计时，要注意元器件的布局，电机旋转时转速很高，为了保持主板旋转时的稳定，尽量使转轴两端的元器件质量趋于相等，这样高速旋转时产生的离心力可以相互抵消，这也是设计的难点之一，需要根据实际的元器件布局来进行调整。

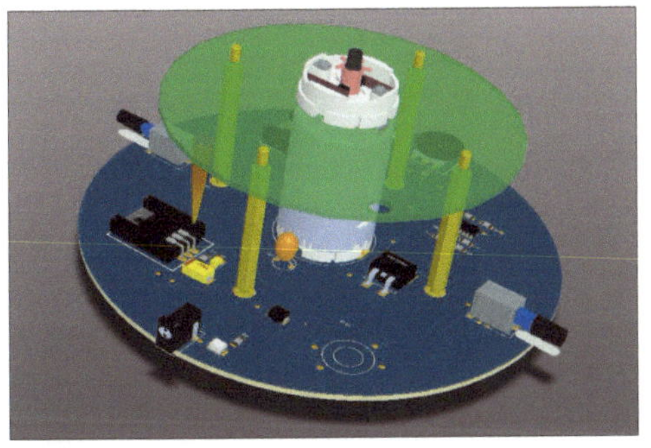

图 16.6　电机固定在两个板子之间

16.7　POV 电路设计

当机械板框设计结束后，就可以开始进行电路板设计了。根据每个板子的功能不同来进行电路设计，特别要注意接口的定义。

16.7.1　POV 电机驱动板设计

电机驱动板的电路图如图 16.7 所示，采用直流 RS385 电机，12V 供电，采用 PWM 调压电路对电机进行无级调速。显示时，通过自适应算法来调节画面显示幅度，达到最佳显示效果。

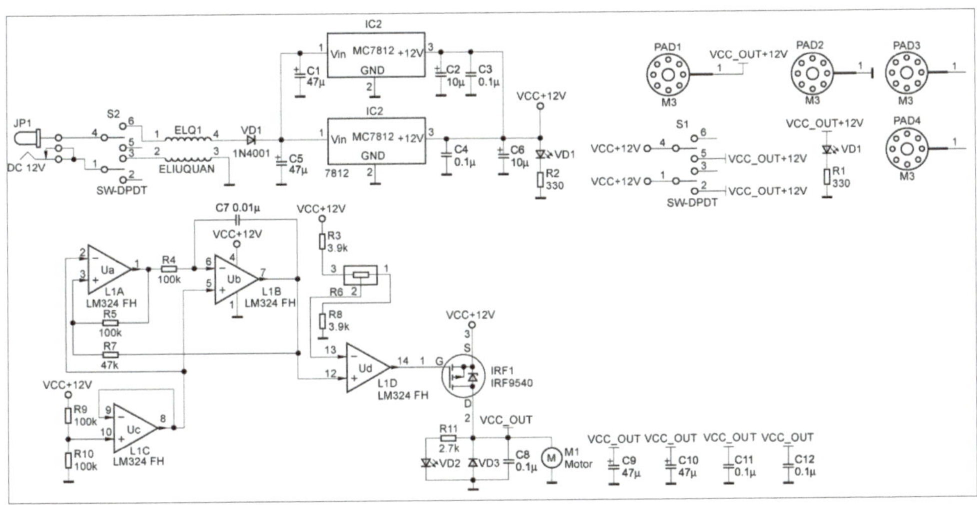

图 16.7　电机驱动板设计图

16.7.2　POV 旋转供电板设计

旋转供电板的电路原理图如图 16.8 所示。在设计时需注意，定位孔必须与电机驱动板上的位置一致，磁钢固定孔需选择合理位置。

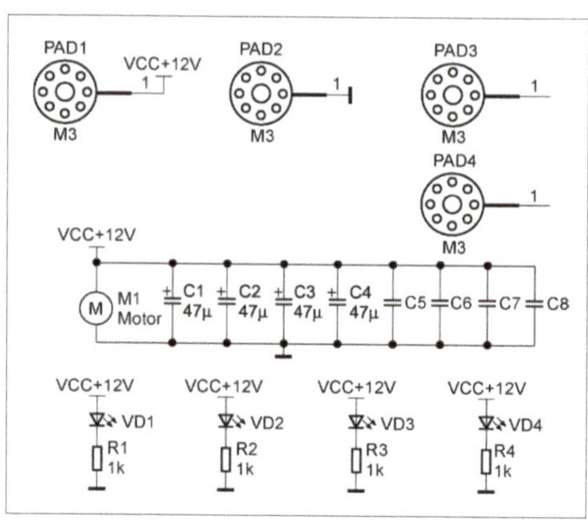

■ 图 16.8　旋转供电板电路图

16.7.3　POV 主控板设计

POV 主控板是系统的核心部分，电路原理图如图 16.9 所示，板载丰富接口，可与外围电路进行数据传输。布局简洁明了，功能模块划分明确，便于查找错误并进行电路测试。主控采用 AT89S52，方便购买，开发资料很齐全，采用 ISP 下载接口可以方便地修改源程序。在焊接时，注意整流滤波电路中二极管的极性，如果有一个二极管极性焊接反向，导致电源正负极短路，会对电源和电路造成严重损伤！整流电路后采用两片 7805 并联使用，为整个旋转电路板和 LED 灯板提供能量，为扩展驱动更多的 LED 奠定基础。最后，在放置霍尔传感器时要与旋转供电板磁钢的位置相对应，这样才可以保证每次霍尔元件从磁钢正上方经过时会输出一个跳变信号，此信号通过单片机的中断来接收，确定每屏开始显示的起点。

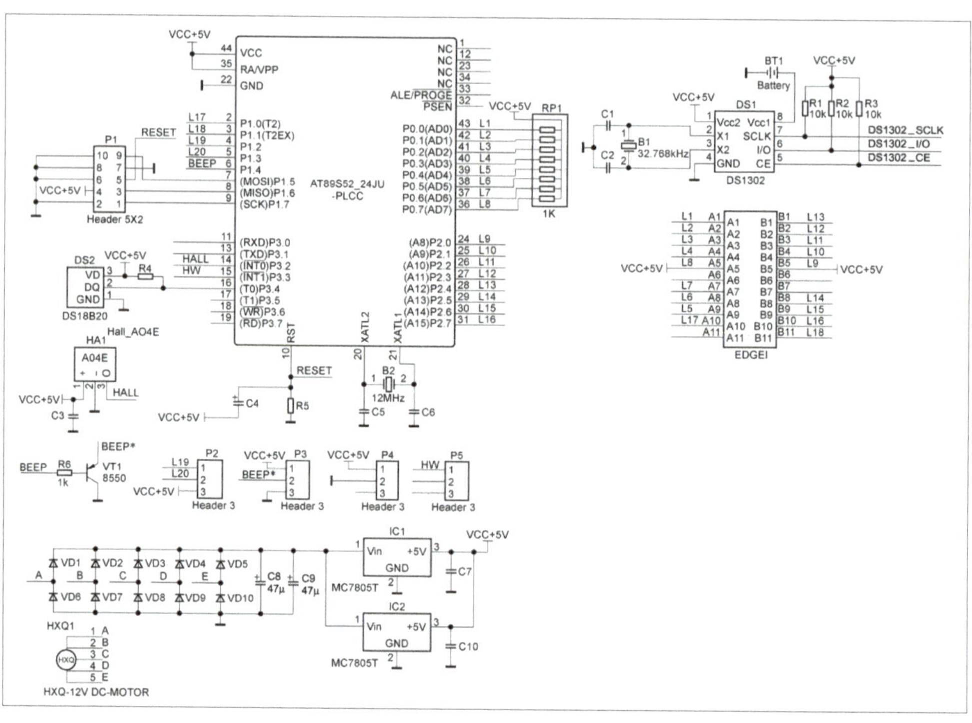

■ 图 16.9　主控板电路图

16.7.4 POV_LED 灯板设计

LED 灯板的电路原理图如图 16.10 所示，需要注意的是，18 个 LED 需要平均分布在 LED 灯板上，LED 接口与 POV 旋转主板之间采用 2.54mm 间距的 22 针双排针进行连接，一定要注意接口中 LED 网络与主板上的网络相对应。

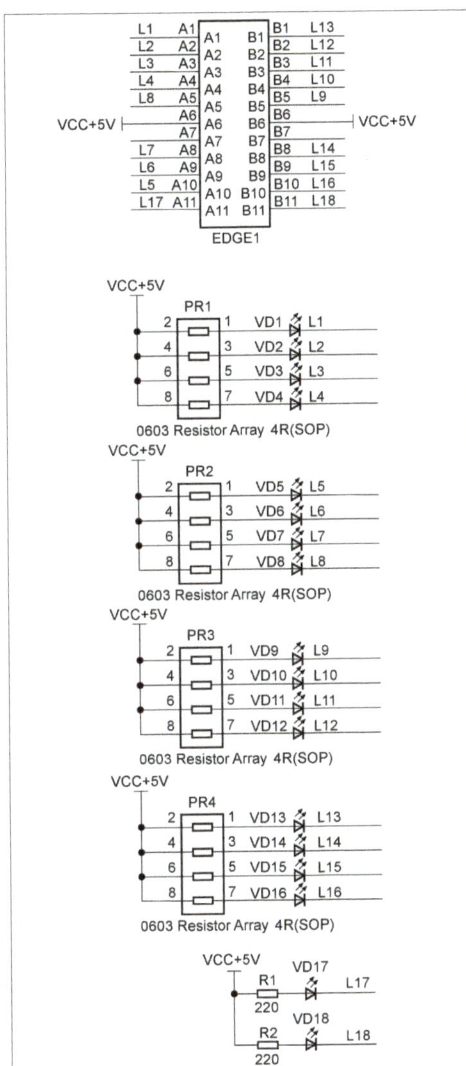

图 16.10 LED 灯板设计电路图

16.7.5 POV 红外接口板设计

红外接口板的电路原理图如图 16.11 所示，再次强调与主板上对应的接口时序。为了防止插错对应接口，在红外接口板上设置参考图案，在对应主板上也设计相应的参考图案，这样在插入红外接口板时只要对准相应参考点，即可保证准确无误地插入。

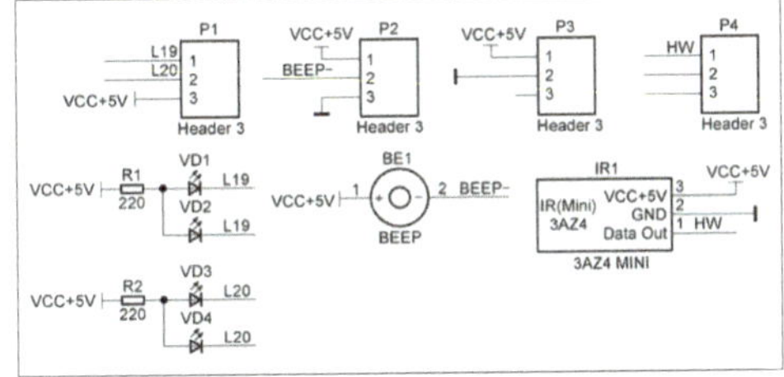

图 16.11 红外接口板电路图

16.8 POV 程序调试

程序编写采用 C 语言，调试编译环境为 Keil C。主控制函数见程序框图，其他控制程序可参考源程序。有兴趣的读者可以发挥自己的想象力，根据需要改变显示的效果。

16.9 POV 焊接与装配

设计完成的 PCB，可送加工厂加工或者使用热转印进行自制。

在焊接时要注意烙铁的握姿，烙铁头与焊盘大致成 45° 角。焊接贴片元器件时，先对焊盘进行上锡，然后用镊子夹住被焊元器件，焊接元器件的一端。如果焊接有误，可以进行及时调整，确认无误后再焊接元器件的另一端。

组装过程如图 16.12 所示。组装时按照由下而上的原则，先安装电机主控板，然后插接用于固定的铜螺柱，在固定旋转供电板完成后，可以先通电试验电机是否工作正常，PWM 调速部分是否工作正常，还要用万用表电压挡测量旋转供电板的电源输出端是否有输出电压，在确认这些检测正常后，方可继续进行下一步操作。

图 16.12 组装过程

焊接旋转供电组件和主板时，需要注意的是整流二极管的极性，焊接要饱满，防止换向器在高速转动时受到影响。霍尔元件的方向一定要明确，不要焊反了。LED 灯板在焊接时要注意 LED 的正负极方向，注意焊接时间的把握，LED 比较脆弱，焊接时要快、准、稳，防止长时间灼热导致 LED 内部损坏。

在烧入程序后发现灯会亮，但是无法正常显示，这时可以改变一下磁钢的方向。因为霍尔元件是有方向的，改变磁钢方向后即可解决问题。显示效果如图 16.13 所示。

图 16.13 效果演示

16.10 POV 制作总结

在旋转 POV 的设计制作过程中，我们会用到机械三维设计、PCB 设计、机械建模与 PCB 联合设计、程序设计与调试等技巧。这些技巧需要在实际的制作中不断的学习与积累。通过与大家分享这个旋转 POV 的 DIY 过程，我希望与广大 DIY 爱好者共同提高。

主程序

```
void main( )     // 主函数
{
  IT0=0;
  // 外部中断 0 触发模式，低电平有效
  PX0=1;     // 提升外部中断 0 优先级
  TMOD=0x01;     // 配置定时器 0
  TH0=(65536-1200)/256;
  // 定时器 0 赋初值
  TL0=(65536-1200)/256;
  EX0=1;         // 外部中断 0 使能
  ET0=1;         // 定时器中断使能
  TR0=1;         // 启动定时器 0
  EA=1;          // 开总中断
  init( );
  while(1)
  {
  }
}
```

■ 文章源程序到《无线电》杂志网站 www.radio.com.cn 下载。

17 走你！建造 1:700 航母遥控模型

◇冯奕

我这次对一艘 1:700 比例的静态模型船进行了遥控化改装，选用的是如今星光耀眼的我国第一艘航空母舰——辽宁号，所用的静态模型套材是小号手出品的 1:700 中国航空母舰（见图 17.1）。这是厂家在航母试航时推出的早期型，所以没有舷号 16 的水贴，在涂装上也与现役的有些许不同，如今厂家已经更新为新版（盒子上的标题加了“辽宁号”）。

图 17.1　小号手 1:700 中国航空母舰套件

模型长 436mm，宽 105mm，负载到水线时的排水量为 196g。根据资料，辽宁号航空母舰是 4 轴双舵的，为了忠实还原实物，我也采用了 4 轴双舵的模式，用 4 台 n20 电机带动 4 轴，而舵系则是由一台舵机经过一系列机构的变换来控制双舵。

17.1　轴系的制作

17.1.1　主轴、螺旋桨的安装

即便是庞大的航母，在缩小成 1/700 后也仅长 40 多厘米，排水量连 200g 都不到，所以轴系必须非常精巧才行。我用 1mm 的不锈钢棒做轴，1.15mm 内径的不锈钢管做轴套，中间用润滑油进行润滑和密封。螺旋桨则还是采用静态模型的，原装的静态桨已经开好了轴孔，用 502 胶水粘在轴上即可。原装的人字架太小了，打孔十分麻烦，所以干脆去掉，不过去掉之前也可以进行一下定位。在船体出轴位置打孔，并将轴套管用 AB 补土固定在船体上，如图 17.2 所示。

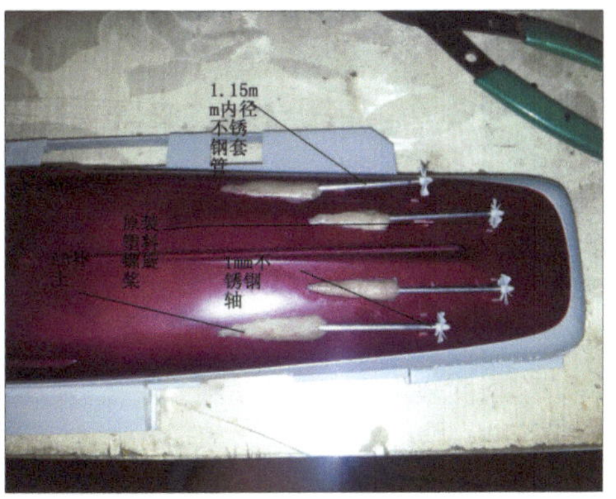

图 17.2　主轴、螺旋桨的安装

17.1.2 电机的安装

4 轴的船就得用 4 台电动机驱动，因为在这么小的船里设置齿轮变速箱是不现实的，而且齿轮变速箱的噪声过大，动力损耗也大。在小船里设置 4 个电机是个挑战，我选择的是 4 个 n20 电机，功率、大小都适当。电机参数为：轴径 1.0mm，轴长 6mm，电压 1.5~7.4V，电流 30~80mA，尺寸为 10mm × 12mm × 15mm。4 个电机排布成金字塔模式，中间两个电机靠后，两边的靠前，用AB 补土粘接在船体上。4 个电机并联，注意左边两台电机的正、负极要跟右边两台电机的正、负极相反。4 台电机 8 根线收束成为两根线，装上 jst 接头的母头（因为电子调速器的输出端是 jst 公头），如图 17.3 所示。

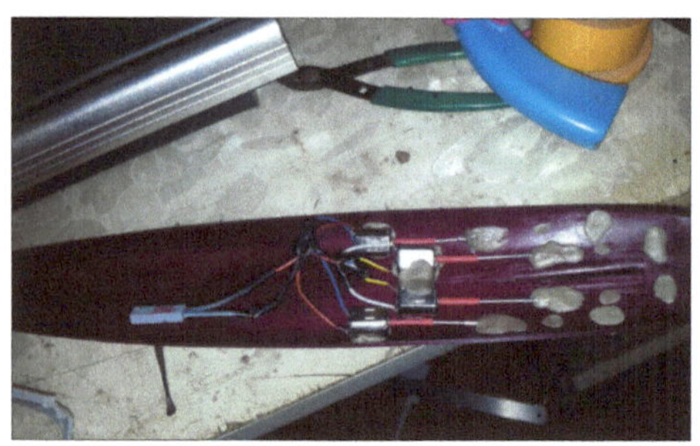

图 17.3 电机的安装

17.1.3 传动装置与防水措施

电机想把动力输出给船轴，之间是需要进行连接的。由于当时并没有找到合适的硅胶管，所以我用的是电线的绝缘皮，弹性还可以，能完成传动的任务。为了使电机以及船轴相对中间连接的电线皮不滑动，在电机轴和船轴端部用钳子夹出了花纹。船体上有很多孔，原来我是打算用来定位安装如人字架、静态轴等部件的，现在一一用 AB 补土填掉它们，外面不要看出什么痕迹，里面就无所谓了。至此，轴系的制作基本上就结束了，最后不要忘了在轴套中加入润滑油，一来减少摩擦、发热，二来可以起到防水的作用。

17.2 舵系的制作

辽宁号是采用双舵进行操控的，在小船中使用双舵也是个挑战。一般的小船都直接用舵机连接一个单舵进行操控，构造简单。而双舵则需要一系列复杂的传动机构来辅助实现。对于双舵来说，最重要的就是同步，两个舵要在同一时间旋转同样的角度，并且两个舵要做到平行，否则在航行中会跑偏。

我本来想采用齿轮控制的模式，但是由于找不到相应尺寸的齿轮，所以作罢。最后采取的连接形式如图 17.4 所示。因为船小，一个舵机竖着放太高，盖不上上层甲板，所以采用了横放的方式，而横放就限制了舵机摇臂的活动范围。所以需要在中间另加一级摇臂，由这级摇臂控制两个船舵。

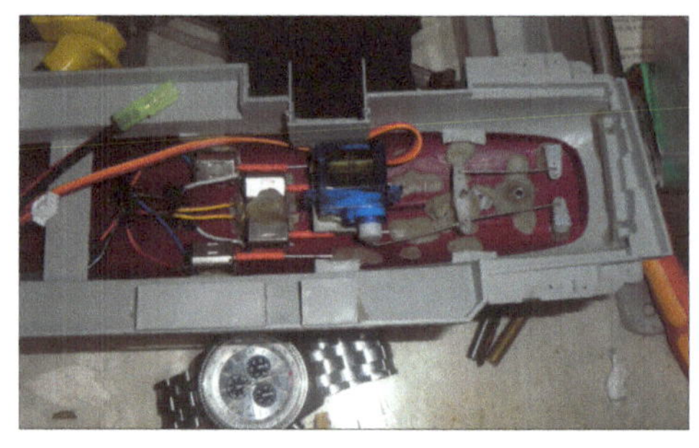

图 17.4 使用横放的一个舵机外加一级摇臂控制两个舵

舵机放置在静态模型原本具有的一条横向支撑架上，由于摇臂的动作范围较大，所以需要将支撑架切除一部分，以供舵机活动，如图 17.5 所示。

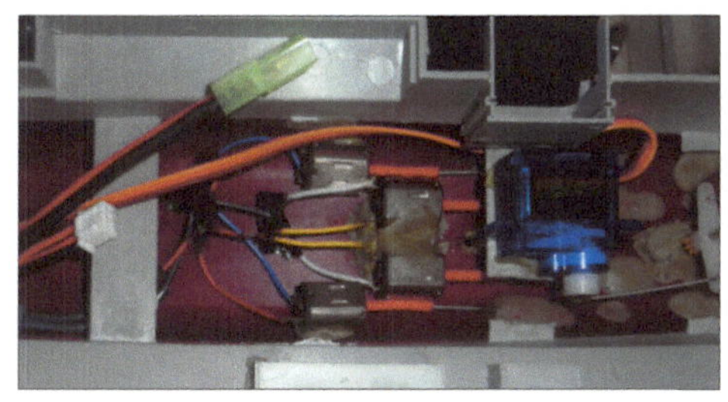

图 17.5 切除了部分横向支撑架以便安装舵机

整体轴系、舵系装完之后，在船体上喷一层水补土，我选用的是君仕 1200 号的。喷水补土可以填补一些细小的缝隙，防止漏水。而且喷完了之后，上色会方便些，颜色更容易附着。

17.3 电池与操控系统

17.3.1 电池的选择

辽宁号毕竟是一艘排水量 6 万多吨的重型航母，动力自然要比几千到一万多吨的驱逐舰、巡洋舰要强一些，而且 4 台 n20 电机的耗电量也不能算小，所以作为动力来源的电池需要选择容量大一点的。我准备了两种电池，电压都为 7.4V，容量则分别为 800mAh 和 1150mAh。出于容量以及重量要求的考虑，最终选择了 1150mAh 的长条电池，如图 17.6 所示。

图 17.6 使用 7.4V、1150mAh 的长条电池供电

17.3.2 电子调速器

电机控制系统依旧采取了微型有刷双向电子调速器，其重量较轻，也能满足需求。值得一提的是，电子调速器一般分为带刹车和不带刹车的两种，如图 17.7 所示。刹车原理为：当电子调速器接到突变的反向命令时，提供一个瞬间的反向大电流，迫使电机停住，以达到瞬间刹车的目的。但是对于船模来说，这个刹车一点用都没有，真正的船只有全速倒车，才能使船很快停下。即使是全速倒车，也需要相当长的距离。记得电影《泰坦尼克》里，大副命令倒车之后，船还是撞上冰山就是这个原因。刹车功能会暂时锁定后退信号，也就是说，第一次命令后退时，仅仅是电机停转，想要后退，必须再推一次前进才能后退，这样对于船模是很不利的。所以尽量要选择不带刹车功能的电调，或是能把刹车功能关掉。

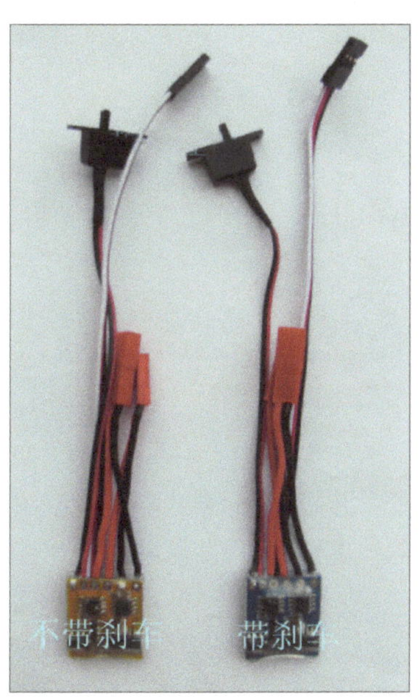

图 17.7 带刹车和不带刹车的两种电子调速器

17.3.3 遥控器与接收机

这部分没有什么特别的，一般的遥控器以及接收机都能胜任工作，只是要注意选择轻巧的。我选择的是天地飞的天六二遥控器，有 6 个通道，仅仅需要两个通道就能完成任务，如图 17.8 所示。接收机相对比较小，刚好能省出空间和重量，如图 17.9 所示。

图 17.8 6 通道遥控器

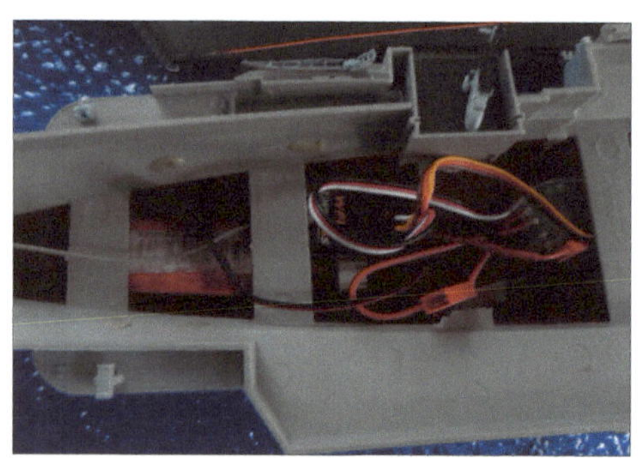

图 17.9 相对较小的接收机

电子调速器接遥控器的第 3 通道，舵机接第 2 通道。在动力、遥控系统都配置完毕时，称一下重量，总重 218g，如图 17.10 所示，超出预期一小部分（水会稍微没过水线一点），不过没太大关系。

图 17.10 装好动力、遥控系统后，总重 218g

17.4 跑道灯光的制作

17.4.1 制作构想

飞机跑道上有一溜小灯，用来标示跑道的范围，如图 17.11 所示。航空母舰自然也有这个，所以我们也要追加这个灯。如果能让灯亮起来，那么模型就会栩栩如生。

图 17.11 飞机跑道上的灯

17.4.2 甲板的改造

要追加灯光，就要对甲板进行改造。1:700 比例的船甲板上仅仅用小凸起表示跑道灯，塑料自然是不能亮的了，所以就需要把它们统统去掉。用 Φ1mm 和 Φ0.5mm 的手钻进行钻孔，每个灯光凸起的位置都钻掉，以便放入导光柱，制作灯，如图 17.12 所示。总共有上百个孔需要钻，是一项大工程，还要保证不能破坏甲板上的其他细节。

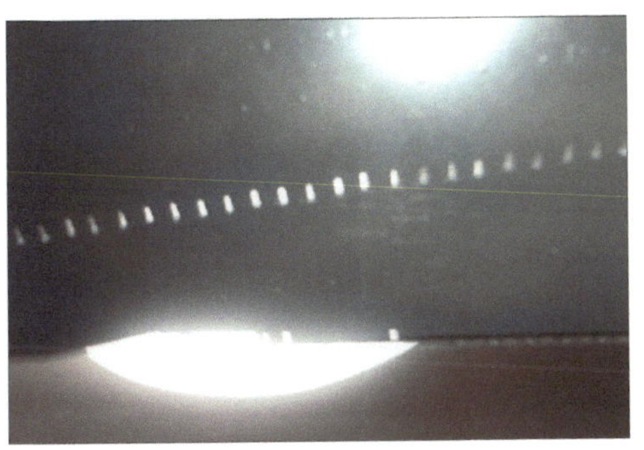

图 17.12 在甲板上钻孔

17.4.3 导光柱的制作

要想通光，光钻孔是不行的，没有立体感，灯光效果也不好，所以需要借助导光柱来实现通光。所谓的导光柱，其实就是亚克力棒，或是透明塑料棒。取材也相对简单，对模型中透明塑料板件的边框（术语叫流道）进行加热，就可以拉出粗细合适的丝，如图 17.13 所示。

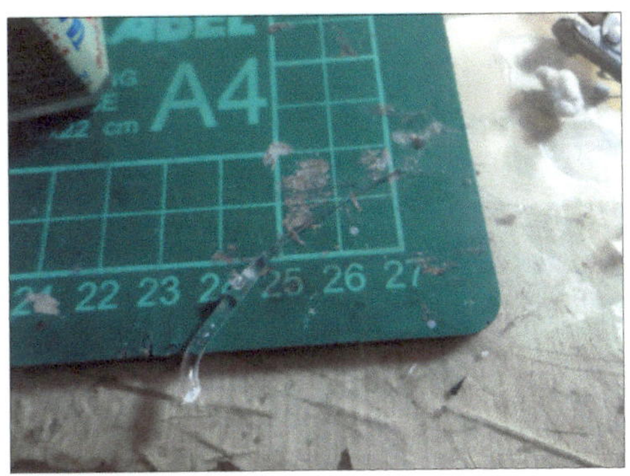

图 17.13 对透明塑料板件的边框进行加热，就可以拉出粗细合适的丝

为了增大光的发散，需要用火烧一下透明丝的头部，它会自然形成一个蘑菇形，就像真正的灯了，如图 17.14 所示。将已经加工好的蘑菇头以及一段透明丝截下来，就做成一个导光柱了，如图 17.15 所示。

图 17.14 用火烧一下透明丝的头部，它会自然形成一个蘑菇形，像真正的灯

图 17.15 截取成一个导光柱

将导光柱插入刚才打好的孔中，并涂上一点胶水粘住，就完成一个航行灯了。把上百个航行灯都组装好，工作就完成一半了，如图 17.16 所示。

■ 图 17.16 把导光柱安装到甲板上

17.4.4 灯光的配置

1. 灯光的调压

光有塑料可是亮不起来的，有了导光柱也必须得有光才行。最方便的当然是 LED 照明了，但是单只 LED 具有局限性，比如电压很低，一般不超过 3V，发光亮度有限。其中最为严重的问题就是电压不匹配的问题。提供动力的电池电压为 7.4V，虽然电子调速器具备变压功能，但也仅仅将电压降到了 5V。5V 的电压对于一般的 LED 来说还是毁灭性的，我曾经将 LED 直接接在电调的 5V 输出端口上，结果就是 LED 炸了，电子调速器也烧了。所以必须严格执行电压要求，切记不可超压。为了以防电子调速器被烧，这次灯光系统的供电不再通过电子调速器，而是另加一个变压模块，如图 17.17 所示。

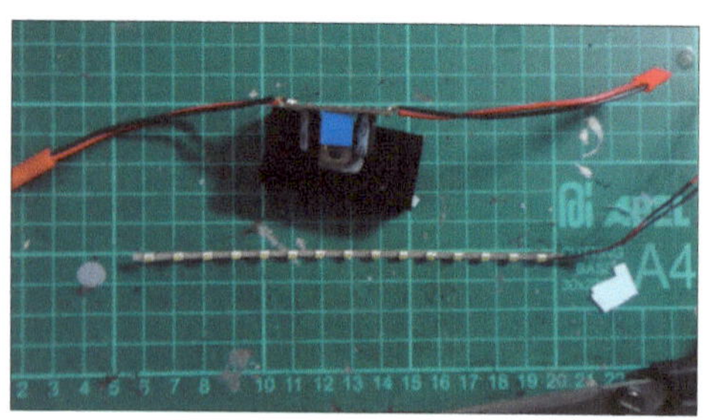

■ 图 17.17 变压模块与贴片 LED 灯带

2. 变压模块

变压模块的连接非常简单，在电路板上刻有 in 和 out 以及正、负极的标识，按照标识焊接导线就可以了。变压模块的发热量不小，所以需要安装散热片，用导热硅胶将模块与散热片装在一起，如图 17.18 所示。

■ 图 17.18 按照变压模块上的标识焊接导线

3. 灯光的选择

LED 作为新型光源已经大量应用于生活中，规格也越来越丰富。草帽形 LED 是最常见的，亮度一般，质量差别很大，但是颜色种类很多。这次的灯光采用白色的就可以了，但是草帽形 LED 都是单个的，对于小模型来说体积还是过大，而且连接不方便，所以我采用了贴片式 LED。贴片式 LED 重量非常轻，体积非常小，而且多以灯带形式组成。这次灯光组成为 3 条直线，正好采用贴片灯带作为光源，如图 17.19 所示。

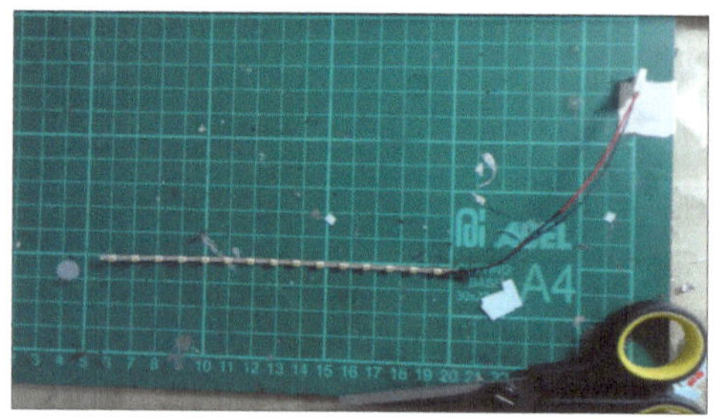

■ 图 17.19 采用贴片灯带作为光源

4. 灯饰的安装

LED 贴片灯带用了 4 条，每条电压标称为 12V，4 条并联，电压还是 12V。但是经过测试，7.4V 的电压也能使其发亮，并且在此电压下 LED 并不发热，所以就采用了 7.4V 直连供电的形式。为了聚光，我用了一些边长 5mm 的方管，将 LED 灯带嵌进去，以达到聚光的目的，如图 17.20 所示。

图 17.20 将 LED 灯带嵌入方管以达到聚光的目的

中间的灯带用了两根，左右两边各一根，排布好了，用 502 粘在船体下面。但是要做一点修改，中间的两条灯带各截去一截（3 个贴片 LED），因为是每 3 个 LED 为一组并联，所以截取一组照样能亮，如图 17.21 所示。

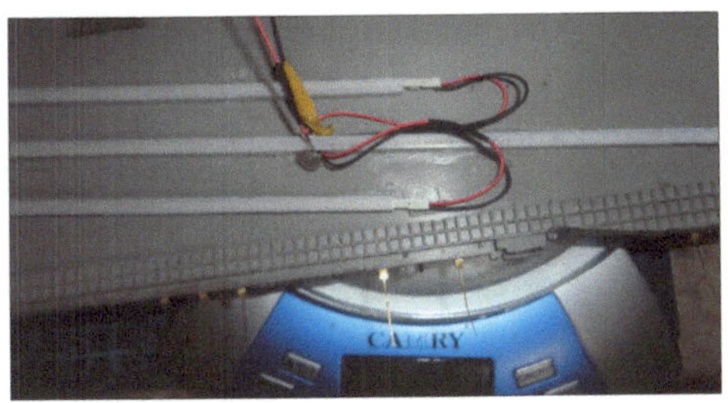

图 17.21 中间的两条灯带各截去一截（3 个贴片 LED）

同一个电池既要点亮灯，又要作为动力源，就需要一个三通接口。我自制了一个由两个 jst 公头和一个 jst 母头组成的三通导线，如图 17.22 所示。

图 17.22 自制的 3 通导线

连接三通导线、电池和电子调速器，灯光就可以亮了。虽然这样无法控制灯的开闭，不过也没什么大碍，如图 17.23 所示。看一下灯光点亮的效果，还是不错的，如图 17.24 所示。

图 17.23 连接三通导线、电池和电子调速器

图 17.24 灯光点亮的效果

17.5 静态模型制作

动态电子系统的制作就告一个段落了，模型之所以称为模型，还是要看比例的准确性和细节的拟真程度，而这部分就是静态模型的制作了。套件自带了一小部分蚀刻片（PE），我又自己加了一部分蚀刻片，提升了一部分细节，舰岛如图 17.25 所示。

图 17.25 加了蚀刻片后的舰岛

航母的水贴纸是很丰富的，极大地丰富了甲板的色彩。因为我是先制作导光柱，后上水贴的，所以有些灯柱部分的水贴不太平整（见图 17.26），下次应该先贴水贴。

图 17.26 在甲板上贴好水贴

这样模型就基本完成了。为了突出中国航母的特色以及模仿流行的航母 style，我还特地加了几个蚀刻片地勤人员，如图 17.27、图 17.28 所示。

图 17.27 航母 style

图 17.28 局部特写

17.6 结尾

这样，一艘中国辽宁号航空母舰遥控模型就完成了。因为模型是早期版，没有提供舷号 16 的水贴，所以整个船看不到 16。在涂装方面，我没有进行太详细的考证，有不少错误，并且由于缺乏相应的蚀刻片来添加细节，细节部分也没那么突出。毕竟这是一艘要下水的船，照顾动力，就要丧失一部分细节，好在遥控船模开出 5m 后，也看不清细节。最后再来几张完成图供大家欣赏（见图 17.29 ~ 图 17.31）。

图 17.29 制作完成 1

图 17.31 制作完成 3

图 17.30 制作完成 2

制作一个“看不到底”的镜子

◇ 王建伟

最近在朋友圈看到了一个这样的东西：当它发光时，你会看到一个好像没有尽头的隧道；当它不发光时，你只会看到一个普通的镜子。我觉得很有意思，就把它做了出来。

18.1 原理

这个装置的核心是半反半透膜（以下简称半反膜），目前一个很主要的应用是贴在门窗上面，白天时可以防止暴晒并防止从外面看到屋内（当然晚上是不可以的，你可以理解为可以让较暗的一侧能看到较亮的一侧，但是较亮的一侧是看不到较暗的一侧的）。它的另外一个应用是手机的镜面膜，关闭屏幕时可以让手机的屏幕变成一个镜子，点亮屏幕时可以正常使用（当然亮度是有很大损失的）。

把半反膜和一面镜子放在一起，如果在这两者之间有一个物体，就会在两者之间不停地反射，光路会是如图18.1所示的样子。如果这个东西恰好亮度比较高，那么这一现象就会非常明显。于是，你在外面看到就是所有透射过来的光线的叠加。

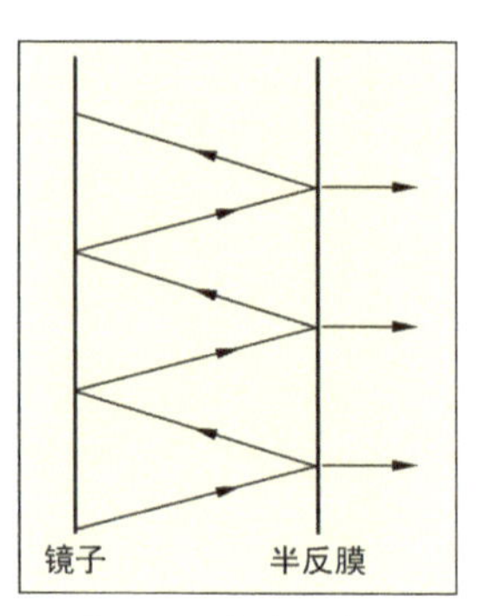

图18.1 光路示意图

之所以你看到光线越靠近中心就越暗，还没有到中心就看不到了，主要是因为每经过一次这样的折返，光的亮度就损失一半以上（在镜面和半反膜上的损失），损失是指数级的。

18.2 制作过程

主要物料清单见表18.1。

表18.1 主要物料清单

1	5050灯条（长度和大小有关）
2	一个盒子和一个镜子
3	一个能放到盒子里面的镜子
4	Arduino和杜邦线
5	半反半透膜

18.2.1 结构部分

大致的制作过程是把镜子放在盒子里面，在盒子的侧面贴上灯带，最后在最上面覆上半反膜，但是这里有几点需要注意。

首先，我们常见的金属盒子内侧都是银白色的，这会导致它的反光度很高，如果最终的成品有大面积暴露出来的话，会导致LED发出的光线把整个盒子都照亮，效果会大打折扣。如果是这样，你就要想办法把盒子涂黑，用丙烯涂料、标记笔、墨汁等都可以。

其次是盒子和镜子的大小最好是恰好匹配的，也就是说，镜子恰好能放到盒子里面，这样灯带围成圈就不会比镜子大很多，才可以从正面看到一整圈的的灯光。如果不行，就和我一样，用材料把直径缩小，我用的是泡沫塑料，你也可以用任何柔软的、不透光的长条状东西围成一个圈来做（见图18.2）。

然后是镜子距离半透膜最好近一点，最好是刚刚能把灯带放进去。因为这样最后圈和圈之间的距离会比较近一点。

最后是形状，理论上匹配的方形盒子和镜子是可以做出一个方形的隧道的，但是我们通常理解的科幻里的隧道大部分都是圆形的，所以我做了圆形的，你也可以尝试一下不同的作品。

18.2.2 电路

电路部分其实很简单，我用的是 5050 灯带，因为它的亮度较大并且是 RGB 可编程的，能够实现的功能会比较多些，后面可

图 18.2 内部结构

图 18.3 电路连接

能还能做一些交互的功能。但是带来的问题就是 5050 灯带需要用驱动器驱动，可能需要一些编程的知识，如果你不了解这部分，用普通的发光二极管也是可以的，但是记得要选择一些功率比较大的型号。

把 Arduino 的 6 号引脚、5V 和 GND 分别连接到灯带的 Din、Vcc 和 GND 上，然后用导线把灯带另一端的VCC和GND引出来，然后焊到一个 5.5-2.1 的接头上，最后买一个这种接头的 5V/1A 的电源接上就可以了（见图 18.3）。这个电源会同时给 Arduino 和灯带供电。

18.2.3 代码

我的代码的功能是不断地产生随机颜色环绕灯圈，你也可以做自己的效果。我调用了 adafruit 的 NEO pixel 库，作用是控制 5050 灯带，如果你以前没有用过这个库，需要先下载（地址是 https://github.com/adafruit/Adafruit_NeoPixel）。

```
#include <Adafruit_NeoPixel.h>
#ifdef __AVR__
#include <avr/power.h>
#endif
#define PIN 6
// 引脚要连到一个可以输出 PWM 信号的引
脚，在 Arduino 上数字前面标有波浪线的
```

```
引脚上可以输出 PWM
Adafruit_NeoPixel strip =
Adafruit_NeoPixel(38, PIN, NEO_
GRB + NEO_KHZ800);
// 第一个参数是你使用的灯条所包含灯珠的
个数
// 第二个参数为 Din 连接到 Arduino 的引
脚
// 第三个参数是灯条的型号，通常写这个就
可以
void setup() {
  strip.begin();
  strip.show();
  randomSeed(analogRead(0));
}
void loop() {
  colorWipe(strip.Color(random
(255), random(255),random(255)),
20);
  colorWipe(strip.Color(0,0,0),
20);
}
// Fill the dots one after the
other with a color
void colorWipe(uint32_t c,
uint8_t wait) {
  for(uint16_t i=0; i<strip.
numPixels(); i++) {
    strip.setPixelColor(i, c);
    strip.show();
    delay(wait);
  }
}
```

18.3 要注意的几点

其实这个制作不管是电路、制作过程，还是编程都还挺简单的，我最初觉得半个小时可能就做完，然而事实上并不是这样。

首先，如果你最终只能从侧面看到一条一条的灯光，而从正面却看不到一圈一圈的光，那么就说明你的 LED 所围成的灯带太大了，或者镜子离半反膜太远了，这时缩小灯带和下沉镜子都能解决。如果这两种办法都不能解决问题，有一个“神器”提供给你：凸面镜。它比平面镜反射的范围要大一些，请参考中学物理课本中的相关原理。网购的 30 多元的 7 英寸或 8 英寸镜子一般都是双面的，一面是平面镜，另一面就是凸面镜，你可以买一个回来拆开，把凸面镜拆下来放到盒子里。如果你的制作是其他尺寸的，可以网购一个镜面 PC 的凸面镜，我没试过，不过效果应该是一样的。

其次，如果你不想在最终的制作里看到 Arduino 什么的话，最好用东西把镜子垫起来，这样在盒子里就有一个空隙，可以把 Arduino 和一些导线藏起来。不过你要记得在 Arduino 下面做好绝缘，因为盒子内部的镀膜是导电的，如果直接放进去，有可能短路。

最后要注意的一点，使用 5.5-2.1 插头的电源一般都是 9~12V 的，而我们需要的是 5V 电源，如果你没有搞清楚电压就把一个大小正好的插头插到留出来的孔上，有可能会把 Arduino 烧了——我已经因为这个原因损失了 4 个 Arduino 了。

总之，制作东西大都会碰到这样那样的问题，不过不断摸索的过程也是乐趣的一部分吧。

19 智能控制铁道沙盘模型

◇ 胡戬　杨立斌

“在一些人的词汇认识里，设计等同于装饰，等同于室内装潢，等同于沙发和窗帘的材质用料；但对我而言，设计完全是另一个意思。设计，是所有‘人造物件’的灵魂，它通过一层又一层的外在表象，来表达这个物件存在的意义。”

——史蒂夫·乔布斯

也许你见过很多地产开发商售楼中心的大型小区沙盘，但是当普通沙盘模型遇见智能硬件，你才能看到独一无二的创造力。

所有人见到这个电子沙盘都以为是买的，后来才明白是戬哥亲手一点点做起来的。

19.1 布局设计

自己动手做沙盘的第一步十分关键，你需要在脑海中构建出你想做一个什么样的沙盘，比如这里要建造一个铁道沙盘，要考虑轨道的走向、道岔（是否需要火车转向）的设置、草坪、道路、停留的站点等。最好先画个草图，手绘还是 3D 建模，看你哪个用得顺手。

19.2 轨道 & 地形铺设

沙盘采用的是标准 N 比例轨道，合金材质，按照你设计好的形状把轨道铺设好，用钉子把轨道固定住（见图 19.1）。

接下来是建设地形（见图 19.2），把石

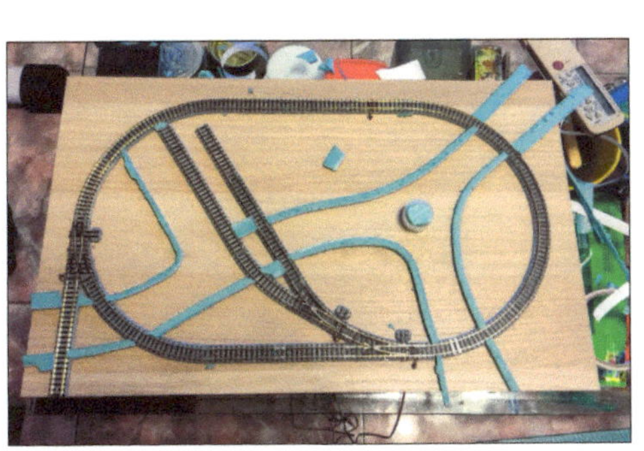

图 19.1　铺设轨道

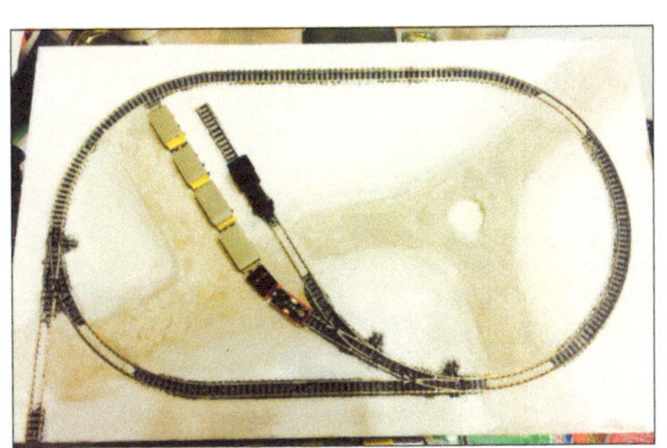

图 19.2　建设地形

Tips

木质底盘和沙盘表面的装饰品可以在 IKEA 买到，轨道、石膏粉、乳胶、草粉等其他配件可以求助万能某宝。

Tips

注意不要让石膏和塑形布弄脏了轨道，因为石膏等杂质粘在轨道上清理起来很费时间，还会影响之后的“行车”安全。

膏粉调匀，填入预先设计好的道路范围内，等它自然风干即可。接下来，把塑形布蘸水之后铺在道路之外的部分，这一步是为了接下来的草坪“打地基”的一个铺垫。注意把后面要加入的池塘、车站、绿植等位置算好，等石膏沥干以后想改可就不容易了！

19.3　着色 & 装饰

往草坪加草粉，在道路上铺上沥青（见图 19.3），然后将绿植、座椅、小人、车站、房子加入其中（见图 19.4）。这样就沙盘做好了（见图 19.5）。

图 19.3　着色

原本这个铁道沙盘基于最简单的电路搭建起来，通过电池、开关、轨道的串并联电路实现开灯、车辆运行（见图 19.6），但当有了 Microduino、mCookie，我们就有更多的玩法！灯的颜色可以任意变换，车的速度、方向、如何运动都能任意控制了。

图 19.4　装饰细节

图 19.5　完工的沙盘

图 19.6　灯光和车辆运行可用最简单的电路控制

19.4 电路改造

下面进入最关键也是最好玩的步骤——电路改造。准备实现的创意有：人来车就跑、用嘴吹着车跑、投币车就跑。

想实现人来车就跑，需要准备以下硬件。

核心	Core、CoreUSB、Core+ 都行
传感器转接板	Microduino-Sensorhub
传感器	pir 人体感应器 ×1、Colorled×4、拨动开关 ×4
电机驱动	Ardumoto
转接板	Microduino-Uno

❶ 安装传感器。

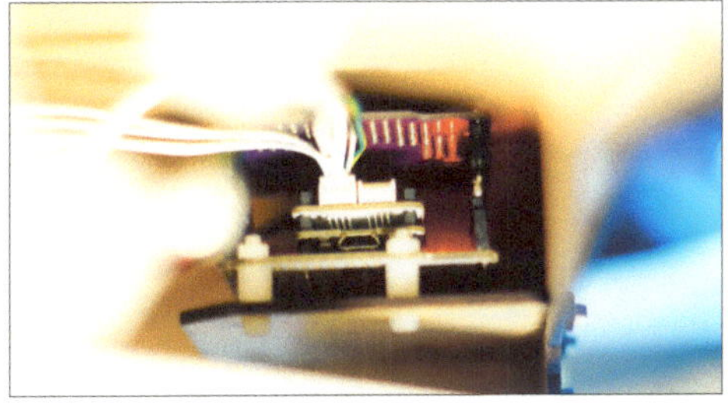

❷ 把所有应用搭建起来，才发现底盘高度不够，与戳哥沟通后，分分钟新方案就出来了。

❸ 用激光切割机制作新底座。

❹ 人体红外传感器检测是否有人靠近，有人靠近时指示灯亮，火车开动起来；没人时指示灯灭。

❺ 通过一组拨动开关控制灯光和火车运行，每个开关有 3 挡（上、中、下）。

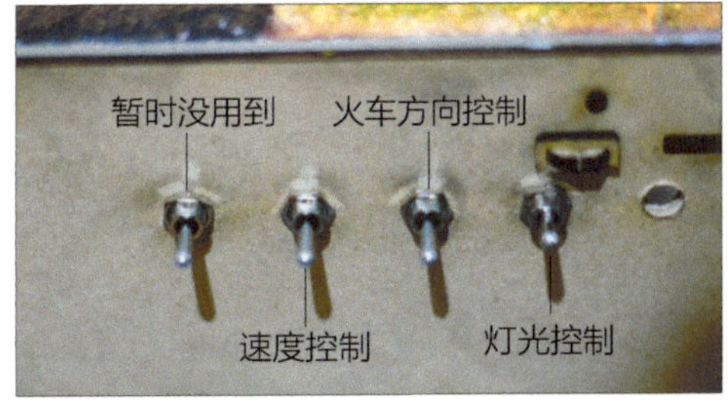

	灯光控制	火车方向控制	火车速度控制
上	3 处灯按指定颜色（红、绿、蓝）点亮	有人靠近才顺时针跑	高速
中	关闭灯光	不管有没有人都停止	中速
下	呼吸灯（渐变）效果	有人靠近才逆时针跑	低速

接下来通过编程完成对小火车的控制，这是需要开脑洞的部分。控制小火车的方式有成千上万种，我们选择了最基本的几种：动力控制、方向控制、速度控制、人体红外感应。我们加了一个好玩的人体红外传感器，实现了有人经过小火车身边时，火车就会开动起来。

代码下载：https://github.com/wasdylb/Train/tree/master/train

19.5 作品欣赏

濒危鸟类研究和保护项目智能鸟蛋

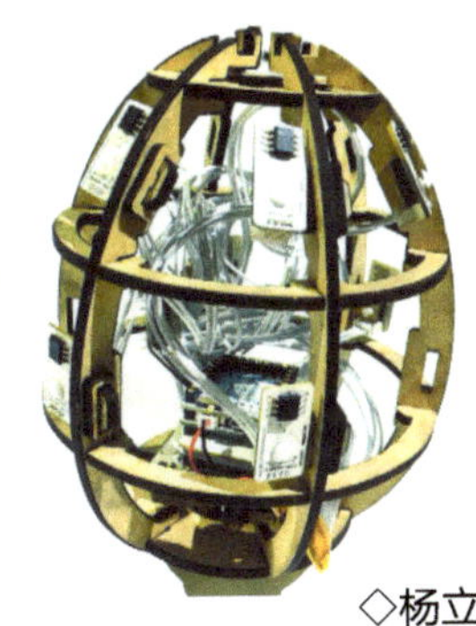

◇杨立斌

International Centre for Birds of Prey（国际猛禽中心）确定了一个保护秃鹫的公益项目，主要是要做一个假鸟蛋，放到猛禽窝里，用来观察猛禽到底是怎么孵蛋的。这个假鸟蛋里设有温度、湿度和姿态传感器，有一个 MCU 和数据记录装置。考虑到观测对象是猛禽，这个系统需要把鸟蛋内监测到的数据以无线的方式传送出来，电池要求至少能有 70 天的续航时间。另外需要有一个数据库记录数据，并用图形界面显示这些数据，最好能有实时曲线。

20.1 项目规划

这个项目面临很多挑战。

（1）在鸟蛋的狭小空间中集成全部所需功能，并保证其可靠性。

（2）70 天的续航时间，对系统功耗、系统稳定性将是个巨大考验。

（3）社区项目的组织、执行、协调和完成也是个难题。

Microduino 计划将这一项目拆分为以下 3 部分：蛋内采集端、数据中继端和服务器云端。每个部分都需要招募志愿者负责，最为关键的是志愿者之间工作的协调，将会成为本项目成功与否的决定性因素。

我们还要设计 3 个部分的通信方式以及协议，还有至关重要的续航力挑战——70 天！

你可能知道 Arduino 适应这一点，但是秃鹰圈养繁殖计划的一个重要组成部分是监视鸟巢的环境条件，以确定蛋的最佳孵化环境。也就是说，需要在蛋内安装很多传感器，体积不能太大。另一个问题是，不能有任何可见的电子产品，在鸟巢里一切都需要看起来完全自然，秃鹫母亲是很聪明的，能发现并且可能会破坏传感器。标准的 Arduino 远远大于 Microduino，要将所需要的传感器和模块放置在巢内，Microduino 才能做到（见图 20.1）。

图 20.1 标准 Arduino 与 Microduino 大小对比

20.2 志愿者

硬件支持：小文

小文的家乡是江西省九江市，他是一名在校学生，专业是应用电子，会一些电子电路硬件设计。他志愿参加这个项目主要是对它比较感兴趣，同时也想为公益项目做一点贡献。

中继支持：袖手蹲

厨师，原来的专业是化工自动化仪表，爱好电子。

鸟蛋端支持：火卫一

祖籍是黑龙江省宁安县，现在在北京工作，2003 年开始进入手机行业，负责软件开发，现在专注于蓝牙产品的设计、开发。参加这个项目是希望通过自己的努力对公益项目做一点贡献，同时学到更多的东西、认识更多志同道合的朋友。

云端&网页支持：leeturn

湖北人，从事 Web 开发，熟悉 PHP，希望能更多地接触硬件，在提升自己的同时也为公益奉献一份微薄之力，也希望自己在快乐中与大家共分享、共进步。

中继端支持（香蕉派）：铵君

内蒙古人，是一名喜欢树莓派、爱捣鼓程序的高中生，立志考上清华大学，刚刚结束高考。

云端&数据库支持：老锅

在深圳工作，资深工程师，喜欢 Microduino，喜欢开源精神。他被年轻人的热情感动了，毅然决定支持这个公益项目。

云端&网页支持：问天鼓

祖籍湖北，老程序员，基本上从前到后什么都干过，目前专注于智能硬件、大数据分析领域。他从小就爱看《动物世界》，喜欢亲近自然，觉得能参与动物保护是件很酷的事。参加这个项目是为了能更深入地了解智能硬件相关技术，认识更多志同道合的朋友。

20.3 项目要求

我们所需要的数据有：蛋内的温度分布数据、蛋内的湿度分布数据、蛋在孵化时的姿态数据。我们将把以上数据进行存储，还需要一个网页来展现这些数据：温度、湿度数据以数字形式展现出来；建立 3D 鸟蛋模型，实时将姿态展现出来；温度以云图分布形式在 3D 鸟蛋上表现出来（见图 20.2）。

因为蛋的续航时间必须达到 70 天，需要考虑低功耗，因此我们将大多数数据的处理、计算，数据库，互联网功能都安排在蛋外；我们会在蛋外设置一个中继，作为数据

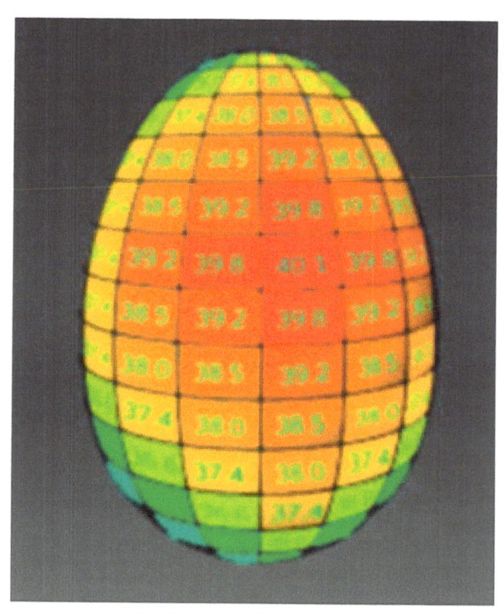

■ 图 20.2 温度以云图分布形式在 3D 鸟蛋上表现出来

的处理、存储以及连接网络的管理单元。当然，为了接入互联网，一个云端平台也是必不可少的。到此为止，我们的 3 个平台就基本构思好了，表 20.1 中列出了这 3 个平台的具体任务分配。

系统框图如图 20.3 所示。有可能的话，可以将此套系统做成一个大平台，用于全世界濒危鸟类保护工作。我们在中继以及云端上面为每个蛋以及数据赋予唯一的 ID，以便今后组网。

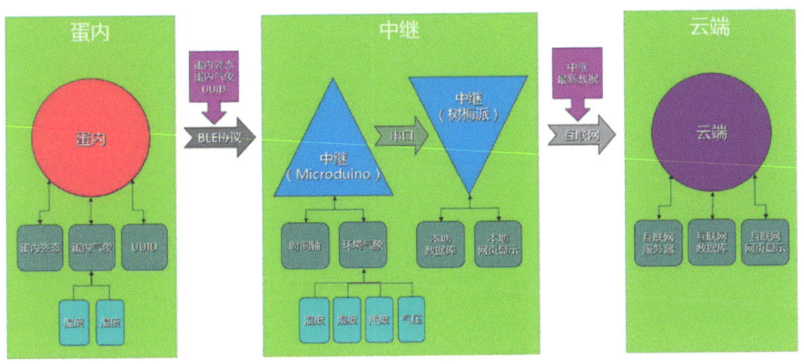

图 20.3　系统框图

表 20.1 3 个平台具体任务分配

平台名称	功能
数据采集端	检测鸟蛋温度、湿度、姿态
	无线传输数据到蛋外
	控制采集间隔时间、频率，保证精度
	可以连续工作 70 天
数据中继端	接收蛋内数据，无线中继
	作为外界环境气象站
	拥有准确的 RTC（实时时钟）作为时间轴
	将数据存入树莓派内的数据库
	没互联网时，可以通过自带网页查看实时信息
	可以将数据库的最新数据推入互联网
服务器 & 云端	数据来自树莓派内的数据库
	将最新数据在网页中展现
	建立鸟蛋 3D 模型以展示姿态与温度

20.4　项目成就

❶ 中继通信调试成功。

❷ 中继数据库通信成功。

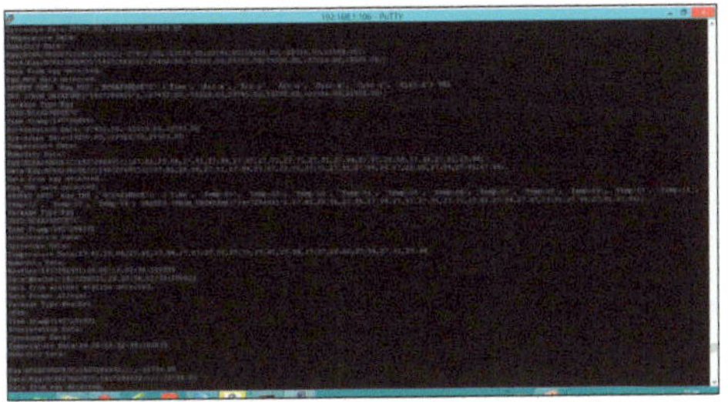

❸ 鸟蛋 3D 渲染成功。

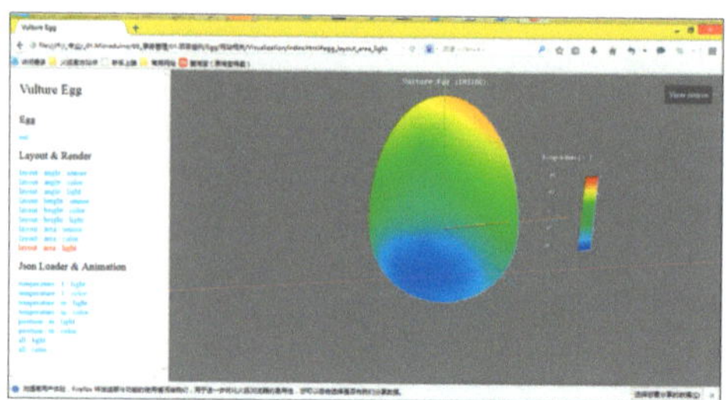

❹ 新版气象站底板制成。

❺ 鸟蛋正常运转。

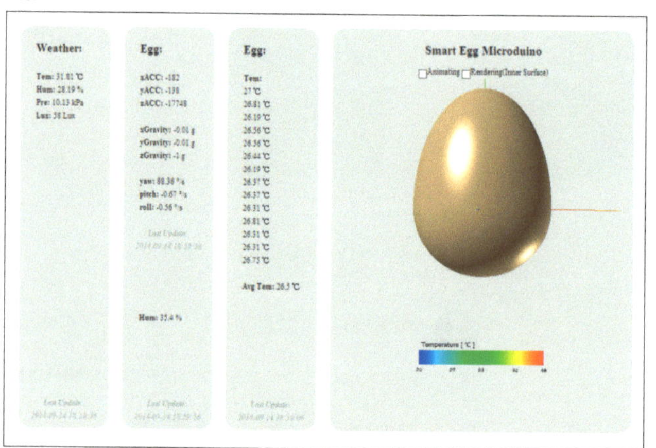

20.5 项目方案小改

最初中继是用树莓派做的，现在改成了手机。通过蓝牙直接将蛋内数据传给手机，手机再将数据传到服务器云端，更加便捷。最终确定的软硬件见表 20.2。

表 20.2 软硬件列表

位置	所需模块	功能
蛋内	Microduino-Core BLE	核心及蓝牙通信
	Microduino-10DOF	获取姿态
	Microduino-Sensorhub	传感器转接板
	Microduino-BM	电池管理模块
	Microduino-BMShield	电池扩展模块（充电）
传感器	LM75*16	温度传感器，I^2C 通信
	SHT21	湿度传感器，I^2C 通信
其他设备	鸟蛋外壳	
	锂电池	
中继	Android 手机（4.3 以上系统）	
	App	
云端服务器	http://mcotton.microduino.cn/	

❶ 往Microduino-Core BLE中烧写固件。Core BLE 里集成了两个协议，一个用于获取传感器数据（温度、湿度、姿态）；另一个是蓝牙协议，用来给手机传数据。固件下载地址：https://github.com/Microduino/vultureEgg。

❷ 鸟蛋外壳请戬哥设计了一个结构，先用木板加激光切割机做个鸟蛋的原型。

❸ 将所有模块堆叠（没有顺序），传感器固定在蛋内。

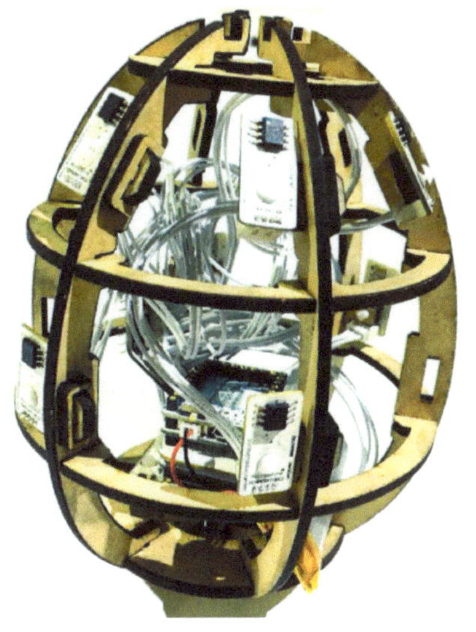

❹ 云端的设备创建：进入http://mcotton.microduino.cn，在主页右上角单击“Sign in/Join”，注册或者登录账户。

❺ 如果你注册或登录成功，就会看到主页的右上角写着你的用户名。

❻ 单击“Projects”，这里有许多模板供你选择。

❼ 鸟蛋应用应该选择“Vulture Egg”模板，然后单击“Made It”。

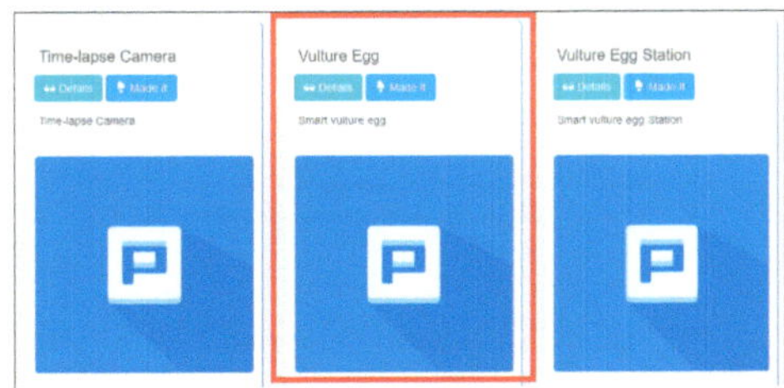

8 你就可以创建新的设备了，给你的设备填写名字和描述，单击“Save”保存。

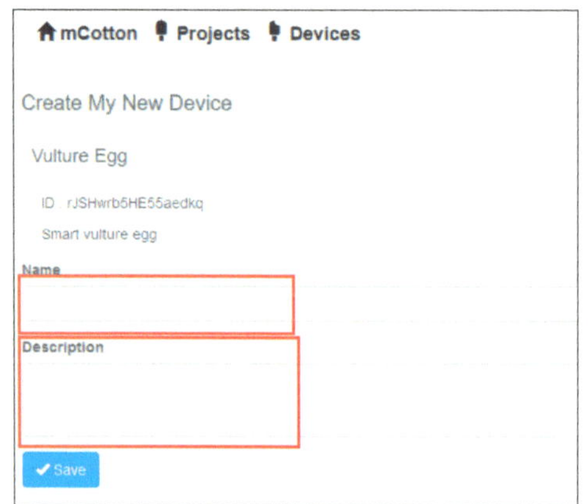

9 然后单击“Device”，你就能看到你刚刚创建的设备了。

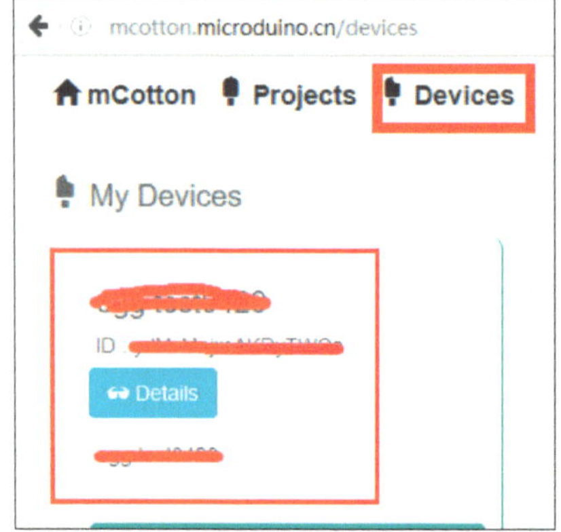

10 你可以单击“Details”来编辑你的设备。至此，你已经完成了云端的设备创建。

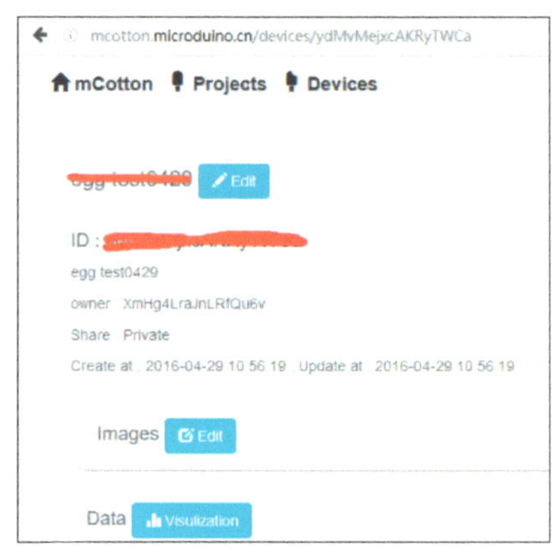

11 安装手机端的鸟蛋App：https://github.com/Microduino/vultureEgg里面有，复制到安卓手机里面，在手机上安装vultureEggV2.apk，注意安卓版本必须在4.3以上。

12 如果你成功地安装了base.apk，你就能在你手机上看到鸟蛋App图标了。

13 进入鸟蛋App，首先单击“Setting”。

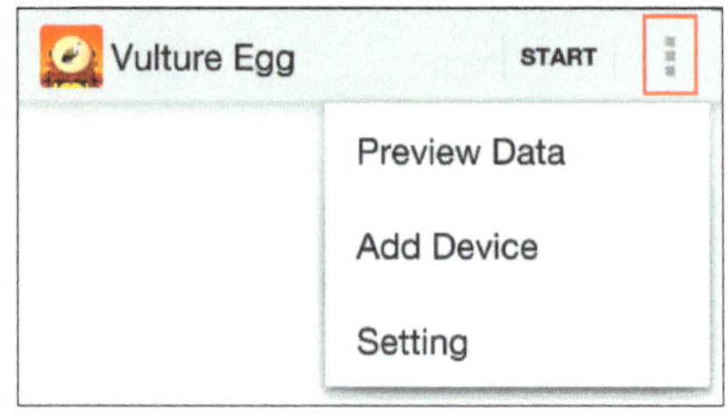

⑭ 选择 mCotton 服务到 mcotton.microduino.cn，然后填写你刚刚在云端设置的用户名和密码。

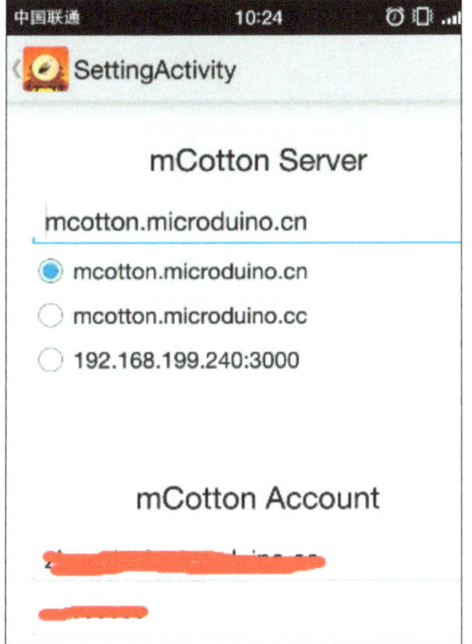

⑮ 填写完以后，返回手机端主视图，单击“Add Device”，你将看到以下提示。

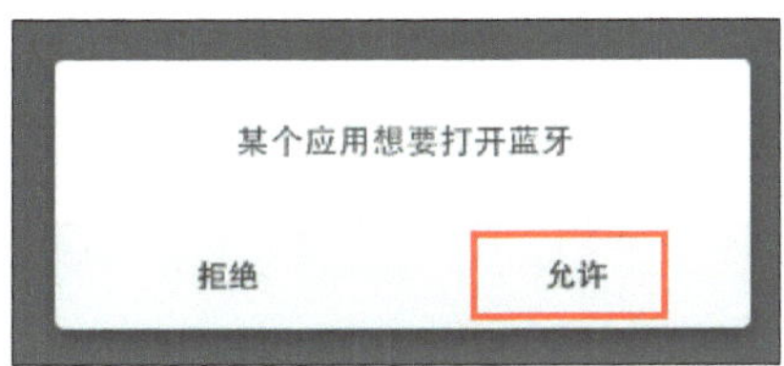

⑯ 这是在问是否愿意打开蓝牙，单击“允许”，确保你的鸟蛋供电正常，你就会看到以下视图，表示你的手机已经扫描到了设备。

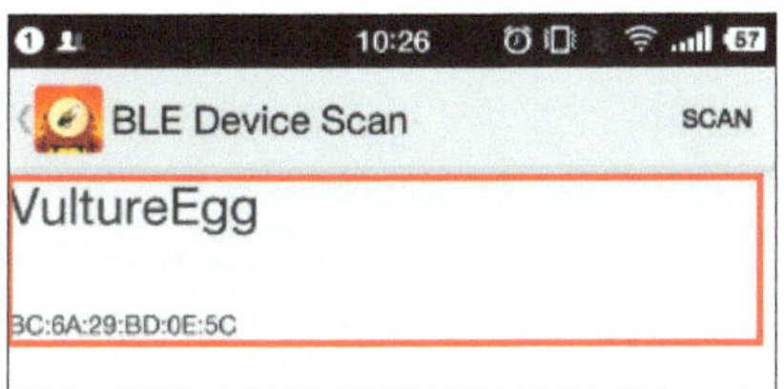

⑰ 单击此设备，就会看到以下视图。

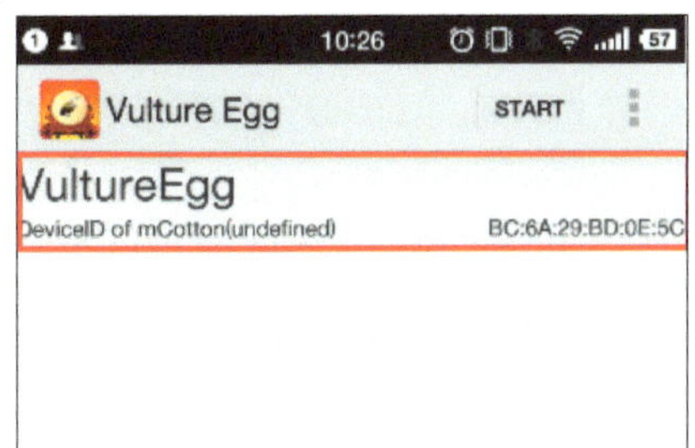

⑱ 再次单击它，你就会看到以下视图。

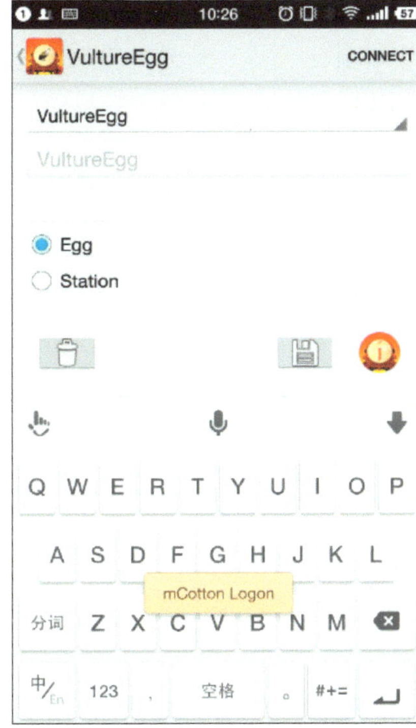

⑲ 如果你在此视图中看到了 mCotton Logon 提示，这表示你登录成功了，单击第一行的文本编辑，会出现一个下拉列表，选择你之前设置的设备名，在单选框中选择“egg”，单击保存按钮。

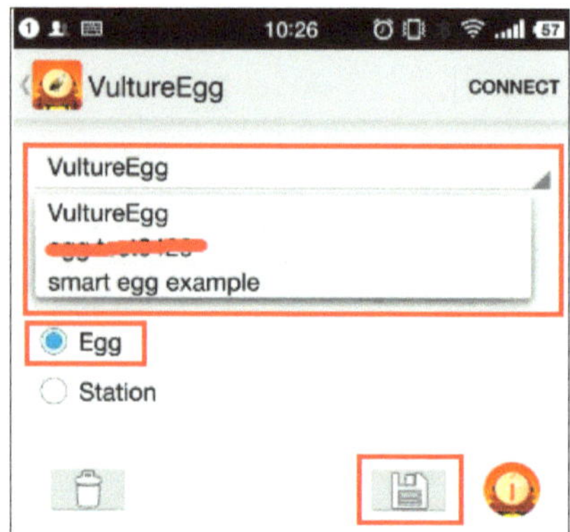

⑳ 你也会看到你之前在云端设置好的设备描述和 ID。

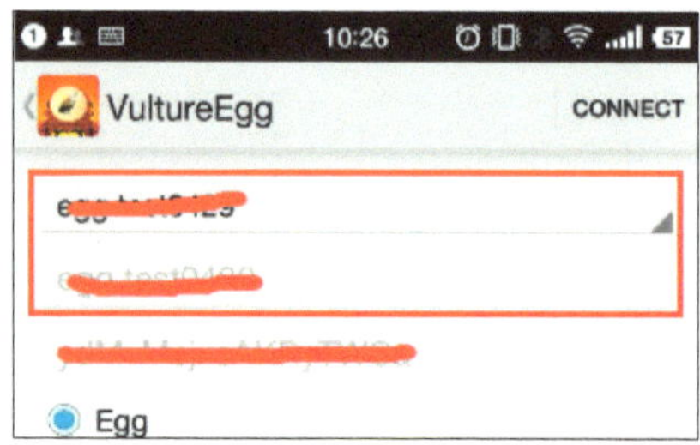

㉑ 单击保存按钮，你将会看到以下视图。

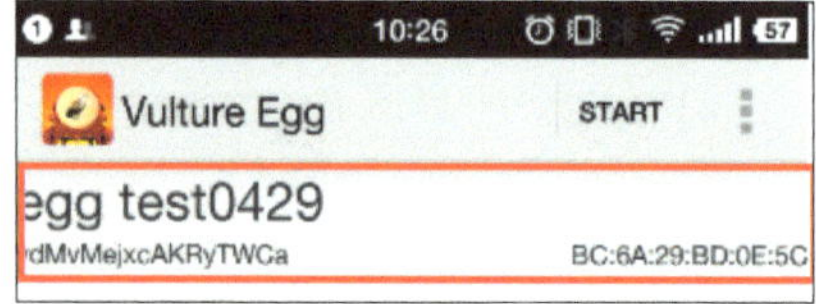

㉒ 单击它，你会看到发送数据的频率设置。

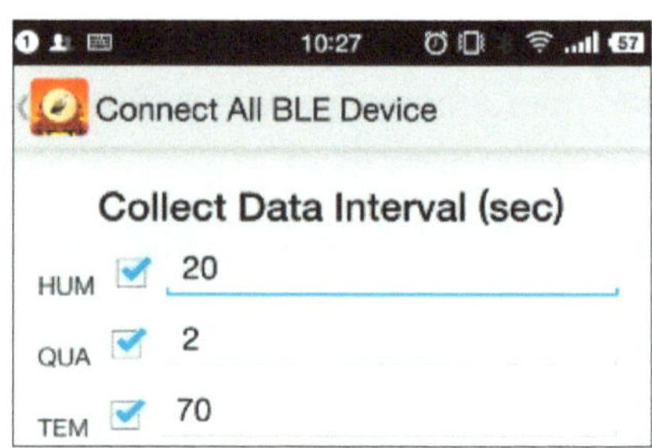

㉓ 单击“Apply Setting”，如果你能看到“Connected:true”，就说明你的鸟蛋设备和云端服务连接成功了。

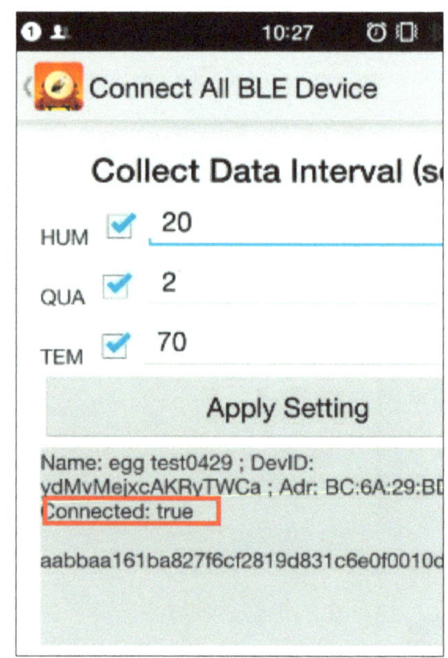

㉔ 返回你的 mCotton 云端页面。

25 现在你就能看到从鸟蛋获取的数据了，单击“Data visualization”，你会看到所有详细数据。

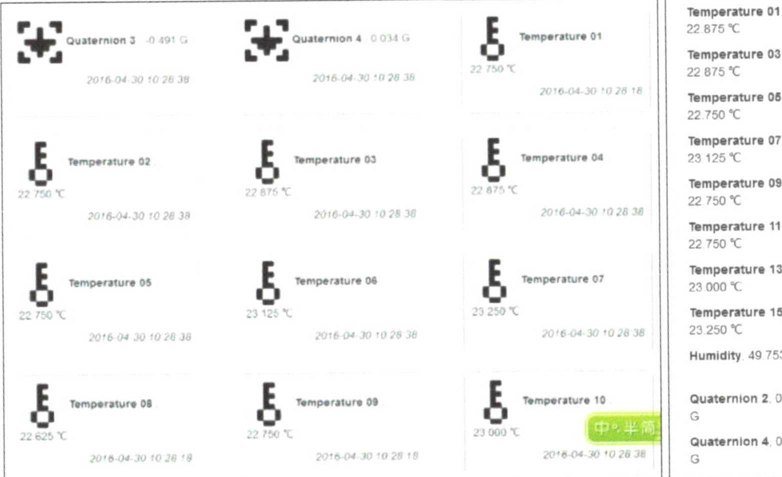

页面右边会看到鸟蛋的姿态 3D 效果。

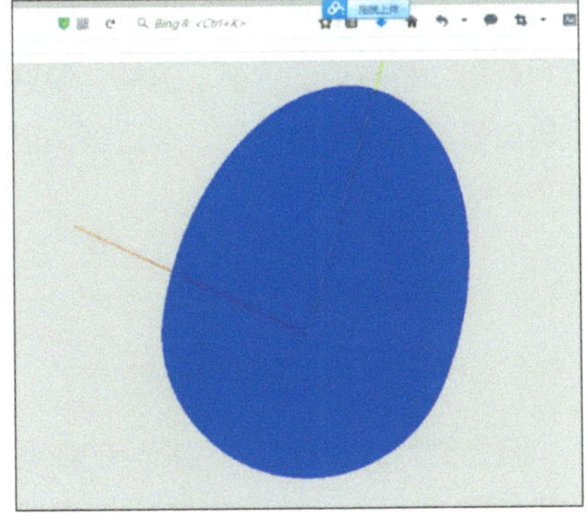

相关资源

项目官网：http://www.eggduino.org

Github 代码：

第一方案

蛋内：https://github.com/lixianyu/VultureEgg

中继 (Microduino)：https://github.com/wasdpkj/VultureEgg

中继（树莓派）https://github.com/gaoyichuan/VultureEgg

鸟蛋演示：http://egg.clouduino.cc

第二方案

蛋内：https://github.com/Microduino/vultureEgg

21 迷你气象站

◇林恒任

21.1 一个住在海边爱跑步的人

我住在海边很久了。对于住在海边的人来说，天气是十分有趣的，如果你留心观察的话。

海边天气的最大特点是风大，风非常大，风特别大。还有各个季节，不同形状的从海上漂来的浓雾。有一些雾又厚又重，像一堵墙缓缓从远处压来。另一些则比较轻，常在回潮的天气里出现，漂浮在离地面 20m 左右的高处，很难说那到底是雾还是云。

我也喜欢跑步。所以我是一个住在海边爱跑步的人。外出跑步的时候，会遇到不同情况的天气：突然下起的阵雨，刮起的大风，等等。时间久了，就能发现天气的一点规律。例如冬天风最大的时候，是在早上 5 点左右，而在夏天午后，则经常有一点阵雨。

于是我某天就生出了想法：做一个迷你的家用气象站，把天气的信息记录下来。虽然我不是气象爱好者，但是我想，或许能从数据中找出最佳的外出运动时间。退一步说，就算最后从数据中什么也没有发现，本身的制作过程也会挺好玩的吧。

这就动手开始做吧。

21.2 室内也很重要

我的目标是做一个能采集和存储室外天气数据的气象站。但是，如果同时也能采集室内的温度数据似乎也挺有用：比较一下室内外的温度差，或许能在某天早上，提醒我多加一件衣服预防感冒什么的，至少愿望是这样的。

所以我变更了一下制作目标，做一个能同时收集室内外环境数据的微型气象站。对于室外来说，要收集的数据有温度、湿度、风速、降雨、空气质量等。对于室内来说，只要有温度和湿度的信息就足够了。另外，还需要设备来存储和分析数据，以及一个可以观察和分析数据的界面。这样，单独一个采集设备就显得不够用了，这让事情稍微复杂了一些。

21.3 它是这样工作的——Arduino 和 Raspberry Pi

因为要同时收集室内和室外的数据，所以我打算使用 Arduino 来连接传感器，作为数据的“收集器”。但我并不打算像野外气象站一样，使用电池以及太阳能设备。因为在家里的阳台和卧室都有插座电源可以使用，而那就是我打算放置 Arduino 数据“收集器”的地方。我打算直接使用手机的 USB 充电器来给 Arduino 设备供电，因为我有好几个闲置的 USB 充电器，而且它们的质量都还不错。

除了传感器以外，Arduino 设备还连接了2.4GHz的无线模块nRF24L01+。将传感器的数据收集以后，Arduino 并不进行处理和存储，而是通过无线信号，将数据发送到树莓派上，再由树莓派进行保存和处理。从这个角度来看，Arduino 设备更像是传感器数据的转发器。当然，为了能够和 Arduino 系统进行通信，树莓派也需要加装同样的无线模块。

这样，要同时采集室内外的温度数据，只需要在卧室和阳台各放置一个 Arduino“收集器”就行了。理论上，在无线信号范围内，可以添加任意多个的“收集器”。不过对我来说，两个已经足够了。

另一方面，数据保存在树莓派上，因此可以使用数据库来帮助存储和分析数据。也可以通过 Web 服务器，方便地将数据发送到手机或者任何联网的设备上进行查看。比起单独使用 Arduino 设备作为 Web 服务器的情况，使用树莓派的稳定性、访问速度和延迟都好了许多。

21.4 传感器总动员

21.4.1 风速很重要

风速是我最想测量的，因为海边的风不仅很大，还常常在一天之内变化几次。但是，没有现成的风速传感器可以使用，所以我打算自己做一个。当然，我并不希望这个传感器能够精确测出风速的等级，只要能将风速的大小线性地表示出来就行。

我还有几个RPR220光电传感器，因此，只要制作一个能随风转动的部件，然后使用光电传感器，测量出这个部件转动的频率即可。因为转动频率和风速成正比，所以测量的频率值就能体现风速的大小。

在使用 3D 打印制造这个“转动部件”以前，我用手边现有材料制作了一个样品来对尺寸和效果进行测试，如图 21.1 所示。

我将两个乒乓球对半切开作为“风轮”的材料。中间的十字连接部件则是由 PCB 切割而成。连杆和转轴使用航模上的细杆。转轴的末端连接一个挡板，当转轴转动的时候，这个挡板会周期性地触发光电传感器，形成可以测量的电信号。

在预想中，这个“风轮”会固定在某个塑料外壳上使用。但在整个系统能够运行以前，我并不知道最后测量的效果如何。

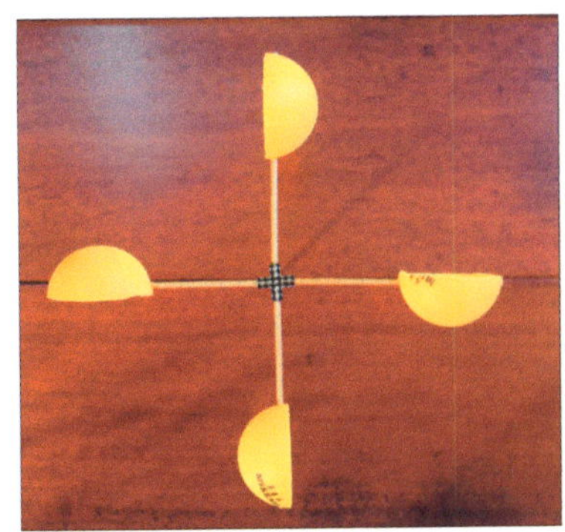

图 21.1 自制小“转轮”

21.4.2 潮湿的空气

湿度传感器我打算使用 DHT11。DHT11 不仅能够测量湿度，也能测量温度，但是温度的测量精确度不高。因此，我只将它作为湿度传感器来使用。

21.4.3 一个老朋友

DS18B20 是我们的老朋友了。这是一个比较精确的温度传感器，在很多开源的硬件项目中都可以看到它的身影。甚至在树莓派中，都自带了 DS18B20 的单总线驱动程序。

21.4.4 下雨了?

雨水传感器使用廉价的 PCB 基板。测量的原理很简单：PCB 基板上有许多紧密相邻但是不相连的镀锡连线。当雨水落到 PCB 上时，就会把原本不相连的两根线连接在一起。纯水本身是不导电的，但雨水中含有灰尘和电解质，所以具有一定的导电性。不同地区的雨水，因为酸碱度不同，导电性也不一样。

在测量上，只要发现作为传感器的 PCB 上，原本开路的两个端点具有了可测量到的电阻值，那就说明有雨水落在了传感器上。

上述材料实物见图 21.2。在设计电路以前，我想确切地知道雨水落上 PCB 以后，会带来多大的电阻变化。因为当天正好下过雨，我采集了一些雨水，进行了一下电阻测试，见表 21.1。

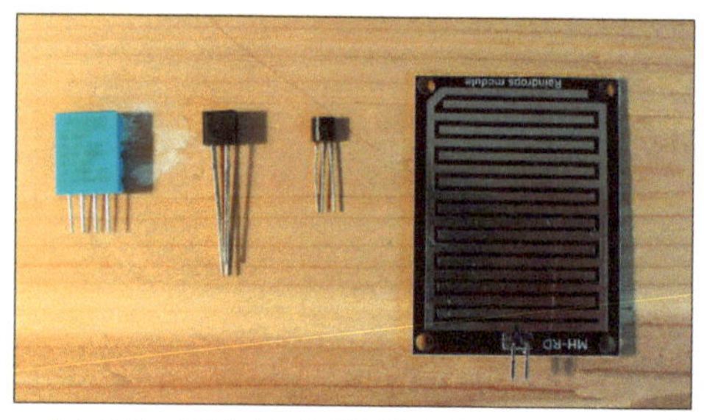

图21.2 DHT11、RPR220、DS18B20和雨水传感器

表 21.1 雨水传感器电阻测试

雨水情况	测量电阻值
完全干燥无水滴	∞
1 滴雨水连接相邻两条导线	约为 800kΩ
2 滴雨水	约为 600kΩ
3 滴雨水	约为 200kΩ
5 滴雨水	约 100kΩ
表面完全被雨水浸透	约为 15kΩ

因为每次下雨，雨水的酸碱度可能都不一样。所以重复测量的数值都会略有差异。但可以预计传感器在有雨水时的电阻大小，会在百 kΩ 的数量级上。这为设计传感器的接口电路，提供了一些参考。

21.4.5 空气质量

这是唯一一个我不准备自己测量的气象数据。因为能够准确测定空气质量的设备相当昂贵。所以我打算直接将 aqicn.org 的空气质量数据整合到系统中使用。aqicn.org 是一个提供全球空气质量数据的网站，并提供可以免费使用的 API 接口。

21.5 动手制作硬件

21.5.1 阳台的小“转轮”

图 21.3 所示的是准备要放在阳台使用的室外 Arduino 数据“收集器”原理图。

Arduino 系统使用 Arduino Uno。DHT11 和 DS18B20 采用单总线接口连接到 Arduino。光电传感器通过一个反向迟滞比较器来避免信号波动带来的干扰，迟滞比较器的门限电压分别设定为 3V 和 1V。雨水传感器的信号放大 2 倍以后，送入 Arduino 的 ADC 进行测量。为了减少雨水传感器受到的电腐蚀，只有在 ADC 采样时才会通过 MOS 开关给传感器通电。nRF24L01 通过 SPI 总线连接到 Arduino。

虽然工厂 PCB 打样的费用已经越来越低，不过用感光板制作 PCB 仍然是最快得到原型电路的方式之一。因为这个电路不是很复杂，所以能用单层板容纳。当使用单层板时，DIP 器件变得比 SMD 器件好用：你

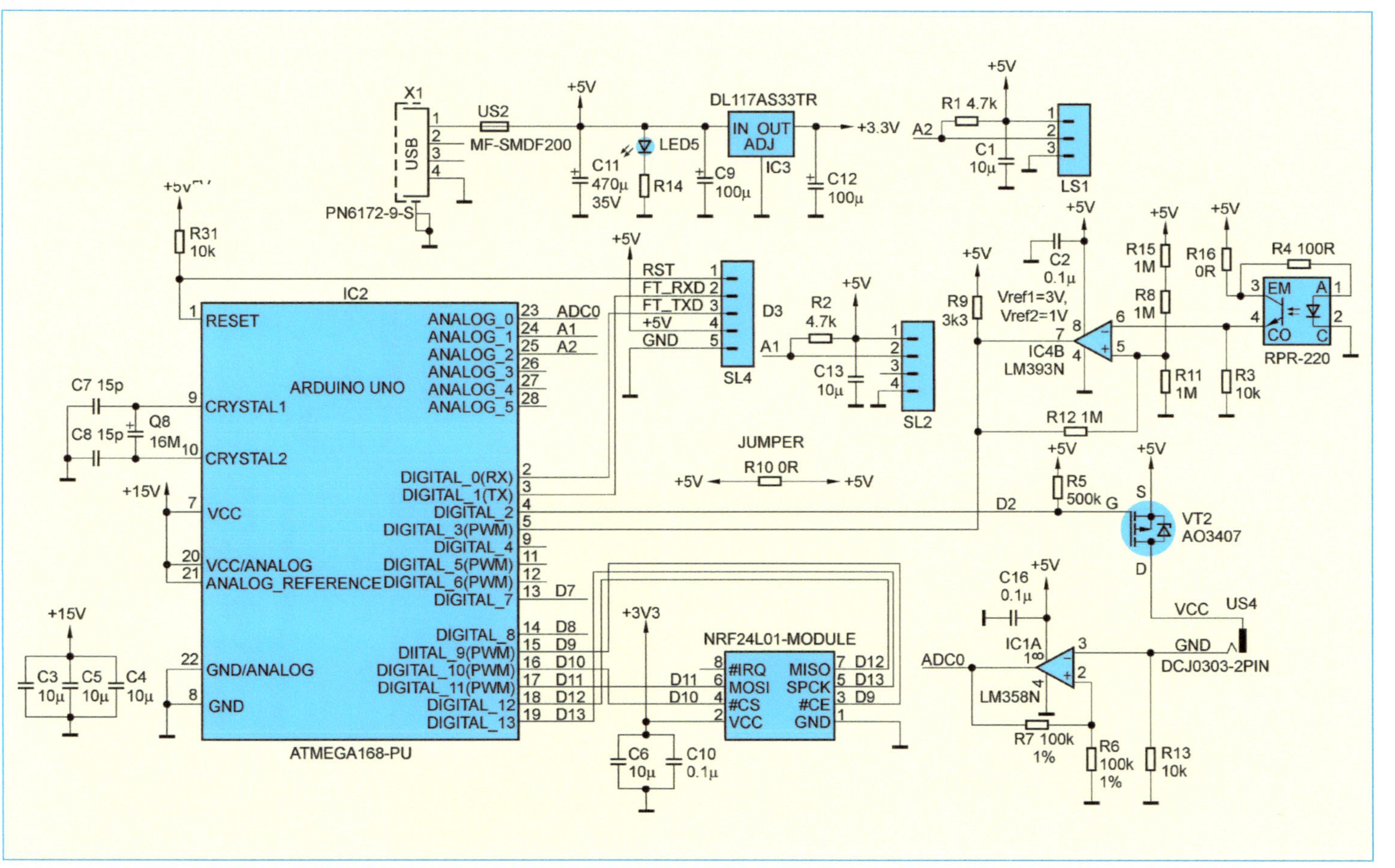

图 21.3 室外 Arduino 设备原理图

可以将它们当作跳线使用，来降低布线的难度。制作好的 PCB 如图 21.4 所示。

电源输入使用 USB type B 接口。雨水传感器使用 5mm 的 DC 电源座。剩余的传感器都安装在一个塑料盒子内部，通过 PCB 上预留的排座连接。前面制作的风速传感器，也被固定在塑料外壳上使用。如图 21.5、图 21.6 所示。

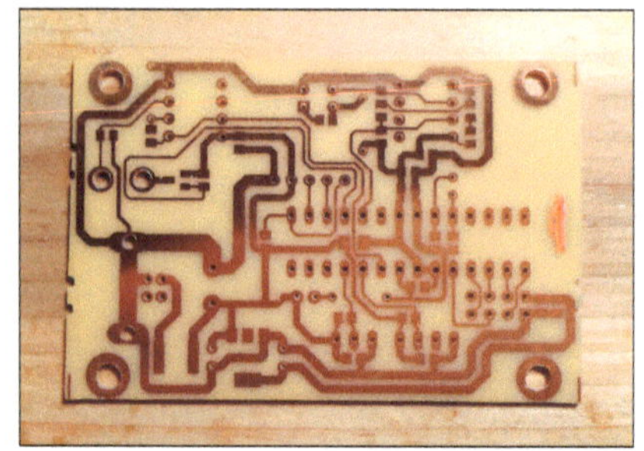

图 21.4　用感光板制作的 PCB

图 21.5　电路和外壳

图 21.6　放置在室外的气象站

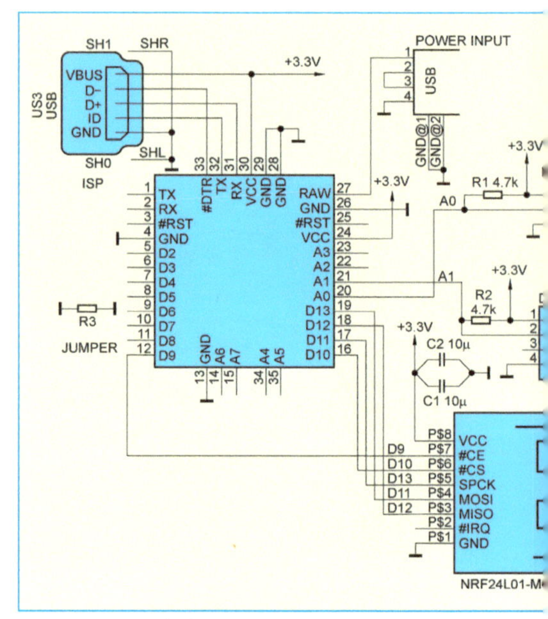

图 21.7　室内装置原理图

21.5.2　卧室的小装置

图 21.7 所示是放在卧室使用的数据“收集器”原理图。因为希望可以做得小一些，所以使用了 Arduino Pro Mini（3.3V 版本）模块。

相对于室外的装置来说，室内的这部分只保留了温度和湿度两种传感器。因此可以塞进比较小的盒子里（见图 21.8）。

21.5.3　改装树莓派

闲置很久的树莓派 1 终于派上了用场，硬件连线方式和软件也很容易移植到树莓派

■ 图 21.8　室内装置

2 或者树莓派 3。树莓派 1 并没有配置无线功能，所以需要自己手动添加 nRF24L01 模块。如图 21.9 所示。

树莓派 1 连接 nRF24L01 的引脚顺序见

表 21.2　树莓派无线模块连线

nRF24L01 模块引脚	Pi 引脚	备注
GND	25	GND
VCC	17	3.3V
#CE	15	GPIO-22
#CS	24	#CE0 / GPIO-8
SPCK	23	GPIO-11
MOSI	19	GPIO-10
MISO	21	GPIO-9
IRQ	NC	

表 21.2。

在树莓派上添加 nRF24L01 的唯一技巧是：在模块的电源进线端额外并联 100 μF 左右的电容，来改善电源纹波，并且尽量使用质量好的电源来驱动树莓派。nRF24L01 出现的问题，很大一部分都和电源有关。

■ 图 21.9　添加了无线模块的树莓派 1

21.6　开始编程啦

21.6.1　Arduino 程序

需要的库程序见表 21.3。

表 21.3　Arduino 程序依赖库

库名称	说明	地址
DHTlib	DHT11 驱动	https://github.com/RobTillaart/Arduino/tree/master/libraries/DHTlib
OneWire	DS18B20 驱动	http://playground.arduino.cc/Learning/OneWire
RF24	nRF24L01+ 驱动，同时有 Linux 版本	https://github.com/tmrh20/RF24/

本文相关 Arduino 固件代码，Linux 程序以及 Web 代码下载地址：
https://alivehex@bitbucket.org/alivehex/mini-weather-station.git

当需要读取的传感器数量增多的时候，ATmega328p 没有任务调度就会带来一些麻烦，只能在一个 loop 中完成所有的工作。

关于 DHT11

使用 DHT11 函数库的方式十分简单，如图 21.10 所示。

唯一需要注意的是，因为单总线通信会有偶发性的错误，所以一定要校验返回的数据并做容错处理。对于同样是单总线的 DS18B20 来说，这个原则也一样适用。

关于 DS18B20

当驱动的 DS18B20 的数量只有 1 个的时候，可以省略 OneWire 库的范例中搜索地址部分的代码，改为发送忽略地址和开始温度转换的命令，然后等待 800ms 左右（时间长短取决于温度分辨率的设置），读取 DS18B20的9个寄存器,并且进行CRC校验，来保证数据的准确性。如图 21.11 所示。

DS18B20 的总线必须外接 4.7kΩ 左右的上拉电阻，如果缺少上拉电阻，ds.reset() 函数有时并不会返回错误，你只能得到错误的读数。

关于 nRF24L01

对于 nRF24L01 的使用，在 RF24 库中有许多范例。这里介绍几个软件上提高传输成功率的方法。

（1）增加发射功率：radio.setPALevel(RF24_PA_MAX);

（2）加大自动重发的间隔和次数：g_radio.setRetries(15, 15);

（3）如果对于传输速度要求较低，可以降低发射速率：radio.setDataRate(RF24_250KBPS);

（4）效果最好的一个方法：选择干扰较少的频道进行传输。

```
uint16_t humidity(void) {
  int ret;
  int retry = 5;

  do {
    ret = DHT.read11(DHT11_PIN);
  } while ( (ret != DHTLIB_OK) && (-- retry) );

  if (retry == 0) {
    Serial.println("humidity read error");
    return SERROR;
  } else {
    return (uint16_t)DHT.humidity;
  }
}
```

图 21.10 DHT11 示例代码

```
#define DS18B20_PIN    A0

OneWire  ds(DS18B20_PIN);

uint16_t ds18b20_start_convert(void) {
  if (ds.reset()) {
    ds.write(0xcc, 1);
    ds.write(0x44, 1);
    return 0;
  } else {
    Serial.println("connect to ds18b20 failed");
    return SERROR;
  }
}

uint16_t ds18b20_read(void) {
  byte data[9];

  ds.reset();
  ds.write(0xcc, 1);
  ds.write(0xbe);

  for (int i = 0; i < 9; i++) {
    // we need 9 bytes
    data[i] = ds.read();
  }

  if (OneWire::crc8(data, 8) != data[8]) {
    Serial.println(F("Read DS18B20 CRC error"));
    return 0xffff;
  }

  return ((data[1] << 8) | data[0]);
}
```

图 21.11 DS18B20 示例代码

要弄清楚哪一些频道受到的干扰比较少，就要用到库函数的 RF24::testRPD() 方法。这个方法读取并返回 nRF24L01 芯片的 Carrier Detect 寄存器的值，地址为 0x09。Carrier Detect 能够反映出 nRF24L01 当前工作的频道是否存在干扰：值为 1 时表示检测到有效载波，值为 0 时表示没有。如图 21.12 所示。

nRF24L01 芯片可供配置的频道一共有 126 个，图 21.13 所示的 read_cd_values() 函数说明了扫描这 128 个频道的方法。

①将 nRF24L01 芯片配置为 126 个频道的其中一个，并开启 RX 模式。

②在一定的时间内，例如 500ms，调用 RF24::testRPD() 方法，轮询 Carrier Detect 寄存器。

③如果检测到频道阻塞，RF24::testRPD() 方法返回 true，这时将相应的频道计数标志加 1。

④重复 1~3 的步骤，扫描 126 个频道以后，获取到这 126 个频道的计数标志，选择计数值最少的频道即可。

由于 Wi-Fi 网络的大量使用，空中存在许多的 2.4GHz 干扰。不同环境下，干扰的频段可能会不一样。图 21.14 是我进行频率扫描的结果（左上角的数字对应频道 0 的扫描值，从左到右，从上到下，频道依次增加）。

每次扫描的结果，在数值上可能都略有不同，但仍旧可以发现有些频段一直嘈杂不堪，而另外一些则非常安静。比较拥挤的频段集中在 65~77 这个范围以内，按照 nRF24L01 手册的描述（见图 21.15），相对应的频率范围是 2.464~2.477GHz。看来大多数的家用无线路由器，对于 Wi-Fi 频道的选择口味都比较相似。

在使用 nRF24L01 时，避开这些被无线路由器严重干扰的频率，可以大大提高 nRF24L01 的传输成功率。

$$F_0 = 2400 + \mathtt{RF\_CH}\ [\mathrm{MHz}]$$

图 21.15 手册上的无线频率计算公式

反过来想

上一个段落介绍了如何使用 nRF24L01 来寻找安静的频道进行无线传输，反过来想，能不能使用 nRF24L01 来将某个频段彻底干扰呢？

答案是：完全可以。

在上一个段落的 Arduino 代码中，就给出了使用 nRF24L01 干扰 Wi-Fi 信号的例子 freq_blockage()。

这个函数不是每次都能成功，因为你每次只能选择 126 个频段中的一个进行尝试。

09	CD				
	Reserved	7:1	000000	R	
	CD	0	0	R	Carrier Detect. See page page 74.

图 21.12 nRF24L01 的 Carrier Detect 寄存器

```
Input 'T' to start the scan
  0   0   0   0  12   3  16   0   4  14  13   8   4  62  98  85
  7   8   7  12   8   7   8  14   0  14   4   8   0  17  18  10
  3   0   8  16   3   4  15   3   0   0   9  12  23   4   7  10
  4   4   7   0   3   8  14  12   0   7   0   0  15  11   7   4
  0 628 547 405 868 667 406 324 251 417 930 876 306   8   4   8
  4   0   0   0   0   0   0   0   0   0   0   0   0   0   0   0
  0   0   0   0   0   0   0   0   0   0   0   0   0   0   0   0
  0   0   0   0   0   0   0   0   0   0   0   0   0   0
```

图 21.14 空闲频道扫描结果

```
void read_cd_values(unsigned int *buf, int period_ms) {
  unsigned long tick;

  for (int ch = 1; ch < 128; ch ++) {
    radio_start(ch);
    buf[ch] = 0;
    tick = millis();
    do {
      if (g_radio.testRPD()) {
        buf[ch] ++;
      }
    } while ( (millis() - tick) < period_ms);

    //printf("%d: %d\r\n", ch, buf[ch]);
    printf("%d ", buf[ch]);
    radio_stop();
    delay(10);
  }
}

```

图 21.13 检测载波干扰的代码

但如果你选择的频段与你使用的 Wi-Fi 频段相同或者接近时，就会完全将这个 Wi-Fi 信号完全阻断（见图 21.16）。

■ 图 21.16　受到强烈干扰的 Wi-Fi 信号

21.6.2 Raspberry Pi 程序 mws

不同的频道和地址

Mws 程序的工作可以用一句话来描述：通过无线获取 Arduino“收集器”的观测数据，并将数据保存到 MySQL 数据库中，见图 21.17。

数据库对于每个“收集器”的表单都是一致的，包括温度、湿度、风速、雨水、“收集器”名称等信息。对于没有相应传感器的 Arduino“收集器”，则将相应的值置 0。

因为树莓派要负责和不同的 Arduino“收集器”通信，所以如何区分不同“收集器”设备，并且单独进行通信，对于树莓派充当的服务器角色来说，是必须完成的任务。

这里使用了两个参数来标记不同的 Arduino“收集器”设备：无线频道和 nRF24L01 的接收地址。这两个参数存储在 Arduino 设备的 EEPROM 中，在设备首次运行的时候，需要手工配置输入。

对于不同的 Arduino 设备，必须使用不同的接收地址，但可以使用相同的无线频道。接收地址的长度是 40bit，也就是 5 个字节，无线频道的范围是 0~125。

在使用命令行调用 mws 时，需要使用 -n 参数输入 Arduino 设备的频道、接收地址以及设备名称。一次可以输入多个设备，mws 会依次和设备通信，并将获取到的数据存入数据库中。

有了 mws 程序以后，可以使用 Linux 的 crontab 定时任务来周期性地获取气象数

```
pi@raspberrypi:~ $ mws -help
Usage: mws [options] -node [channel][address][name] -node ...
Options:
  -help           Display this information
  -host           Mysql database host, default is 'localhost'
  -db             Mysql database name, default is 'MWSDatabase'
  -tl             Mysql database table name, default is 'MWSHomeData'
  -u              Mysql user name, default is 'root'
  -p              Mysql user password, default is empty
  -n              Arduino mws node, with channel, address and name
  -d              Delete the database
  -s              Arduino mws node sampling period, for second
  -t              Test only, no write to database

Examples:
  sudo mws -u root -p 198579 -node 99 bfd3856cbb living-room -node 99 d0dec4c59e study-room
  sudo mws -db test -tl test_table -u root -p 198579 -node 99 bfd3856cbb outdoor
  sudo mws -s 900 -node 99 bfd3856cbb test
```

■ 图 21.17　mws 程序的帮助信息

据，见图 21.18。

每隔 15min，树莓派就会从两个 Arduino 设备获取一次传感器数据，并且将数据保存在数据库中。

21.6.3 Web 界面

php 和数据库

现在我需要一个界面来查看那些使用 mws 程序存入数据库的信息。

使用 Apache 服务器和 PHP 是一个看起来还不错的选择：比起写一个只能手机使用的 App，Web 程序可以同时在我的 Android 平板、iPhone、Mac Air，甚至电视机上浏览，而我只要编写一次程序就可以了。

Bootstrap 是一个著名的开源 CSS/HTML 框架，我下载了其中的一个模板，并且对其进行了一些修改。我将首页设定为气象数据的浏览界面，在 Bootstrap 的帮助下，这个页面在移动端和桌面端都能比较友好地显示。

数据已经妥妥地安置在数据库里，可以很容易地使用 PHP 从中读取，如图 21.19 所示。

```
# m h  dom mon dow   command
*/15 * * * * mws -db MWS -tl HomeData -u root -p ****** -n 100 d52b3f665a outdoor -n 100 8fca9d7970 bedroom
```

图 21.18 crontab 定时任务

```
function fresh_data($node_name) {
    $start_time = date("Y-m-d 00:00:00");
    $end_time = date("Y-m-d 00:00:00", time() + (24 * 3600));

    $query = "SELECT * FROM ".TBL_NAME." WHERE MWSName='$node_name' AND Error='0'"
        . " AND Ctime>='$start_time' AND Ctime<='$end_time' ORDER BY Ctime";
    //echo $query.'</br>';
    $result = query_database($query);

    $data_array['t'] = array();
    $data_array['w'] = array();
    $data_array['h'] = array();
    $data_array['r'] = array();

    while (1) {
        $row = mysql_fetch_array($result);
        if ($row !== false) {
            $item['label'] = date("G:i", strtotime($row['Ctime']));
            $item['date'] = date("Y-m-d G:i", strtotime($row['Ctime']));
            $item['value'] = round($row['Temperature'] / 16, 0);
            array_push($data_array['t'], $item);

            $item['value'] = round($row['Windspeed'] / 15, 0);
            array_push($data_array['w'], $item);

            $item['value'] = $row['Humidity'];
            array_push($data_array['h'], $item);

            $item['value'] = $row['Rainycode'];
            array_push($data_array['r'], $item);
        } else {
            break;
        }
    }
    return $data_array;
}
```

图 21.19 部分 PHP 代码

使用 javascript 绘制图表

很快我就发现，单纯显示数据并不够，如果能将当天的数据用表格绘制出来，会更加直观。

Fusioncharts 是一款 JavaScript 表格，对于非商业用户，可以免费使用。我将 fusioncharts 加入到了 Web 页面中，如图 21.20 所示。

Fusioncharts 可以接受 json 格式的数据，使用 PHP 的 json_encode() 方法可以将从数据库获取的气象数据转变为 json 格式。唯一有些麻烦的是，对于不同类型的 fusioncharts 表格，例如曲线图表、面积图表等，要求的 json 数据格式和配置项目都略有差异。

因为室内的数据在同一天中变化较小，所以我选择了两个变化较频繁的户外气象数据绘制表格：温度和风速。我使用直方图来绘制温度变化，而使用折线图来绘制风速变化。同时标记出了表格中当天数据的最高和最低值。

从 aqicn.org 获取空气数据

空气质量数据直接从 aqicn.org 获取。有效检测空气质量的传感器对家庭使用来说太昂贵了。

aqicn.org 提供了全球的空气质量数据，并且提供了 API，能够免费获取到这些数据。只需要在页面中简单地加入一些 JavaScript 代码就能实现（见图 21.21）。

然后在需要显示空气质量数据的地方放置相应 id 的 span 标签（见图 21.22）。

开源的 weather-icons 图标

比起使用生硬的文字表述温度，比如冒号 + 数据。我希望能够用更加美观的方式来

```
                "dataSource": {
                    "chart": {
                        //"caption": "<?php //echo date("Y-m-d") ?>",
                        "showValues": "0",
                        "theme": "fint",
                        //"xAxisName": "",
                        "yAxisName": "温度(℃)",
                        "yAxisMinValue":"10<?php //echo $tmark['min']['value']?>",
                        "yAxisMaxValue":"40<?php //echo $tmark['max']['value'] + 15?>",
                        "canvasBgColor": "#000000",
                        "canvasBgAlpha": "100",
                        "bgColor": "#000000",
                        "bgAlpha": "100",
                        "showBorder": "0",
                        "baseFontColor": "#7F7F7F",
                    },
                    "data": <?php echo json_encode($ourdoor_data_array['t']) ?>
                }
```

图 21.20　从 PHP 将气象数据传递给 javascript

```
<script  type="text/javascript"  charset="utf-8">
    _aqiFeed({ display:"%aqi <small>(%impact)</small>",container:"city-aqi-container-display",city:"xiamen",lang:"cn"});
</script>
```

图 21.21　引用 aqicn.org 的数据

```
<span class="big-text" id="city-aqi-container-display"></span>
```

图 21.22　显示空气质量

显示我收集到的气象数据。

Weather-icons（https://erikflowers.github.io/weather-icons/）是一个开源的气象图标，有 200 多种与气象相关的图形可以选择。只要在页面中包含相应的 CSS 文件就能使用。

现在，我可以使用美观的温度和湿度标志了。整个页面也变得好看了很多，图 21.23 所示是首页的截图。

对于风速的图标，我使用了“龙卷风”的标志。因为我一直认为，海边的大风经常能和龙卷风相媲美。

显示界面

对表格进行了一番对齐和外观修改以后，效果看起来还不错。欢迎读者直接去参观：http://alivehex.gicp.net:8090/。

你问我那个外星人的标志是怎么回事？因为 weather-icons 里面没有找到“不下雨但是不知道是晴天还是阴天”的标志，所以我就干脆用了这个外星人头像。当有雨水的时候，它会变成一个下雨的图标。

风速的单位是“RPM”，Rounds Per Minute 的缩写：表示 1min 内“小风轮”转了几圈。这个值正比于风速的大小。

21.6.4 添加 DDNS 和端口映射

DDNS 是 Dynamic DNS 的缩写。因为这个 Web 服务器不是使用固定 IP 地址，所以必须有动态 IP 支持，才能持续地在外网访问。

有许多 DDNS 的解决方案，我使用的是花生壳动态域名。大多数的网络服务商都对家用宽带封锁了 80 端口，所以我将 Apache 的端口映射到了 8090 上。在树莓派上，需要在 /etc/apache2/sites-enabled/000-default.conf 里添加图 21.24 所示的代码。并且在 /etc/apache2/ports.conf 添加 8090 端口的监听（见图 21.25）。

21.7 完成！

到此为止，所有的工作都完成了。阳台上的“小风轮”欢快地转着，气象数据源源不断地存进树莓派的数据库。

令我高兴的是，运行了几天之后，我便从数据中发现了每天起大风的规律。我希望这个小小的气象站能够运行几年，给我带来更多有趣的统计数据。

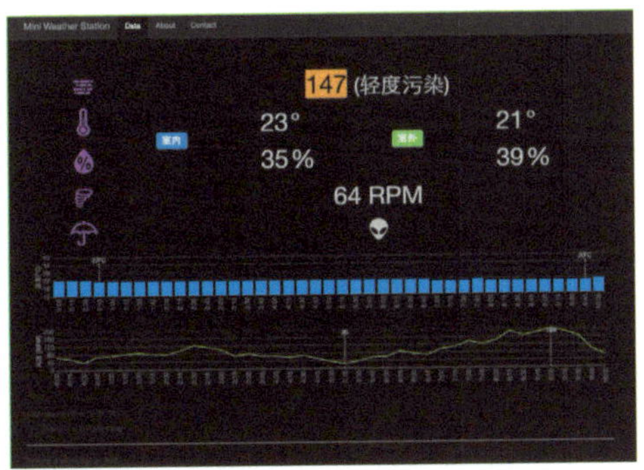

■ 图 21.23 Mini Weather Station 首页

```
<VirtualHost *:8090>
        ServerAdmin alivehex@gmail.com
        DocumentRoot /var/www/mws
        ErrorLog ${APACHE_LOG_DIR}/error.log
        CustomLog ${APACHE_LOG_DIR}/access.log combined
</VirtualHost>
```

■ 图 21.24 添加 VirtualHost 端口

```
Listen 80

<IfModule ssl_module>
        Listen 443
</IfModule>

<IfModule mod_gnutls.c>
        Listen 443
</IfModule>

Listen 8090
```

■ 图 21.25 添加监听端口

22 匹诺曹成人记——用 Arduino 控制的拉线木偶

◇朱广俊（Leo） ◇插画：刘少冉

一个偶然的机会，笔者淘到了一款匹诺曹的拉线木偶。想着电影里那些技师只通过简单的几根线就能实现如动画一般的舞蹈动作，但因我手法比较笨拙，怎么练习也没能让它翩翩起舞，索性搁置了大半年。一晃到了年底。我给自己也定了一个小目标：把匹诺曹变成机器人，让它能够翩翩起舞。

22.1 失败的 DEMO

这款匹诺曹木偶一共有 5 根拉绳：脑袋一根，手部两根，脚部两根。上方是一个十字架连接着四肢和头部的拉绳。我计划让它头部不动，用 4 个舵机分别控制四肢来实现匹诺曹的舞蹈动作。我们暂且用 A、B、C、D、O 分别表示左手、右手、左脚、右脚和头部的连接定义（见图 22.1），其中 A、B、C、D 也对应着 4 个舵机的序号。

图 22.1 木偶的结构

我从家里随便找了个硬纸盒，先做了舵机支架平台，上面开了对应 4 个舵机支架的固定孔（见图 22.2）。

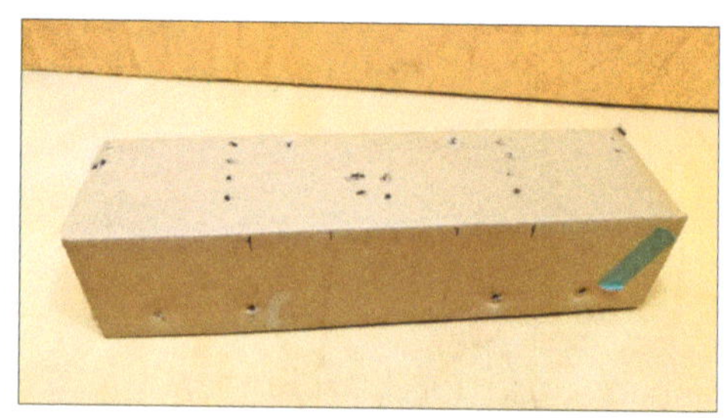

图 22.2 用硬纸盒制作舵机支架平台

然后把舵机固定在支架平台上面，ServoA 和 ServoB 在两侧，ServoC 和 ServoD 在中间（见图 22.3）。

把曲别针掰直了，做成 4 个舵机延长臂（见图 22.4）。

图 22.3 把舵机固定在支架平台上

图 22.4 用曲别针制作 4 个舵机延长臂

图 22.5 失败的 Demo

为什么说是失败的 Demo 呢？因为这“货”做完之后不是左右乱晃，就是这样趴在地上不起来（见图 22.5）。

总结了一下，它大概有以下几点设计缺陷。

（1）不能使用弹性线。本以为弹性线可以增加木偶动作的戏剧性，实际上由于自重影响，简直就是灾难，不但舵机的动作被缓冲抵消了，慢慢地，木偶还趴在了地上。

（2）舵机延长臂是临时用曲别针做的，容易变形，且延长臂太短，导致动作不明显。

（3）身体没有固定，头部只有一根线，导致头部不稳定，晃动严重。

（4）拉线固定在脚部不合理（只能做出跪在地上的效果，完全无法正常行走）。

（5）布线不合理，导致动作不协调，且容易出现缠绕、绊线，导致木偶失控。

满满的都是问题啊，舵机动起来的效果简直惨不忍睹。但既然有了目标，又怎能轻言放弃？

22.2 舵机坞

❶ 虽然之前的 Demo 失败了，但是整体的设计思路还是值得借鉴的。于是笔者在此基础之上，重新设计了舵机坞的结构，并优化了布线。新的舵机坞采用了激光切割的 3mm 厚白色亚克力板制成。

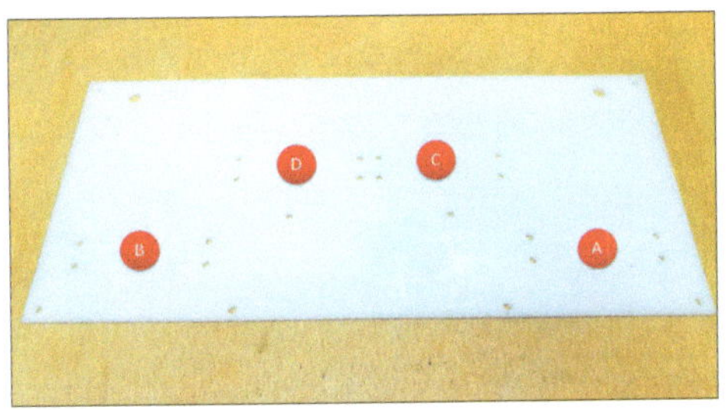

❷ 另外一起加工的还有 4 个舵机延长臂，为了组装方便，都采用了镜像对称设计。

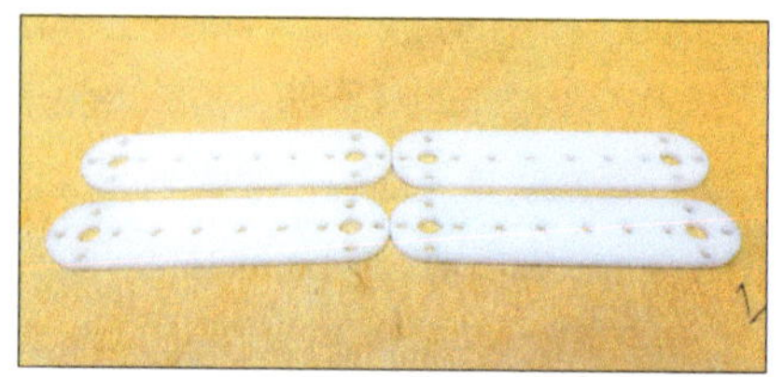

❸ 首先准备 4 个 36g 舵机和 M995 舵机支架，笔者手头的舵机的运行范围是 60°，如果有 180° 的，效果更佳。

❹ 把舵机支架用 4 个 M3×6 的螺丝固定四角。

❺ 用相同的方法组装完其他 3 个支架。

❻ 然后准备舵机延长臂，这里笔者没用原装的舵盘，为了组装方便，采用了铝合金舵盘。

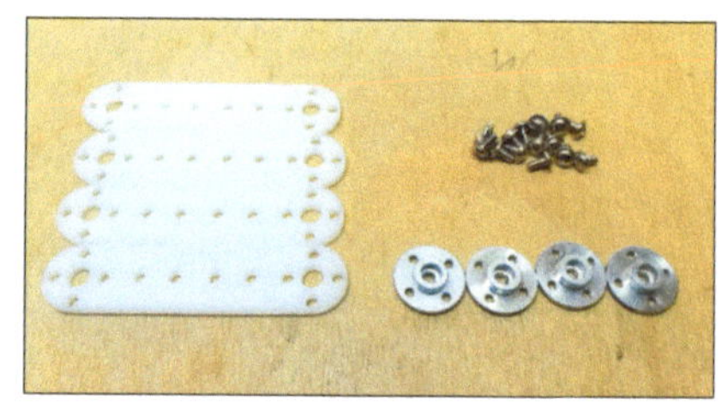

❼ 用带帽的 M3×6 螺丝将舵机延长臂和码盘固定在一起。

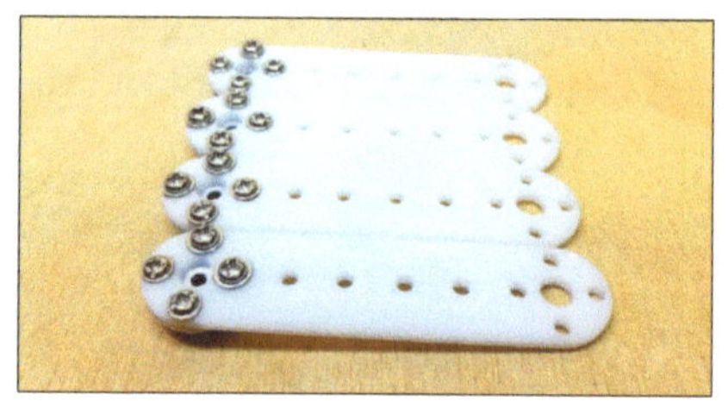

❽ 下面准备安装舵机，注意先将舵机的减振垫固定好。

❾ 用舵机测试仪将舵机的角度打到一侧，准备安装舵机延长臂的固定螺丝。

⑩ 装好后测试一下舵机延长臂的效果，没问题后将舵机用 4 个 M3×8 的螺丝和螺母固定在支架上。这个是用来控制腿部抬起动作的舵机 D。

⑪ 在之前 Demo 测试中发现，拉线不能直接固定在舵机延长臂上，比较容易缠线。笔者翻出了以前改造 LED 吸顶灯时剩下的 4 个磁吸小支柱作为拉线节点。

⑫ 还需要准备 4 个小线夹子，用于拉线引导和固定。

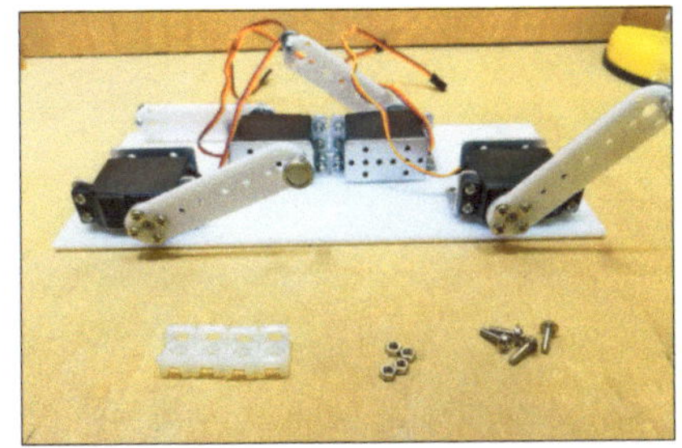

⑬ 其中上面两个用于配合控制腿部动作的导线槽，中间两个用来固定肩部。避免木偶晃动。

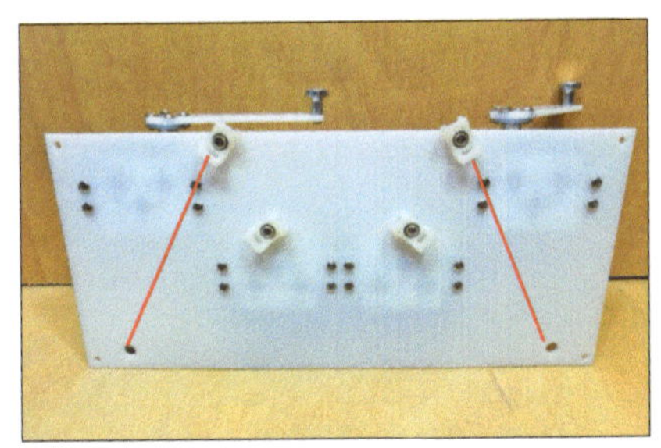

⑭ 穿完线的舵机坞效果如图所示。实际测试时发现前侧虽然采用了两个小支柱，实际拉线时依然会产生缠绕线的问题，效果很不理想，于是这里调整了一下，用铜柱做了延长。

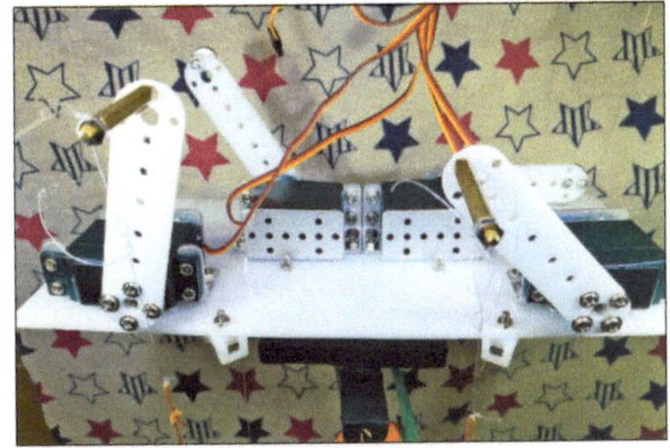

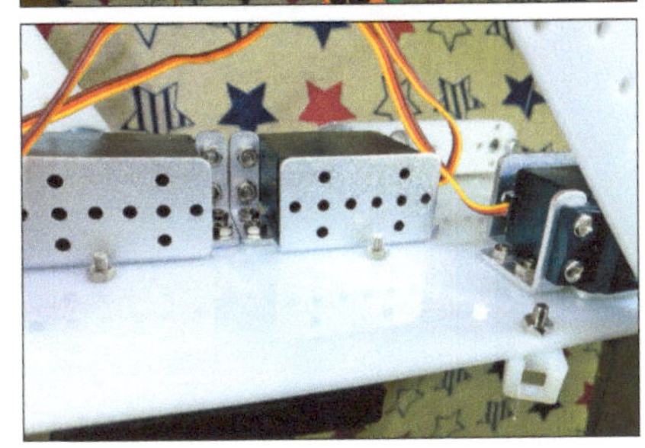

⑮ 最后完成匹诺曹与舵机坞的拉线调整。确定中后侧的两个舵机 C 和 D 在最低点时，匹诺曹的双脚是站立的。之前木偶的腿部拉线是固定在脚后跟的，这样动作时就像后蹬腿，感觉怪怪的。笔者做了个小调整，将拉线固定在膝关节处，这样动作时就像高抬腿跑步一样。

⑯ 匹诺曹的拉线固定如图所示，其中手部和头部的拉线是原装的，腿部是用无弹性的鱼线做的延长线。实际操作时，发现脑袋和身体晃动得比较厉害，因而在肩部增加了两根鱼线来辅助定位。

22.3 调试与优化

由于 36g 舵机体型比以往的辉胜 9g 舵机大了很多，为了稳妥起见，我用电流表测了一下其电流。每路舵机平均消耗 0.25A 的电流（见图 22.6），启动时的最大电流甚至能达到 0.3A，4 个舵机就是 1.2A。像这么大的电流，直接使用 Arduino 根本没法直接驱动。

如果使用扩展板的话，又涉及多路电源供电，比较麻烦。恰好笔者手头有一块 BOXZ 的一体化主控板，直接挂一块锂电池就可以使用了。这款主控板内部集成了最大 2A 的 5V 驱动，带 4 个大舵机或者 8 个 9g 小舵机都妥妥的，另外还有 4 路电机驱动和蓝牙通信模块便于后续拓展。只要把舵机直接连到 I/O 端口组就可以，笔者实际组装时又增加了 4 根舵机延长线以便布线（见图 22.7）。

代码部分也比较简单，在 setup() 初始化函数里对 4 个舵机的引脚进行定义，图 22.8 所示程序的功能是舵机 A 控制左手摆动一下，做出类似招手的动作。

主程序 loop() 负责控制 4 个舵机循环动作。这里的角度是 0° ~180°，但实际上我们的舵机动作区间是 0° ~60°，笔者巧妙地利用了舵机坞左右两侧舵机的镜像关系，当左腿抬起时，右腿正好反方向落下（见图 22.9），整个动作循环起来就像高抬腿跑

■ 图 22.6 测试电流

■ 图 22.7 用 BOXZ 主控板驱动舵机


```
// Pinocchio

#include <Servo.h>

// create servo object to control a servo
// a maximum of eight servo objects can be created
Servo myservoA;
Servo myservoB;
Servo myservoC;
Servo myservoD;

int pos = 0;    // variable to store the servo position

void setup()
{
  myservoA.attach(10);  // attaches the servo on pin 9 to the servo object
  myservoB.attach(11);
  myservoC.attach(12);
  myservoD.attach(13);

  //Hello
  for(pos = 0; pos < 180; pos += 1)  // goes from 0 degrees to 180 degrees
  {                                  // in steps of 1 degree
    // tell servo to go to position in variable 'pos'
    myservoA.write(pos);
    delay(15);                       // waits 15ms for the servo to reach the position
  }
  for(pos = 180; pos>=1; pos-=1)     // goes from 180 degrees to 0 degrees
  {
    // tell servo to go to position in variable 'pos'
    myservoA.write(pos);
    delay(15);                       // waits 15ms for the servo to reach the position
  }
}
```

■ 图 22.8 招手程序

步一样（见图 22.10）。

另外，笔者还用 Processing 做了一个上位机界面，方便控制和调整舵机角度（见图 22.11）。

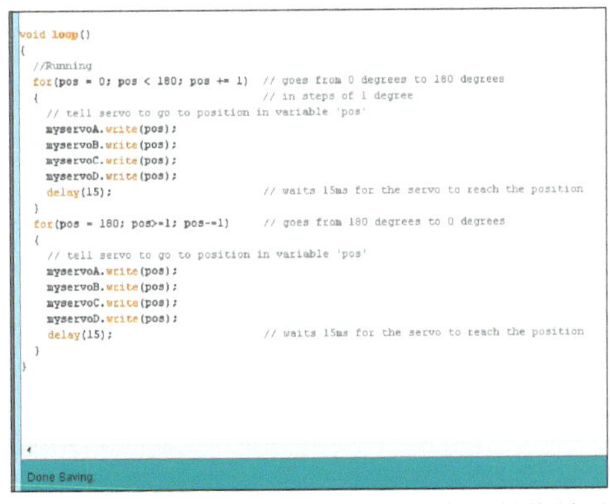

```
void loop()
{
  //Running
  for(pos = 0; pos < 180; pos += 1)  // goes from 0 degrees to 180 degrees
  {                                  // in steps of 1 degree
    // tell servo to go to position in variable 'pos'
    myservoA.write(pos);
    myservoB.write(pos);
    myservoC.write(pos);
    myservoD.write(pos);
    delay(15);                       // waits 15ms for the servo to reach the position
  }
  for(pos = 180; pos>=1; pos-=1)     // goes from 180 degrees to 0 degrees
  {
    // tell servo to go to position in variable 'pos'
    myservoA.write(pos);
    myservoB.write(pos);
    myservoC.write(pos);
    myservoD.write(pos);
    delay(15);                       // waits 15ms for the servo to reach the position
  }
}
```


■ 图 22.9 利用舵机坞左右两侧舵机的镜像关系编程

■ 图 22.10 高抬腿跑步

22.4 小结

笔者做的这款 Arduino 控制的匹诺曹，只有 4 个舵机，可以做一些简单的动作。如果增加更多的舵机进行关节控制，相信一定会做出更多、更复杂、更有意思的动作序列。根据相同的原理，可以通过

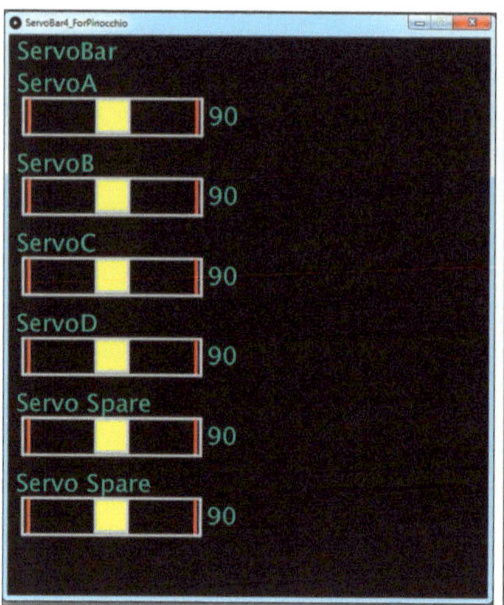

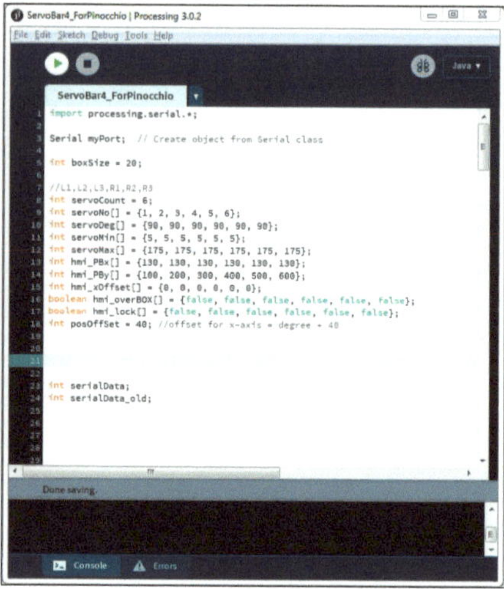

图 22.11　Processing 上位机界面

控制其他木偶，实现小时候看的木偶戏或者皮影戏里的那些效果。虽然相比那些技师用手操作的木偶，采用舵机控制的木偶的运动曲线非常有限，但让木偶进行一些基本动作的设定并让其循环执行还是蛮不错的。

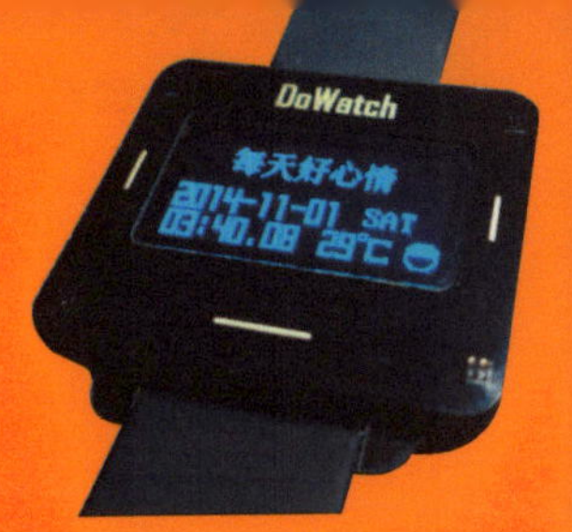

第 3 章

基于成品套件的制作

DIY 可穿戴式电子表

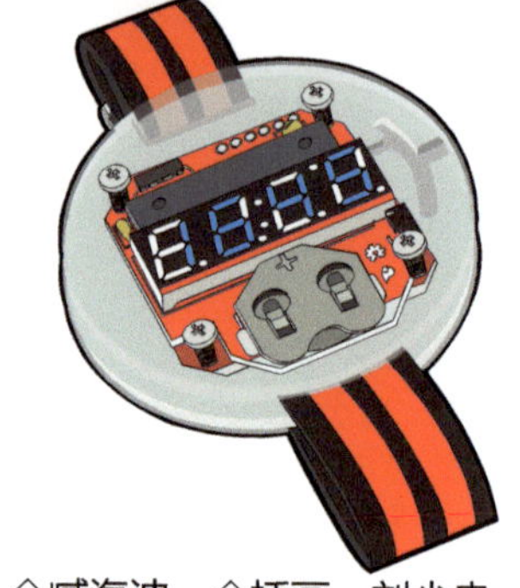

◇臧海波 ◇插画：刘少冉

天气一热起来，很多爱好者受温度和场地限制，不得不向轻量级转移。于是，音响换成了耳塞，XBox 换成了掌机，平时最喜欢用的焊台也换成了便携式烙铁。这次介绍的可穿戴式电子表就属于一个轻度 DIY 项目，只需要调动少量资源，占用一小块空间，利用碎片时间就可以完成。希望本文可以让你换个心情，在炎热的夏日里仍然体会到 DIY 所带来的乐趣。

23.1 BigTime

BigTime 是 Seeed Studio 为 Sparkfun 代工生产的一个开源电子表套件（见图 23.1），可以在 Sparkfun 的官方网站下载到包括软硬件和结构设计在内的全部资料。这是一块基于 Arduino 内核的电子表，最大亮点是它的便携性——玩家可以把它戴在手上。

图 23.1 BigTime 的包装盒

套件包含制作所需的全部材料（见表 23.1、图 23.2）。电路部分非常简单，只有不到 10 个零件，其实就是一个带有 Arduino 引导程序的 ATmega328 最小系统。为了照顾初学者，设计上没有使用贴片元件，单片机也是预编程的，通电就可以工作。结构部分是激光切割成型的，电路板安装在有机玻璃材质的表壳里，电子表可以通过尼龙表带佩戴在手上。

表 23.1 套件材料

1 片	预编程的 ATmega328 双列直插式单片机
1 个	4 位 7 段数码管
1 个	32.768kHz 晶体振荡器
1 个	10kΩ 电阻
2 个	0.1μF 电容
1 个	微动开关
1 个	20mm 纽扣电池卡子
1 片	PCB
1 个	20mm 纽扣电池
4 个	3mm 螺丝
4 个	3mm 螺纹嵌件
1 个	尼龙表带
4 片	有机玻璃表壳
1 本	说明书

■ 图 23.2 BigTime 套件包含的材料

23.2 组装

作为一个轻度 DIY 项目，组装这块电子表所需的工具非常简单（见图 23.3），我准备了两把便携式电烙铁，灰色的是充电式的，蓝色的使用 3 节 5 号电池供电。

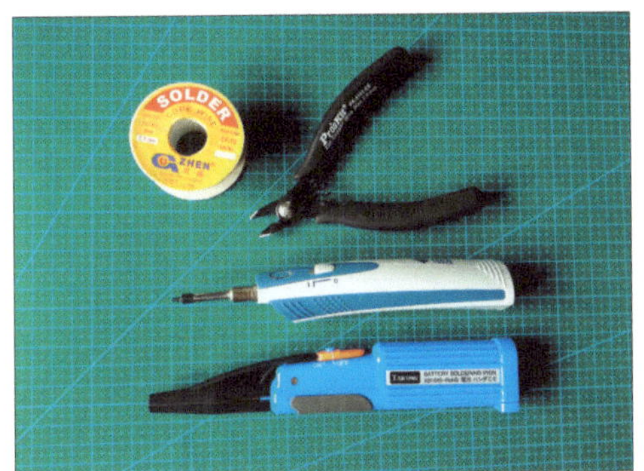

■ 图 23.3 组装所需的工具

如上面提到的，电路部分只有少数几个零件（见图 23.4），焊接过程不到 10min。需要注意的是，单片机第 1 脚是被剪掉的，1 脚对应的焊盘也是盲孔。这是因为受表壳高度所限，单片机没有配备插座，而是直接安装在电路板上，如果搞错了方向，焊好的芯片就很难拆除。1 脚的盲孔可以有效避免方向颠倒的问题。

这是我第一次使用便携式电烙铁，对这种不太常见的焊接工具的性能也没多大把握，正好借助这个项目做个测试。首选的是蓝色烙铁，我要看看 3 节普通的 5 号电池能不能满足日常焊接需要。

■ 图 23.4 准备组装 BigTime 电路板

这两把烙铁都是点按式加热的，按下开关，烙铁头便开始升温（见图 23.5）。以电池式的为例，大约经过 5s，就达到焊接所需的温度了。拿 28 脚（实际上是 27 脚，1 脚不用焊）的 ATmega328 来说，使用 0.8mm 锡丝，按下开关，一气呵成完成芯片的焊接，总共花了 40s，其间包括焊好一侧引脚，把 PCB 转个方向进行另一侧焊接所需的时间，焊接速度差不多是一个引脚用时 1s。焊接固定纽扣电池的卡子也没感到吃力，用烙铁头加热 3s，金属片就达到吃锡温度，焊点圆润（见图 23.6）。

图 23.5　工作中的电池式电烙铁

图 23.6　便携式电烙铁的焊接效果

总的来说，这把电烙铁给我的印象比预计的好——去掉了累赘的电源线，不用担心漏电的问题，把持部位（重心）也降低了，适合更精细地作业。事后查参数得知它的最高温度为 450℃，电池最长使用时间为 1h，换句话说，不换电池可以完成五六个这类电路板的焊接工作。虽然便携式电烙铁达不到焊台那么出色的温度控制能力和热效率，但是作为一件灵便的备用焊接工具还是绰绰有余的。

焊接完成的 PCB 如图 23.7 所示，注意单片机和数码管的安装方向。接下来准备组装结构部分，表壳分为 4 层（见图 23.8）。

图 23.7　焊接完成的 PCB

首先撕掉表壳底板表面的保护贴纸，然后把表带从表壳底板的过孔中穿过（见图 23.9）。中间两层用来容纳电路板和侧面按钮（见图 23.10），在电路板外面要套上两层有机玻璃模块，上面的按钮正好可以触动电路板上的微动开关（见图 23.11）。最后，摆放好最上面一层的表盖，用螺丝固定好，这块 DIY 的手表就组装完成了（见图 23.12）。

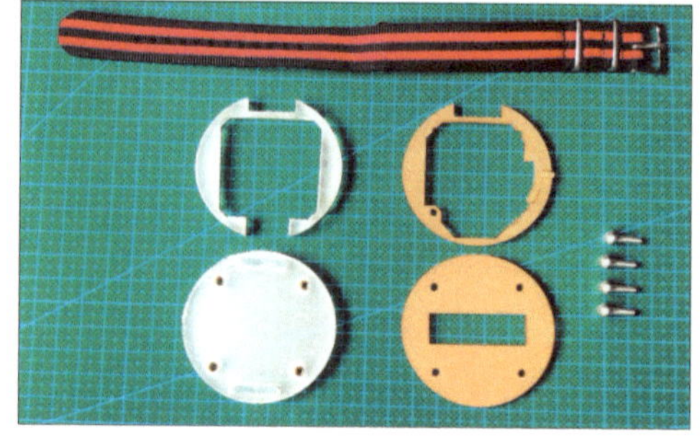

图 23.8　准备组装结构部分，表壳分为 4 层

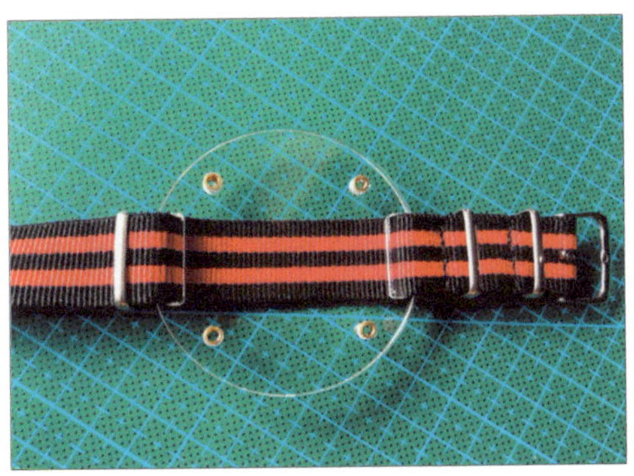

■ 图 23.9 表壳底板带有穿表带的过孔和螺丝嵌件

■ 图 23.10 中间两层用来容纳电路板和侧面按钮

■ 图 23.11 按钮与微动开关的配合细节

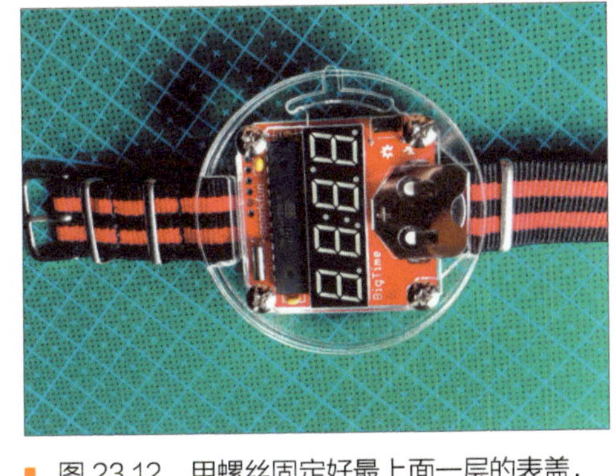

■ 图 23.12 用螺丝固定好最上面一层的表盖，组装完毕

23.3 使用

此时单片机处于睡眠模式，数码管为熄灭状态，按一下按钮唤醒单片机，屏幕点亮 2s，显示时间（见图 23.13）。套件提供的数码管是不太常见的蓝色的，配合透明外壳，点亮以后个性十足。如果只是组装和使用，现在就可以告一段落，享受自己的劳动成果了。这块电子表只有一个按钮，短按显示时间，长按进入校时模式。在校时模式下，长按可以快进向上校时，短按可以逐秒向上调整时间。

■ 图 23.13 电子表显示效果

BigTime之所以称为可穿戴式电子表，除了具备手表的外形和功能外，还有其值得称道的省电模式和按钮功能复用设计。作为一个开源项目，Sparkfun网站提供了BigTime的全部资料（电路图、PCB、结构设计和源代码，见https://www.sparkfun.com/products/11734），软件部分具有很高的参考价值。

仔细阅读主程序BigTime.ino中的注释，可以发现不少有趣的东西。设计师Nathan Seidle对程序的定位是一个Beerware（啤酒软件）。顾名思义，就是说你可以自由使用这个软件，如果某天遇到设计师本人，要请他喝上一杯。程序开头部分以报告形式记录了作者为降低电路功耗所做的努力，包括选择合适的内部振荡频率、禁用timer0、关闭BOD、延长单片机的唤醒间隔等。最终结果是这块电子表在待机状态下消耗的电流仅为1.2μA，如果每小时查看一次时间（数码管点亮2s，消耗电流13mA），使用一块容量为200mAh的标准CR2032型纽扣电池，理论上可以连续工作2.7年！

最后，我发现程序里还隐藏了一个“彩蛋”，它使你可以连按两次按钮激活米奇・奥特曼（Mitch Altman）开发的一段搞怪代码——TV-B-Gone（电视滚蛋）。这段代码可以在瞬间发送上百条编码指令，兼容大多数品牌和型号的电视机，一次性关闭身边的所有电视！当然，为了挖出这个彩蛋也要费一番周折，你需要准备一个FTDI的USB转串口模块，重新对电子表编程，并在Arduino芯片的数字3脚（单片机第5脚）与地之间连接一个红外发射二极管。

软件带来的另一个好处是大幅度减少了硬件数量，降低了制作成本，简化了结构部分的设计难度。比如，单片机与数码管做成了直连的形式，去掉了常用的限流电阻，按钮数量也缩减到了一个。这部分内容就请读者自己去源代码中挖掘吧。

23.4　心得

DIY的最高境界是把简单的东西做好。业余条件下资源有限，不妨多花一些心思挖掘每个元器件的潜力，尤其是可编程器件的潜力。因为软件可以做到很灵活，可扩展的余地也非常大，一块普普通通的8位单片机就可以让你玩得很欢乐。好的设计加上现在逐渐流行起来的代工厂家，即使是个人也可以过把产品开发的瘾，你所担心的将不是成本，而是技术与想象力。

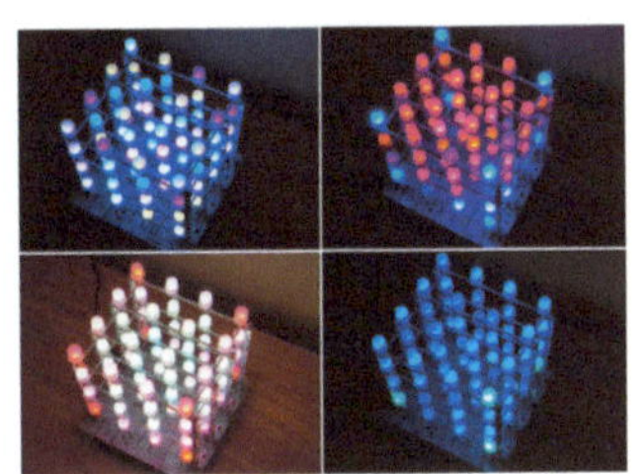

24 我的第一个光立方——彩虹魔方

◇臧海波

如果你想应用电子技术做出梦幻般的光影效果，成本不能太高，制作又要相对简单，光立方将是一个不错的选择。

以 LED 为发光体，以 8 位单片机为控制器组成的光立方是常见的形式。改变 LED 的数量和布局，可以变换出五花八门的玩法。光立方从出现到在爱好者间流行起来，早已经过了两三年时间，之所以现在才完成第一个作品，主要归因于我的懒惰——每次想到要面对成百上千的焊点还有结构上的问题，就知难而退了。

Seeed Studio 推出的彩虹魔方（Rainbow Cube）正好符合我的要求，小巧精致，工作量又不大，这次就拿它下手了。彩虹魔方在结构上是一个标准的 4×4×4 光立方，由 64 个 LED 构成。因为用上了彩色 LED，使得这个光立方虽然在建造规模上比较迷你，但出来的效果并不会显得过于单调。

彩虹魔方套件所包含的材料如图 24.1 和表 24.1 所示。注意这个套件的显示部分和控制部分是分开的，为了点亮魔方，还需要准备一块如图 24.2 所示的 Rainbowduino 控制板，这是一块专门设计用来驱动 RGB LED 的 Arduino 兼容电路板。这块控制板的另一个特点是具有可扩展性，可以把多块 Rainbowduino 级联起来，实现不同的应用。

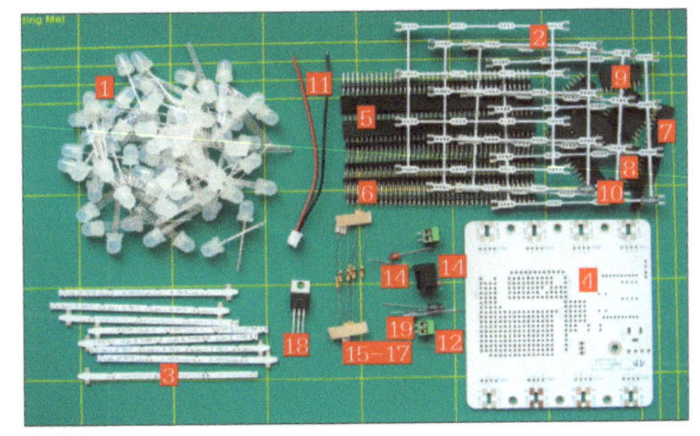

图 24.1　彩虹魔方套件

表 24.1　套件材料清单

1	8mm RGB LED	70 个
2	PCB 分层板	4 片
3	PCB 立柱	8 个（编号 A、B，各 4 个），
4	PCB 底板	1 片
5	2.54mm 40 引脚排座	2 条
6	2.54mm 40 引脚排针	5 条
7	2.54mm 16 引脚排座	3 条
8	2.0mm 10 引脚排座	2 条（ 供 XBee 模块使用）
9	2.54mm 8 引脚排座	5 条
10	2.54mm 2×3 引脚排座	1 个
11	JST 接口红黑电源线	1 根
12	3.5mm 2 位接线柱（绿色）	2 个
13	3.5mm 电源插座	1 个
14	3mm LED	红、绿各 1 个
15	1kΩ、1/8W 电阻	4 个

续表

16	10kΩ、1/8W 电阻	1 个
17	15kΩ、1/8W 电阻	1 个
18	稳压芯片	1 个
19	10μF、16V 电解电容	2 个
20	Rainbowduino 控制板	1 块

每个共阳型 RGB LED 有 4 个引脚，由此可以计算出 64 个 LED 的焊接量是 256 个焊点，加上周边的阻容元件，整个模块的焊点不超过 300 个。从电路硬件的角度来看，这可能是我组装过的最复杂的作品了。

图 24.2　以 Arduino 为核心的 Rainbowduino 控制板，包含 3 组 RGB 驱动输出

之所以这么说，是因为熟悉笔者风格的朋友们会发现，在我制作的一系列机器人和单片机项目中，焊接的部分是逐渐缩减的。尤其是最近玩的智能小车，只需要在模块组合的基础上用焊接方式处理好几个接口就可以了。其中一部分原因是有意为之（前面提到了，本人比较懒），另一部分原因是大势所趋——当你的技术熟练到一定程度以后，制作的重点会不自觉地从硬件转移到软件，因为软件可以给你的作品带来更多可能性，实现起来成本也会更低。

24.1　彩虹魔方的制作

❶ 下面开始制作魔方部分。彩虹魔方的设计非常巧妙，PCB 既起到电路连接作用，又兼顾结构，这就避免了手工焊接过程中因 LED 排列不齐而影响美观的问题。魔方有 4 层发光板，每层包含 4×4 个 LED，焊接在一片镂空的 PCB 上（见图 24.3）。

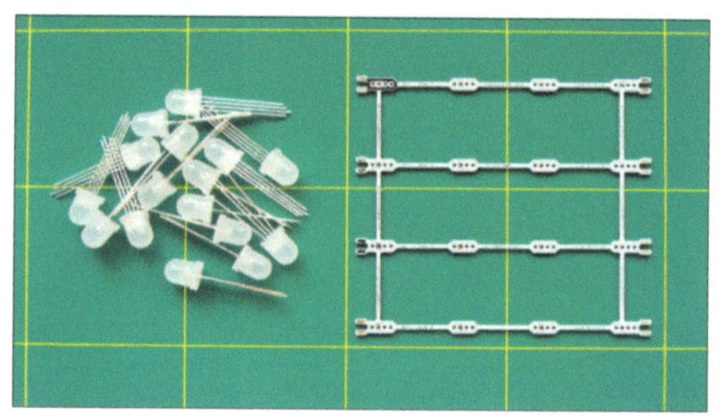

图 24.3　准备焊接第一层 LED

❷ 剩下的就是插板焊接了，图 24.4 所示是焊接好的 2 层发光板。这种形式的另一个好处是损坏的LED替换起来很方便。试想一个手工搭焊的 8×8×8 的光立方，如果运气不佳，中央部位的 LED 坏了 1 个，维修工作将是个噩梦。

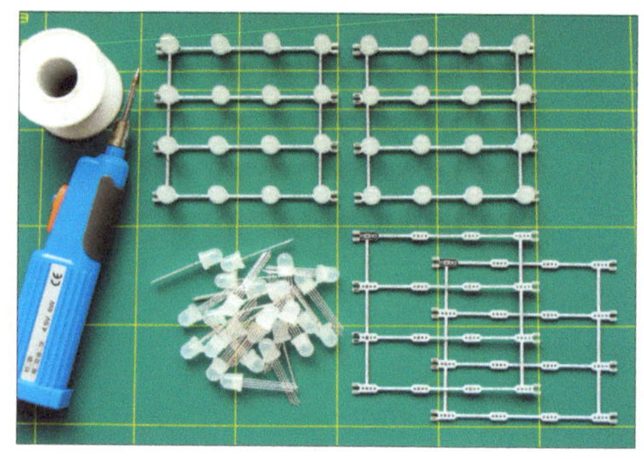

图 24.4　焊接好 2 层发光板

❸ 焊接过程单调重复，窗明几净的环境和称手的工具可以给制作带来不小的帮助（见图 24.5）。毕竟我们是为了乐趣而 DIY 呀，每个环节都应该力求完美。

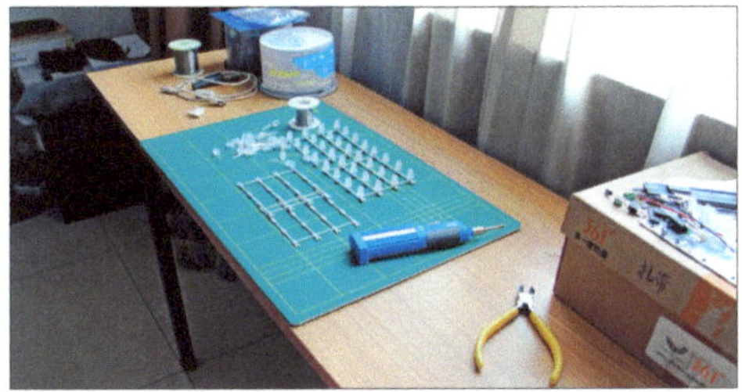

图 24.5 笔者的新工作台

❹ 焊好 4 层 LED 发光板以后，接着焊接魔方底座的一块大板（见图 24.6）。

注意元器件在底座上的焊接方向，全部位于大板下方，发光板安装在上方（见图 24.7）。大板上包含一组稳压电源，预留了 XBee 插座，用户可以通过无线连接，用 PC 或安卓手机控制魔方。

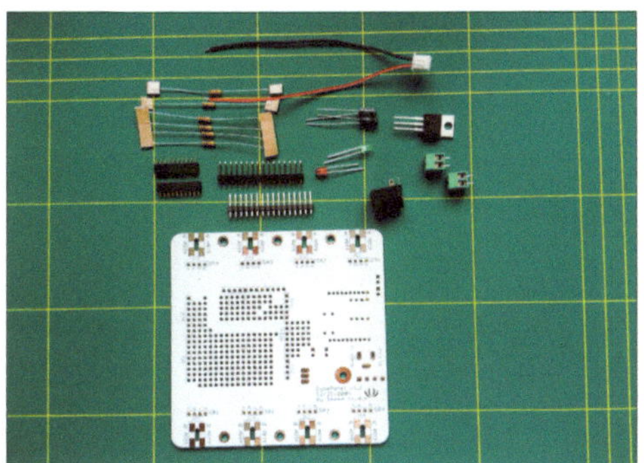

图 24.6 准备焊接魔方底座

图 24.7 焊接好的底座，注意所有元器件全部安装在背面

❺ 然后用 8 个立柱把魔方一层一层架起来放在底座上，整个工作有点像在桌子上搭一座大楼的钢结构。立柱、发光板和大板的连接部位都印有方向标示，只要对号入座并焊接妥当就可以了（见图 24.8）。

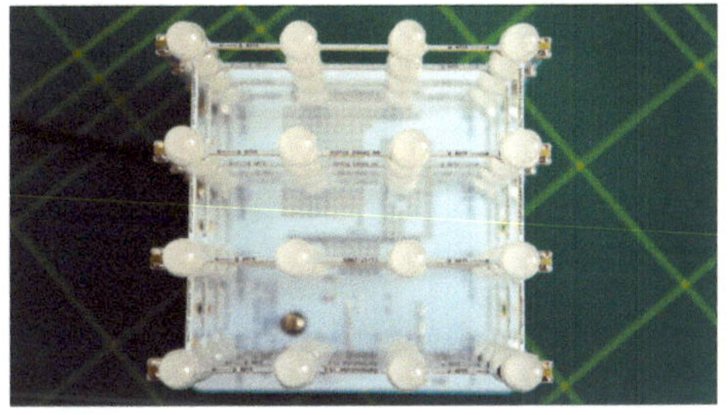

图 24.8 焊接完成的魔方，俯视图

❻ 最后关键的一步，短路掉 8 个立柱上的个别焊点，具体位置请参照套件的说明书，图 24.9 红圈所示为魔方 A 侧 4 个立柱的短路点。

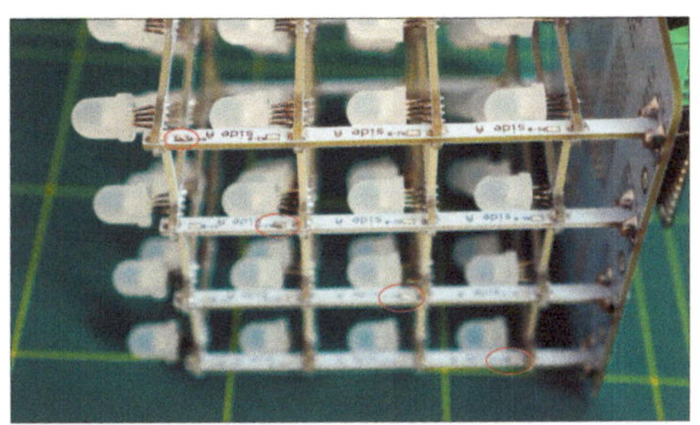

图 24.9 A 侧立柱短路点所在的位置，如红圈所示

24.2 软件玩法

接下来就可以进入好玩的软件部分了。我使用的 Arduino IDE 版本为 1.5.6- r2，操作系统为 Windows 7。Rainbowduino 控制板的库文件为 Rainbowduino_for_Arduino1.0，下载地址见 Seeed Studio 官网。

把 Rainbowduino 和魔方连接好，注意方向不要弄错（见图 24.10）。控制板里预先上传了一段演示程序，通电以后就可以观赏彩虹变换的效果，我拍了一组照片，如图 24.11 所示。

■ 图 24.10　魔方底部的控制板，注意安装方向

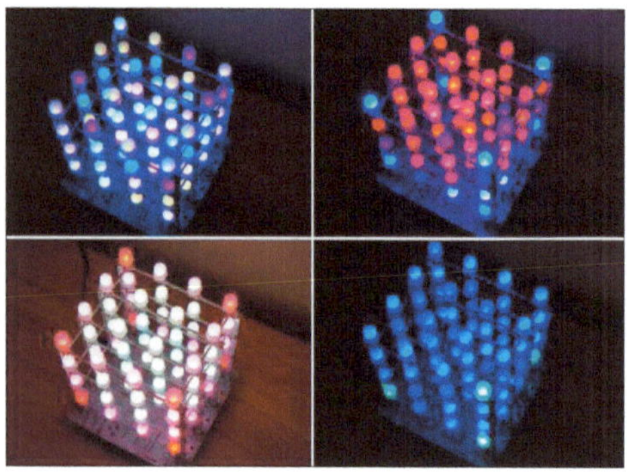

■ 图 24.11　点亮彩虹魔方

Rainbowduino 设计用来驱动 1 个 8×8 的共阳型 RGB LED 阵列或一个 4×4×4 的彩色光立方。彩虹魔方可以展开为 1 个大的 8×8 LED 阵列或 4 组小的 4×4 LED 阵列，用 2D 的方式定位 LED。更好的方法是直接用 3D 定位，我喜欢 3D 的方式，这样程序编写起来更为直观。LED 的 3D 坐标如图 24.12 所示。

■ 图 24.12　LED 的 3D 坐标

有了坐标，就可以精确地对彩虹魔方上的 64 个 LED 进行控制了。比如，图 24.12 中从下往上 4 层发光板每一层的 Z 坐标依次为 0、1、2、3。原点位置 LED 的坐标为（0，0，0），左侧最高处 LED 的坐标为（3，0，3），右侧最高处 LED 的坐标为（0，3，3）。用程序让这 3 个 LED 分别显示红、绿、蓝，可以这样写。

```
#include <Rainbowduino.h>
// 导入 Rainbowduino 库
void setup()
{
  Rb.init(); //Rainbowduino 初始化
}
void loop() // 主程序。
{
  // 设定（0，0，0）点为红色，注意在这个系统中坐标的顺序为 Z、X、Y
  Rb.setPixelZXY(0,0,0,0xFF0000);
  // 采用 24bit RGB 颜色编码，见下文说明
  // 设定（3，3，0）点为绿色
  Rb.setPixelZXY(3,3,0,0x00FF00);
  // 设定（3，0，3）点为蓝色
  Rb.setPixelZXY(3,0,3,0x0000FF);
}
```

这里用到的颜色编码是以 16 进制的形式表示的，很多不熟悉计算机原理的读者会对 0xFF0000 这样的编码不太适应，其实理解起来并不难。RGB 指的是 R（红）、G（绿）、B（蓝）3 色不同分量的相加混合，每个颜色的数值范围用十进制表示为 0~255，根据排列组合原理可以得出 256×256×256，即 1600 万种不同的颜色组合，你可以在无数个应用软件的颜色编辑工具里看到这 3 组 RGB 数值（见图 24.13）。而数据在计算机中最终是以二进制的形式存在的，尤其是像单片机这样资源有限的系统，直接对底层数据操作可以提高程序的运行效率。但是二进制数太长了，如果使用 00000000~11111111 这种表示方式，眼睛都要看花了。16 进制可以很好地解决这个问题，每个颜色从 00~FF 占用 8bit，RGB 三色一共占用 24bit，简单明了。

如此一来，程序中的定位和颜色语句就不难理解了。举例分析下面这句：

```
Rb.setPixelZXY(3,0,3,0x0000FF);
```

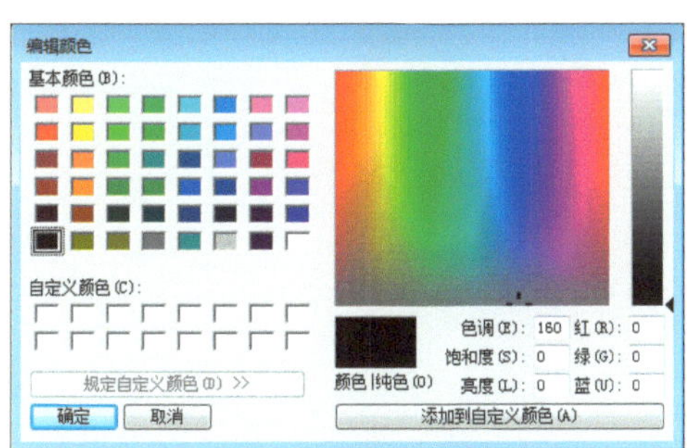

图 24.13　画图软件中的颜色编辑

这一行开头的 Rb.setPixelZXY 指的是定义一个 LED 的坐标，3 个轴向按 *Z*、*X*、*Y* 排序。括号中的前 3 个数值 3、0、3 指的是坐标，*Z*=3，*X*=0，*Y*=3；后面是一个表示颜色的参数 0x0000FF，0x 表示这是一个 16 进制数，接下来每两位表示一个颜色分量，R（红）=00，G（绿）=00，B（蓝）=FF。同理，可以让彩虹魔方发出五彩缤纷的色彩，比如 0x3299CC（即十进制的 R=50，G=153，B=204，天蓝色），0x00FF7F（春绿色），0xDB70DB（淡紫色）等。

程序编译上传以后的显示效果如图 24.14 所示。

剩下就是 for 语句大显神通的时候了，只要灵活运用算法，就可以做出非常炫的渐变、扩散和图形效果。比如实现一个逐行渐进的跑马灯效果，要求每个点亮的 LED 随机显示一种颜色，主程序可以这样写。

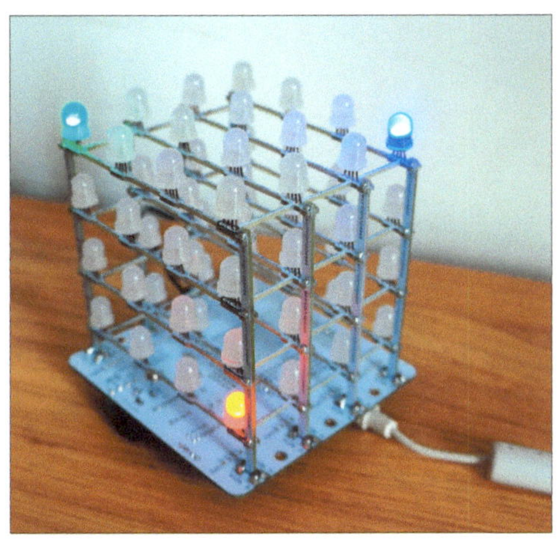

图 24.14　3D 定位和颜色测试效果

```
void loop()   //逐行渐进跑马灯
{
  //让 Z、X、Y 依次递增
  for(z=0;z<4;z++)
  {
    for(y=0;y<4;y++)
    {
      for(x=0;x<4;x++)
      {
```

```
        Rb.setPixelZXY(z,x,y,random(0xFFFFFF));
        //定位LED并用random( )函数随机产生24bit RGB色彩
        delay(250); //延迟250ms
      }
    }
  }
  Rb.blankDisplay();
  //熄灯刷新。如果注销这句，全部LED点亮以后只变换颜色，不再熄灭
}
```

也可以采用2D定位LED的方式或者十进制RGB编码，比如Rainbowduino库里带的PlasmaMatrix.ino实例就是把魔方展开为2D进行运算，用*X*、*Y*坐标和十进制数组定义LED属性的。库里提供了很多演示程序可供参考，这部分就留给读者自己去探索吧。

这个彩虹魔方的最大特点——也代表了很多Arduino高级应用的特点，就是封装了大部分函数和底层硬件，相当于把一个理科问题变成了单纯的数学问题，设计师或玩家面对的是一个数学模型而不是一块芯片，使你可以抛开传统的单片机开发模式，用计算的方式实现多种互动和图形应用。实际上我感觉给Arduino编程越来越像是在PC上写应用程序了。

激光投影键盘

◇臧海波

时下各种科技新名词层出不穷，与电子制作爱好密切相关的非“创客（Maker）”一词莫属。什么是创客呢？创客大多具备一定的机械电子学背景，但又不是单纯的技术控；精通程序设计，但又并不总是依赖编程；既有想法，又会做工程；喜欢追求与众不同的个性（其实相当一部分创客并不喜欢被称为创客，这个词太中性了，黑客多拉风啊！）。创客并没有标准的定义，不同的人有不同的理解，与其费尽心思地下定义，不如用实际的作品来说话，下面就以一个充满了创客元素的精彩之作——激光投影键盘的组装实例来直观地给出答案吧。

25.1 激光投影键盘

《无线电》杂志 2012 年 9 月和 10 月连续刊登了 RoboPeak 团队的陈士凯发表的《低成本激光投影键盘自制攻略》一文。这个激光投影键盘的设计非常有特点，只用到了 3 个器件：红外摄像头、键盘投射器和一字激光器。键盘投射器和一字激光器是独立工作的，只起到位置标定的作用；红外摄像头和程序绑定，采集到的信号先发送给计算机，再由程序根据三角测距原理计算出手指坐标，坐标对应着键盘的按键。这 3 个器件在市场上均可以买到成品，只要把它们按照一定的角度和位置固定好，再编写一个可以识别机器视野的人机交互程序就可以了。这个设计值得称道的地方是用有限的硬件实现了丰富的功能，这个光电系统支持多个按键的键盘事件输入、组合键和输入法，支持多点触摸并具有压力感应。降低硬件成本，以软件提升硬件的做法是当今电子产品的一大趋势。

如果故事就到此为止，那么它只能算是一个技术达人的 DIY 作品，而前面提到的这些特点说明这个设计具有非常大的潜力，应该可以走得更远。果不其然，这个想法在一年以后得到了印证，且变化之大超出了我的想象。

25.2 从设计到产品

时隔一年，我拿到了 RoboPeak 团队产品化的激光投影键盘套件，它同样非常有特点。首先是设计和生产完全分开，RoboPeak 团队只负责研发，DFRobot 完成后续的生产和销售。其次是生产中用到了许多时髦的新工艺：3D 打印、激光切割和 PCB 订制。最后是软件遵循 LGPL 开源授权协议（可以商业化销售，但是不能封闭源代码），产品走的是国际化路线。

❶ 产品外包装，一个字典大小的纸盒子，颜色是明快的橘红色。

❷ 激光投影键盘的全部零件，关键电子元器件使用的是独立的防静电包装。4 块白色厚板材是激光切割成型的零件，3 个小结构件（黄、橘红、绿色的）为 3D 打印成型，详见后面的组装照片。

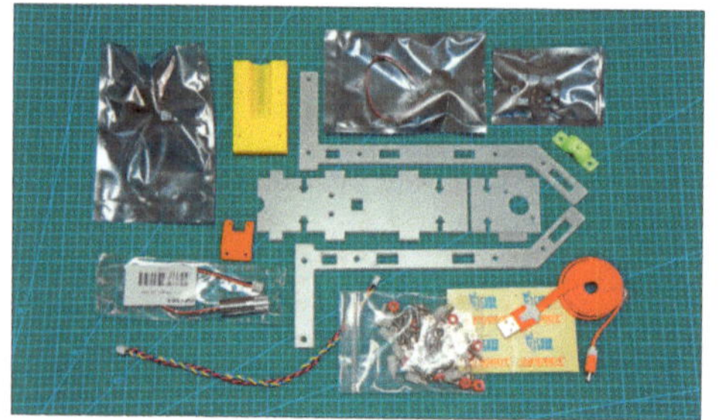

❸ 剪开包装袋，从左往右依次为：红外摄像头、转接板、键盘投射器和一字激光器。红外摄像头通过转接板上面的 USB 接口连接至电脑，转接板负责键盘投射器和一字激光器的供电。套件的电子部分只有这 4 个元器件，其余均为连接线和结构件。

25.3 套件组装

这个套件的组装不需要使用电烙铁，只涉及结构搭建和系统调试。

需要用到的工具：

六角螺丝刀或六角扳手

十字螺丝刀

剪刀，雕刻刀

M3 丝攻套装（可选）

螺丝胶（可选）

❶ 组装工具。现在很多套件都用上了高品质的内六角螺丝，建议手边常备一把六角螺丝刀（图中的红把工具），手感比常见的 L 形六角扳手好许多，适合组装比较精密的结构。

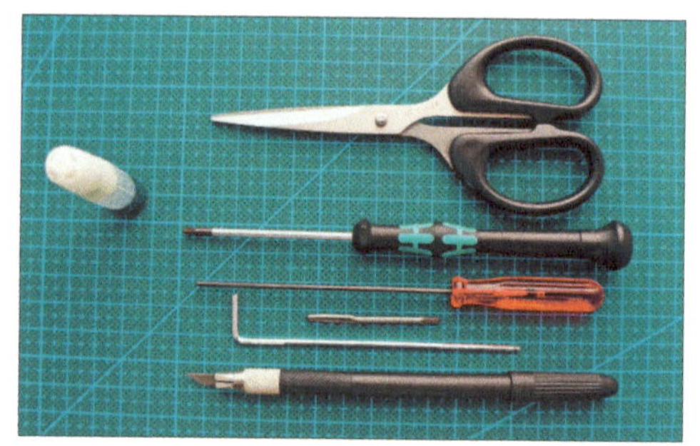

❷ 激光投影键盘的结构是一个大写的 L，下面开始从上往下组装。红外摄像头带有一个小镜头盖，需要先把它取下来。把镜头从激光切割成型的小块板材后面穿过来，电路板和板材之间以尼龙柱间隔，用两套 M3 螺丝、螺母把它们固定好。

❸ 右图所示为组装好的红外摄像头组件（正面）。

❹ 这是红外摄像头组件的反面，注意安装方向，电路板接口在右侧。

❺ 键盘投射器组件比较简单，只要把键盘投射器卡在 3D 打印成型的橘红色结构件的凹槽里，拧上两个 M2 自攻螺丝就可以了。

❻ 图示为组装好的键盘投射器，注意安装方向。

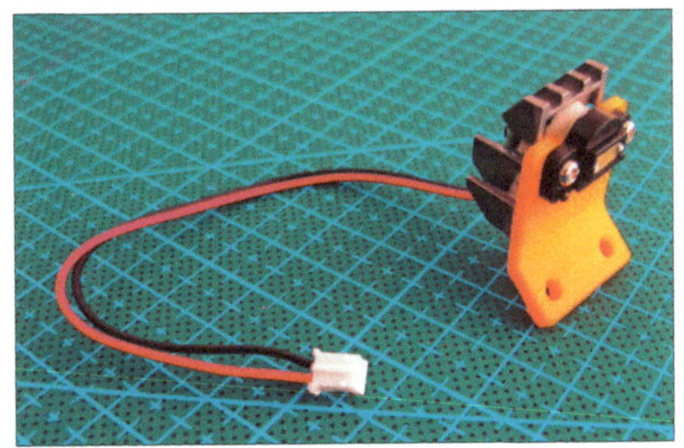

❼ 一字激光器和转接板固定在黄色的底盘上，转接板用螺丝固定，一字激光器通过绿色的 Ω 形“骑马夹”固定。底盘和骑马夹都是 3D 打印成型的结构件，读者在这里可以体会到 3D 打印为原型机开发带来的便利。3D 打印给我的最初印象是可以打印花哨的立体模型，随着对这项技术的了解，对它的期待也越来越多。其实，3D 打印并不是什么新兴技术，它的普及可以说和创客群体的推动是分不开的，这个套件里面的结构件就是一个很好的例证：颜色鲜艳、可塑性好、材料强度满足设计要求、生产周期短。

❽ 图示为组装好的底盘，骑马夹顶部的螺丝起到压制一字激光器的作用，便于调整。

⑨ 接下来组装主体结构。先把剩下的3大块激光切割板材和镜头组件组装在一起。板材边沿设计有榫头，拼插好后，用螺丝固定。

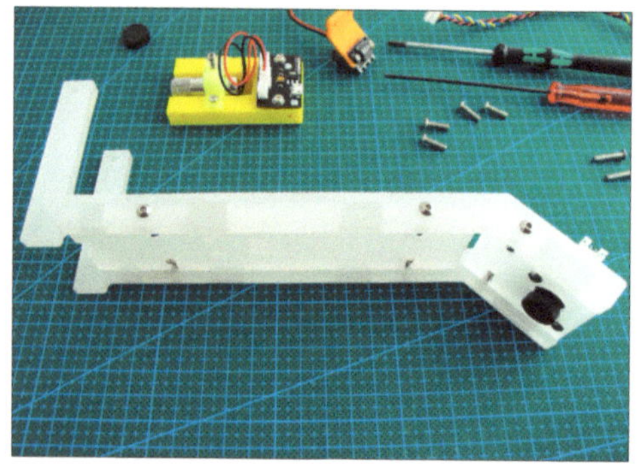

⑩ 从这里可以看到螺丝、板材缺口和螺母的配合方式。

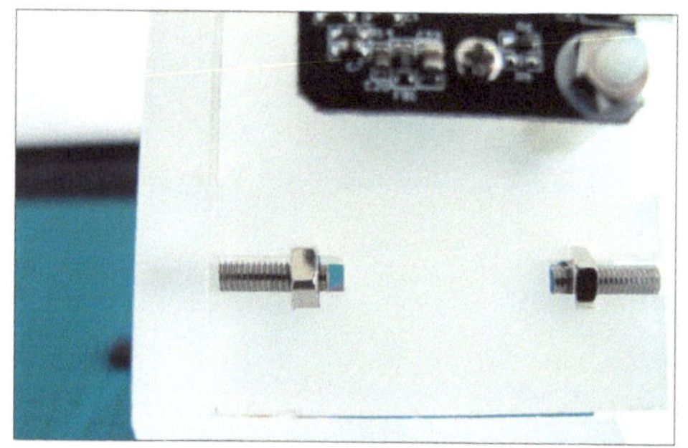

⑪ 接下来安装键盘投影组件，用两套M3螺丝、螺母把组件固定在主体结构的中间位置，连线穿过方孔甩到后面。

⑫ 最后一步是组装底盘和连线。这个套件连线非常简单，采取防呆式设计，每个器件的插头、插座规格都不一样且有方向限制，把它们对号入座就可以了。

⑬ 注意一字激光器有水平方向上的要求（镜头波纹尽量与水平面垂直），并且这个器件发射的是肉眼不可见的红外激光，需通过软件观察、调整，骑马夹顶部的压制螺丝先不用拧紧。

⑭ 至此，激光投影键盘就组装完成了，下面是几个不同角度的照片，供参考。

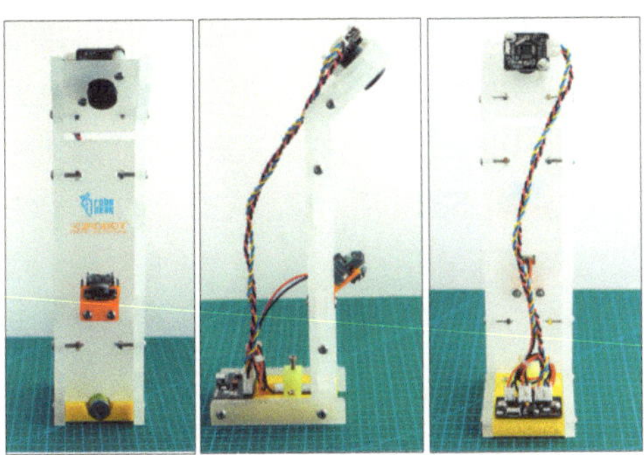

⑮ 图示为工作中的激光投影键盘（由于我的台面是玻璃的，照片看起来有少许变形）。

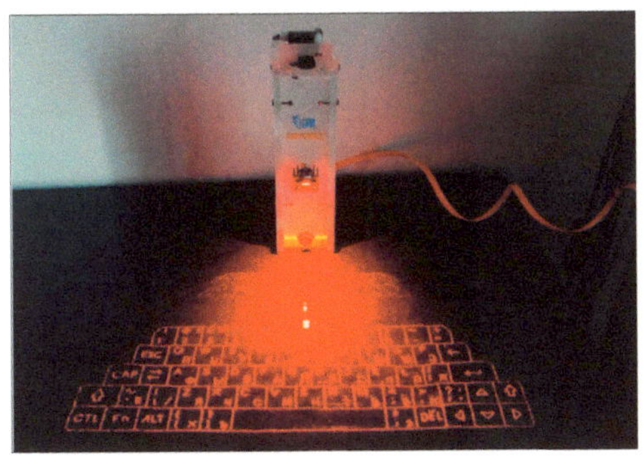

25.4 软件使用

这个键盘支持 Windows 和 Mac OS 操作系统，在正常工作之前需要进行简单的校准。建议读者先回过头阅读一遍作者在 2012 年发表的文章，熟悉一下原理和设计思路，作者在文章的结尾部分还提出了几个升级改造的想法。

❶ 去 RoboPeak 或 DFRobot 网站下载与自己操作系统相对应的信号处理软件，这是一个绿色软件，可以直接运行。出现启动画面以后，程序会弹出一个摄像头选择窗口，选中和投影键盘对应的红外摄像头——Vimicro USB Camera(Altair)。

❷ 进入程序的主界面，第一次运行会默认进入校准模式（以后可以选择右上角的圆规图标随时进行校准）。主界面有 4 个窗口，先看上面两个。图片左边是红外摄像头采集的原始数据，右边是程序生成的坐标，非常直观。这里需要对硬件进行一定调整，按照我的体会，红外摄像头和键盘投影组件不需要做太大调整，重要的是对一字激光器的位置和焦距的调整。RoboPeak 团队为这个项目制作了详细的文档，包括中英文组装和调试说明（非常国际范儿）、不同操作系统下的软件以及源代码。

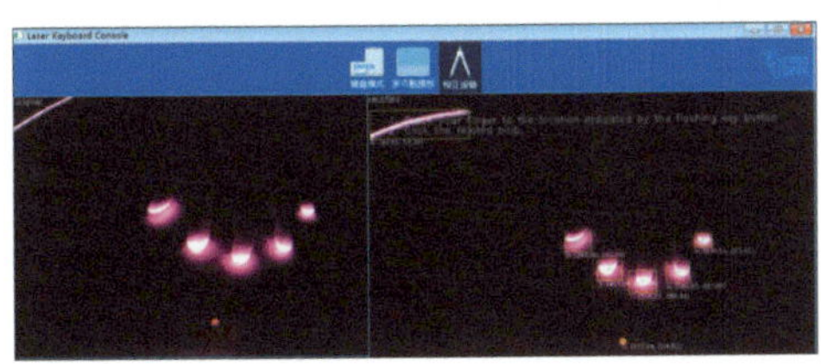

❸ 硬件调整好以后，下面的过程就非常简单了，只需按照右下角虚拟键盘的提示按下投影键盘上的“按键”，并用鼠标单击右上角的坐标确认手指动作就可以了。程序会提供几个按键让你确认，校准完成后会自动进入键盘模式，激光投影键盘的用法

和外接 USB 键盘一样。

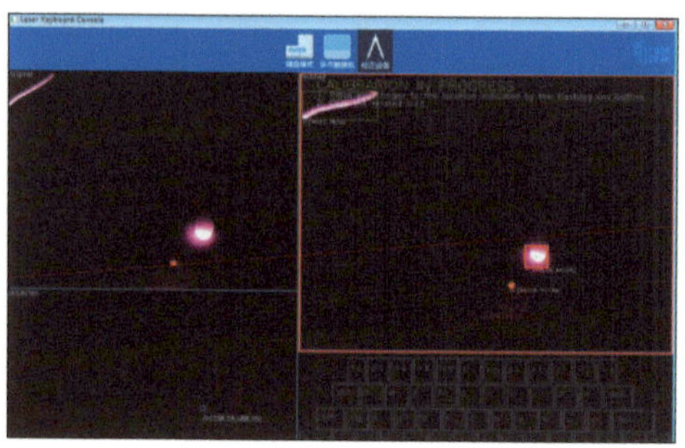

❹ 单击多功能触摸板，会弹出一个绘图窗口，可以用手指在光学键盘区域滑动作画，单击鼠标右键可以清屏。这是个附加功能。

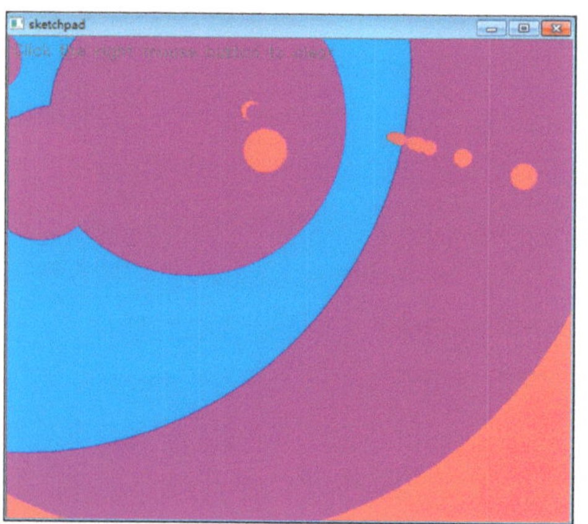

25.5 感想

从最初的拿起烙铁焊接电路，到自己制作硬件设备，再到编写程序拉近人与机器的距离，技术手段和设计思路的创新，把电子爱好者从业余玩家锤炼成了具有产品设计能力的创客。RoboPeak 团队推出的这个作品就是一个极好的例子。随着 DFRobot 和 Seeed Studio 这类具有生产能力的制造商的出现和 3D 打印、激光切割这类快速成型技术的普及，前店后厂的小作坊经营模式也会逐渐打破，以个人或团队为单位的创客会更倾向于把设计打包交给制造商生产的方式。到那个时候，通宵达旦地在凌乱的工作台前摆弄电烙铁和万用表的场景将会成为一个永久的回忆。

自己组装 3D 数码相机

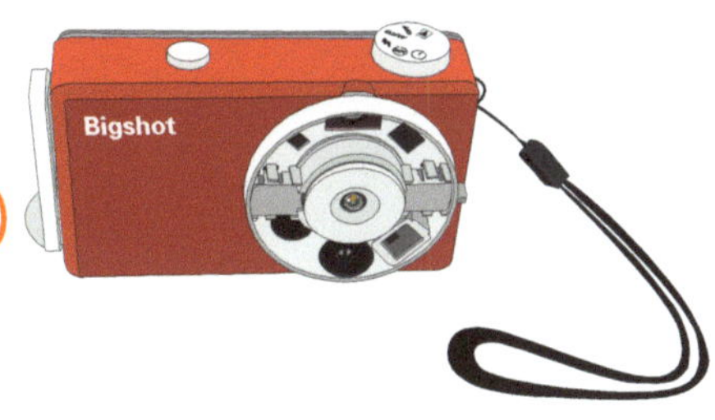

◇臧海波 ◇插画：刘少冉

3D 成像技术自问世以来，给人的印象是既神奇又高端，平时似乎除了 3D 电影和一些业内展览，大家很难近距离接触到。按照创客的原则，了解一个产品最好的办法就是自己动手制作一个。本文将带你组装一台可以拍摄 3D 照片的数码相机，并通过这个过程，直观地介绍 3D 成像技术的原理。

26.1 3D 相机的组装

这次组装的相机名为 Bigshot，是一款专门为 DIY 设计的套件，其中最大的亮点就是题目所说的 3D 拍照功能（性能参数见表 26.1）。打开包装盒的第一印象是 Bigshot 的完成度很高，相机各个部位的零件都做了编号，分类非常清晰。

表 26.1 性能参数

感光元件	300 万像素
照片分辨率	2048 像素 ×1536 像素
存储空间	128MB(约 140 张 JPEG 照片）
镜头	普通、广角、3D
拍照模式	自动、闪光、不闪光、定时自拍
闪光灯	1W LED
显示屏	1/4 英寸
电池	锂电池（手摇充电）
接口	USB 2.0

❶ 充满了科技和手工色彩的相机包装盒。

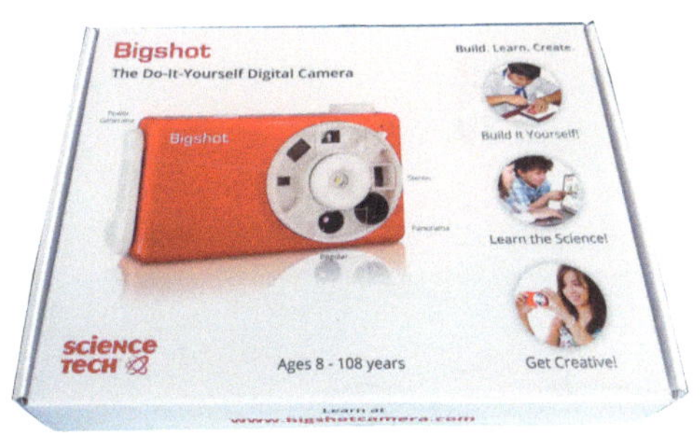

❷ 零件摆放有序，配合编号和图示，使人一目了然。

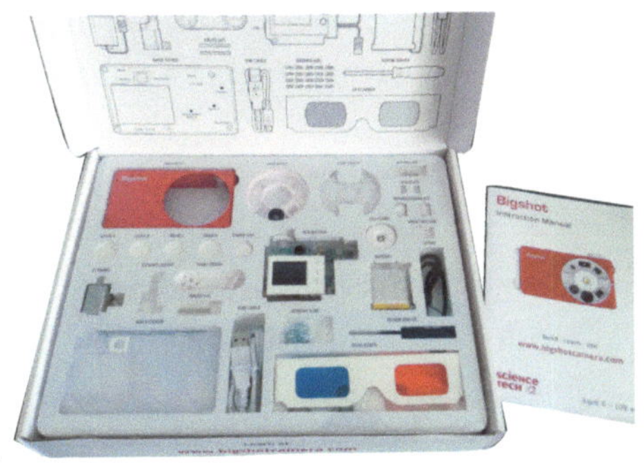

❸ 首先组装相机的手摇发电机。手摇发电是这台相机的另一特色，有了这个功能，就不用担心出现电池没电的情况了。按照说明书里面给出的数据，摇动手柄 40 下可以拍摄 6~8 张照片。

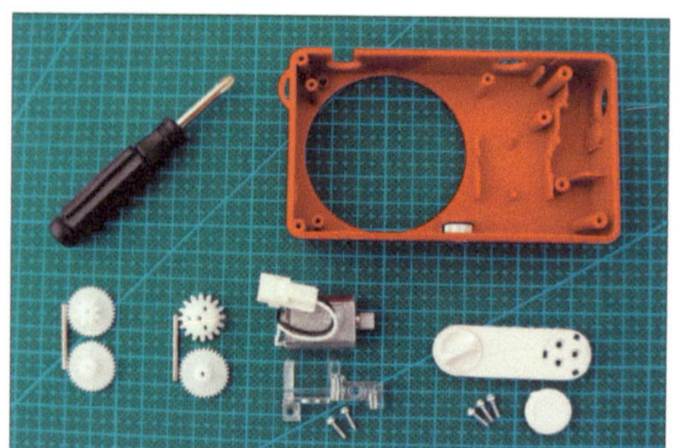

4 相机结构部分采用的是螺丝紧固方式，套件里面已经包括了一把螺丝刀，不需要自己准备工具。先按顺序装好 4 个齿轮，注意上面两个齿轮的销子是从右侧插入的，下面的从左侧插入，抵到头。

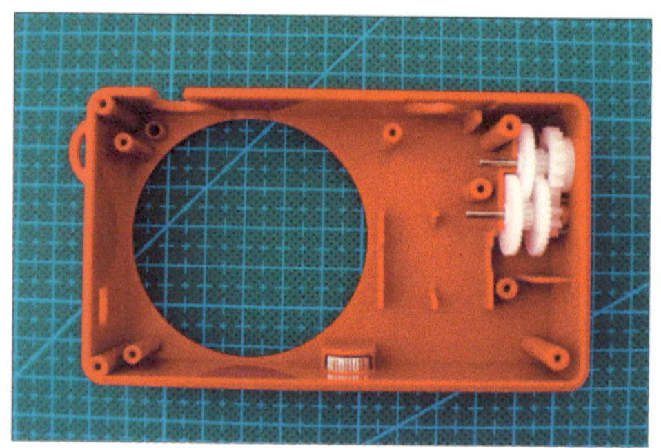

5 发电机（一个小型直流电机）的安装方式如图所示，注意让齿轮的两个销子刚好嵌入压片的凹槽里，固定电机的压片同时起到固定上面两个增速齿轮组的销子的作用。

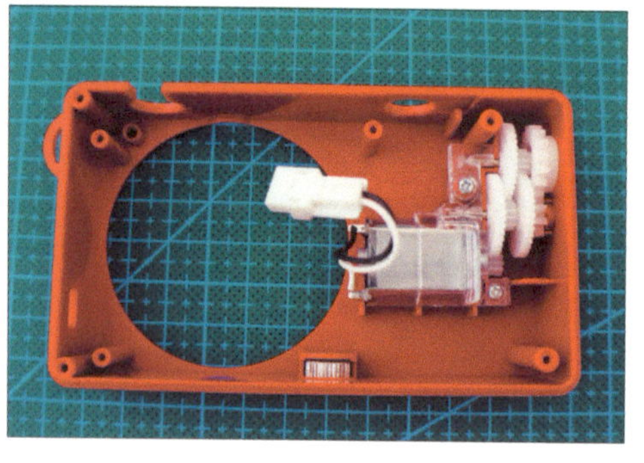

6 手柄的安装方法比较简单，只需对齐编号为 A 的齿轮（右上角）上的三角形凸起，拧上 3 颗螺丝就可以了。

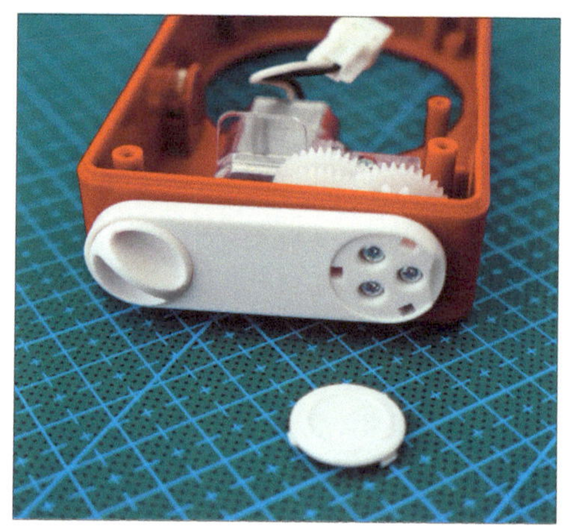

7 注意发电机手柄的摇动方向是有限制的（要顺时针摇动），扣在摇杆上的小盖子上带有标识。

8 接下来组装相机的电子部分。这台相机采用的是模块化设计，主控板和电池都封装在预制好的有机玻璃外壳里，壳子上带有螺丝固定孔和卡扣，组装起来非常轻松。

我非常欣赏这个全包式设计，透明外壳使爱好者既能观察到内部结构，又可以有效避免意外触摸到电路板上的敏感元件，造成损坏。

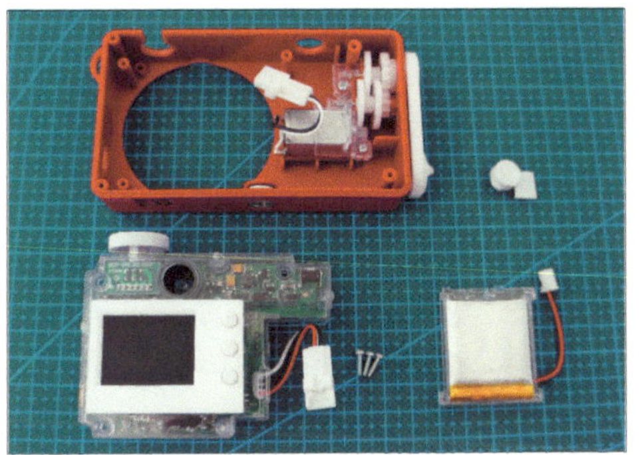

❾ 作为一名无线电爱好者，最令我感兴趣的当然还是相机的主控板，这里也多拍了两张照片。图中上方为模式选择旋钮。

❿ 主控板前侧，下方为摄像头，中间的大圆孔将安装 LED 闪光灯。

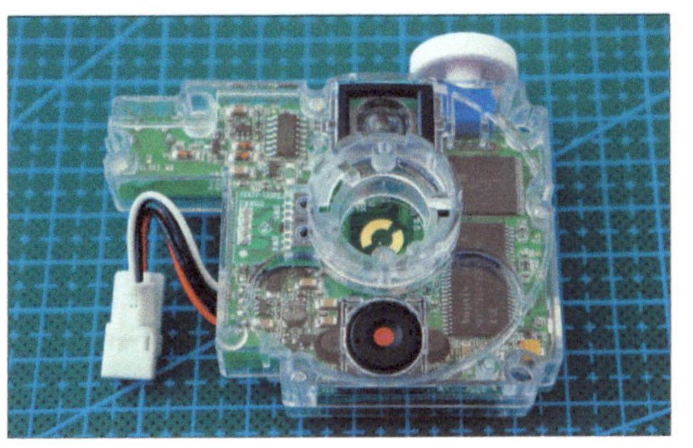

⓫ 先装好拍摄按钮，再把主控板用 3 颗螺丝固定好。

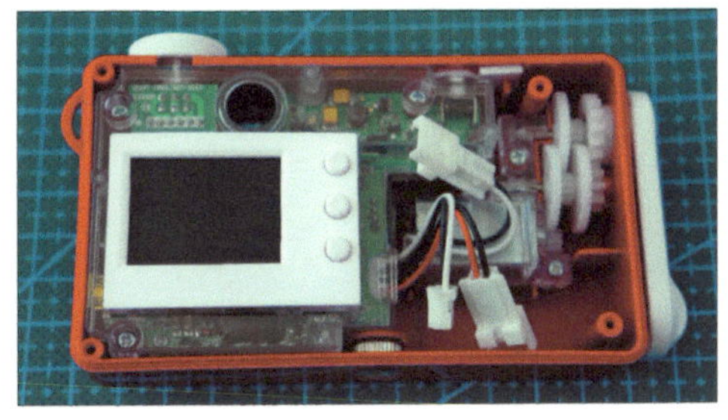

⓬ 注意连接发电机之前，需要把模式旋钮转到如图所示的位置（右侧缺口对着闪电符号），接好发电机以后，再把旋钮置于 OFF。

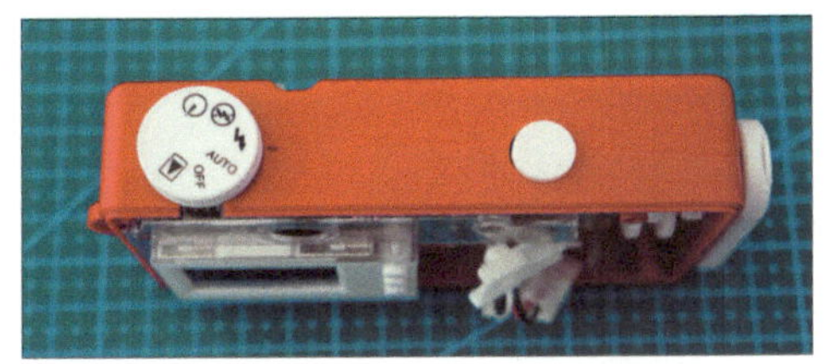

⓭ 连接电池，电池和发电机的接口不同且都有方向限制，不用担心搞错。全部连接好以后，把多余的电缆小心盘好，塞入电池下面的空间里。

⓮ 盖上后盖，相机的机身部分就组装完成了。透过透明背板，可以看到里面的元器件，机身上还标出了各部分的功能，便于识别。

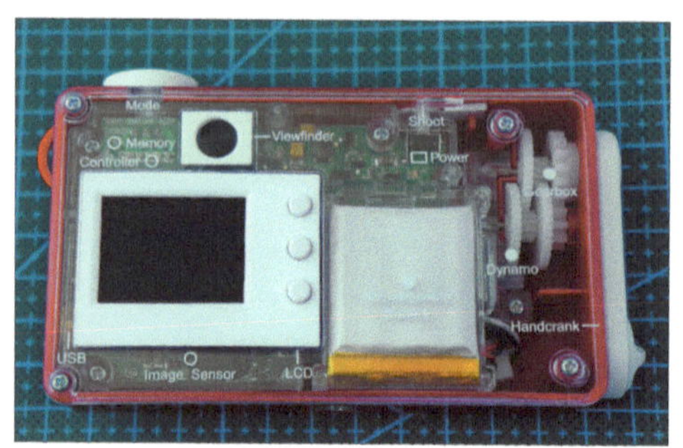

⑮ 最后组装相机的光学部分。光学部分的零件比较细小，组装时注意不要弄丢了。

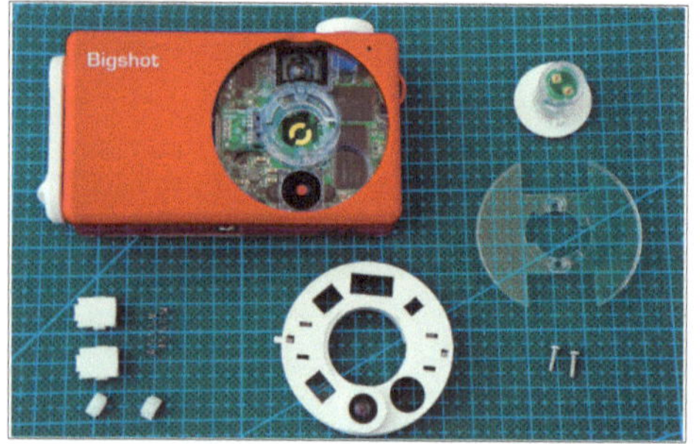

⑯ 相机的镜头已经整合到了一个圆盘上，旋转圆盘就可以实现镜头的切换。圆盘的定位是通过左、右两侧的一对卡子来完成的。

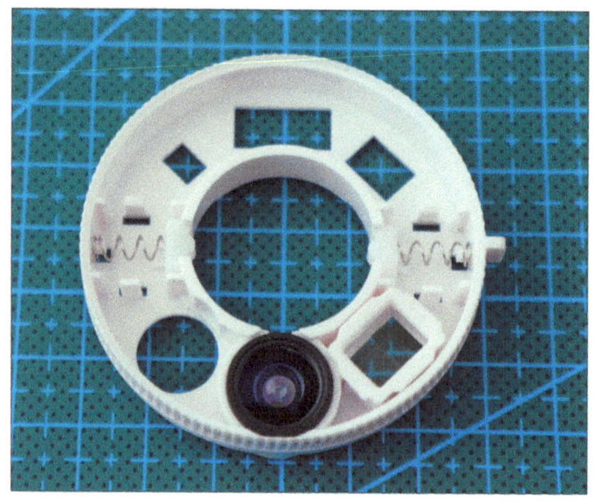

⑰ 盖上压片，防止卡簧意外脱出。

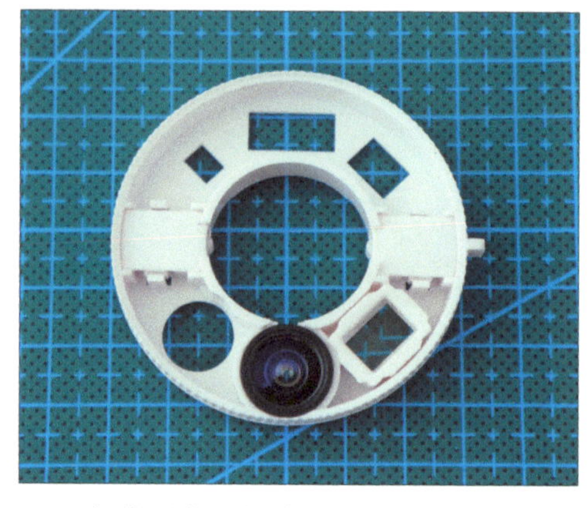

⑱ 安装圆盘和闪光灯，注意圆盘和闪光灯都有方向限制。圆盘应该能在机身上顺畅旋转，实现 3 组镜头的切换。

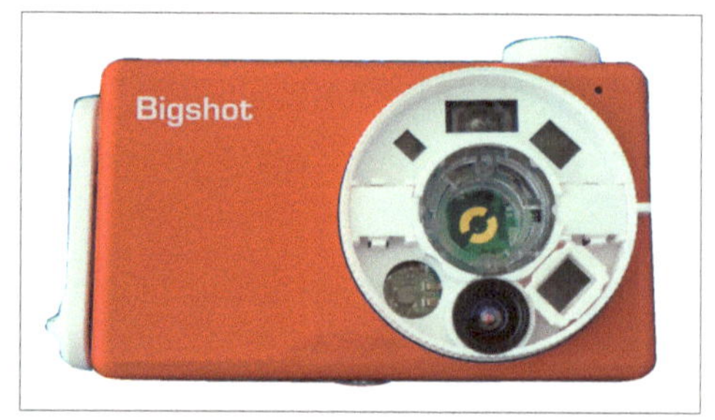

⑲ 注意闪光灯左、右两侧的卡子尺寸不同。

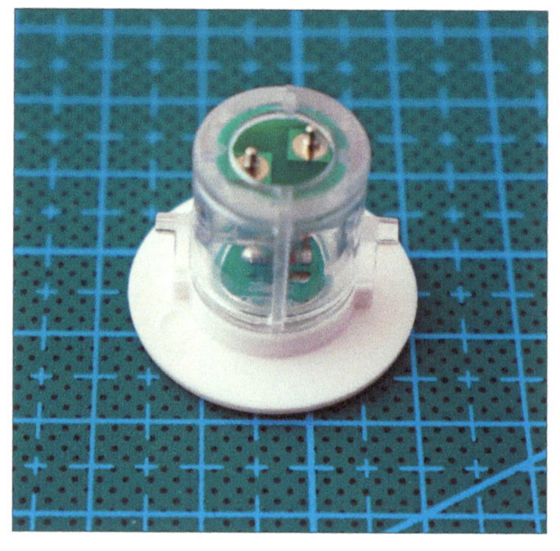

20 最后一步，确定闪光灯的方向，把它插入圆盘中间的大孔，顺时针旋转固定。完成后的相机如图所示。虽然是一台 DIY 的相机，设计者还是很贴心地搭配了手绳和用来安装脚架的螺母，可谓做足了功夫。

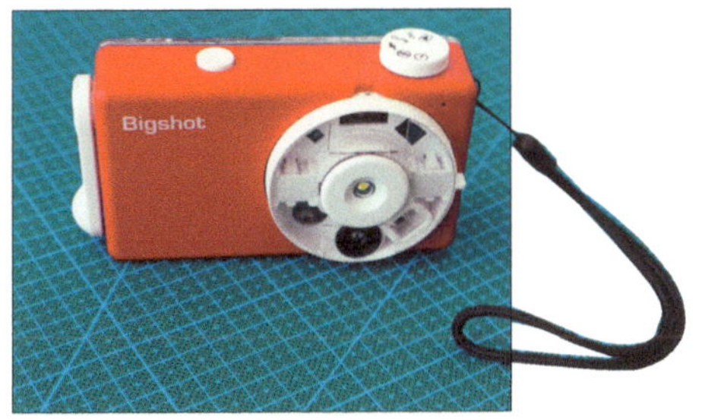

Bigshot 相机的背面。

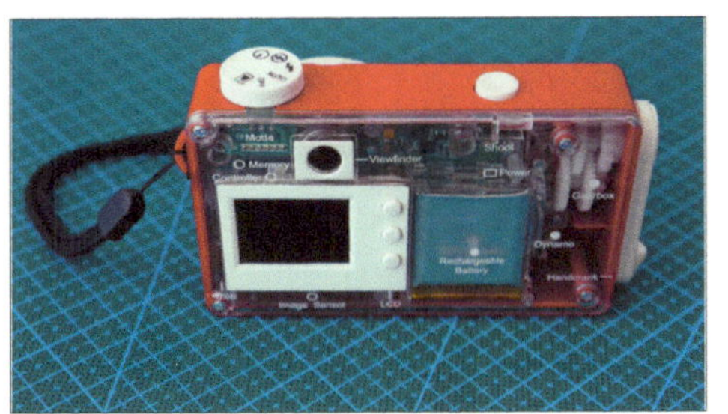

相机底部带有标准的脚架固定孔。

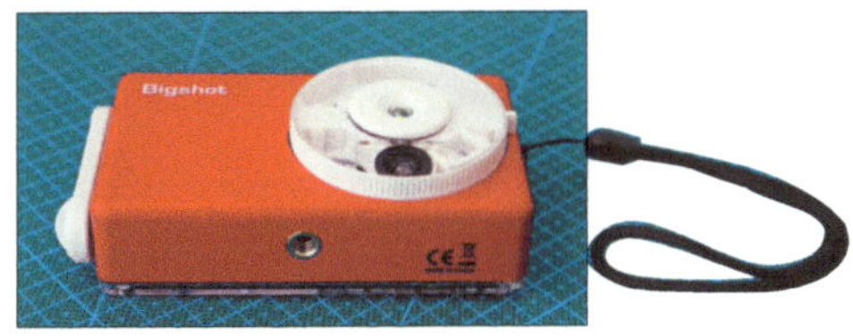

26.2 相机的使用和成像原理

仔细观察相机切换镜头的圆盘，可以看到 3 组镜头（见图 26.1）。从左往右依次为标准镜头、广角镜头和 3D 镜头。标准镜头其实就是个通孔，相当于使用安装在相机主控板上的摄像头直接拍摄物体，成像效果和普通 USB 摄像头一样。

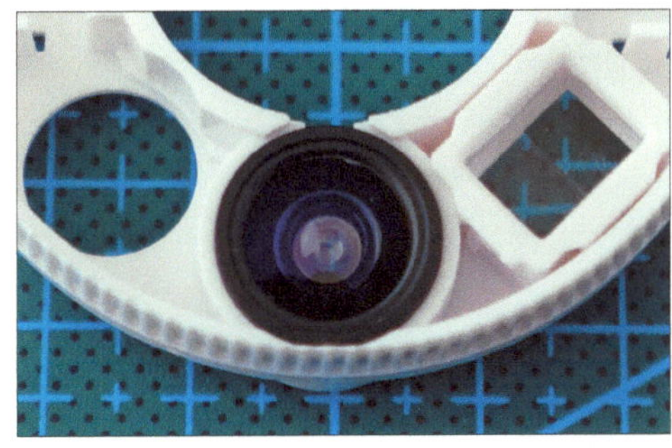

图 26.1 圆盘上的 3 组镜头

圆盘切换到广角镜头时，摄像头前加了一个特制的广角镜头，拍出的照片效果如图 26.2 所示。

图 26.2 广角镜头拍出的效果

切换到 3D 镜头时，摄像头前加了一个三棱镜，可以实现一个镜头拍出左、右两个不同角度照片的效果。相机在 3D 模式下拍出的原始照片如图 26.3 所示。

图 26.3 3D 镜头拍出的原始照片

此时的照片还不能显示出3D效果，需要用软件处理成红蓝立体照片，佩戴红蓝眼镜才能观看。配套软件见Bigshot网站（http://www.bigshotcamera.com）。把相机通过USB接口连接到电脑，系统会把它认作一个U盘。软件的操作方法非常简单，下载并安装软件以后，选中相机拍摄的原始图片所在的路径和输出路径（见图26.4），单击“START”就可以生成红蓝立体照片了。经过处理的照片如图26.5所示，照片顶部出现了一个小红蓝眼镜标志，提示你需要佩戴眼镜才能观看。

图26.6和图26.7所示分别是2P3收音机的原始照片（可以清晰地看出三棱镜实现的一个镜头拍出两个角度的效果）和红蓝3D照片。

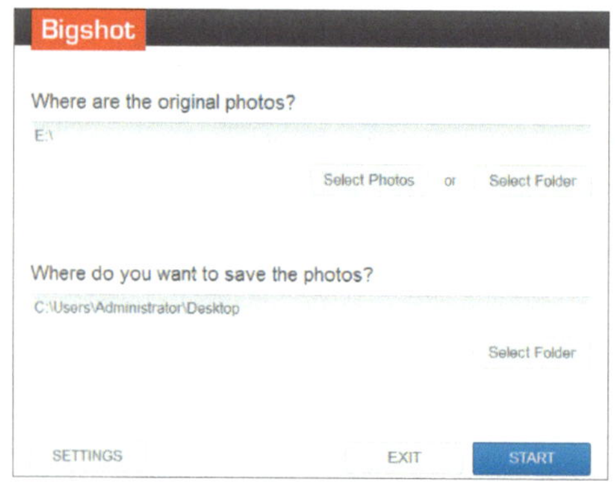

图26.4 Big Shot 图片处理软件

图26.5 软件生成的红蓝立体照片

图26.6 收音机的原始照片

图 26.7 合成后的 3D 照片

除了使用棱镜，还有很多种方法可以实现这种 3D 照片的拍摄，比如采用平移镜头和平移机身的方法。之后利用 Photoshop 的图层操作就可以把两张具有一定视差的照片合成红蓝立体照片。

这种 3D 成像技术的原理是使用不同颜色的滤光片对画面进行滤光，使一个图片生成两幅图像，人的每只眼睛各自看到不同的图像。采用红蓝眼镜观看的 3D 成像技术其实很早就出现了，笔者至今还记得 20 世纪 80 年代去电影院看过的一部国产 3D 电影《欢欢笑笑》，当年被一个飞机迎面飞出银幕的镜头彻底震撼了。可巧的是，在写这篇文章时，《早间新闻》又播出了一条惊人的消息：德国研究者称，达芬奇的《蒙娜丽莎》或许是世界上首幅 3D 图画，原因是达芬奇当年以不同角度画了两个不同的版本，借助红蓝立体成像技术把两幅画合成到一起，可以显示出立体的 3D 效果。虽然这个研究还没有定论，但是我想以达芬奇的鬼才，也不是没有可能。

3D 成像技术，简单说就是以技术手段实现两个通道（对应观众两只眼睛）的图像采集和还原技术。单只眼睛只能看到平面图像，就像高档显示器一样，清晰度再高，也只能给出平面信息。当然，我们可以利用光影对比和几何关系这些常识判断出物体的远近和形状，但是假设面前出现了一个之前从来没有见过的场景，或者抽象的几何图形，就很容易出现误判。

这就好比传统显示器显示的一个点，从这个点向外散发出的 3 条射线，观众无法判断射线在空间中的走向，也就无法确定点是在屏幕所在的平面上，还是凹进或凸出屏幕。

只有两只眼睛从不同角度观看，把看到的平面图像送入大脑，才能获得立体影像。现在流行的不用戴眼镜的裸眼 3D 技术也是同样的原理，虽然省去了一副眼镜，但是需要特制的 3D 显示器来实现双眼画面的分离。比如任天堂的 3DS 游戏机屏幕就是利用液晶层和偏振膜产生一系列不透明条纹，将左眼和右眼可视画面分开，进而实现立体影像的显示。

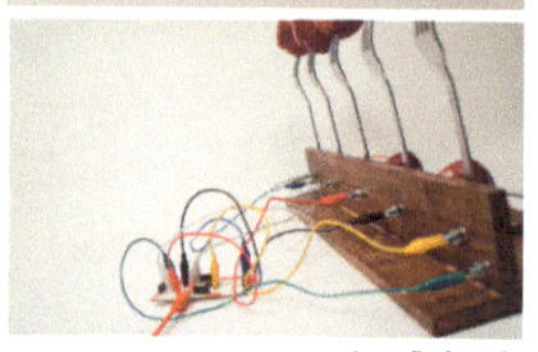

27 MakeyMakey 水果钢琴

◇臧海波

无论是在制汇节与创客嘉年华的现场活动中还是在网络上，水果钢琴都是一个引人注目的创意设计。它的核心是一块名为 MakeyMakey 的电路板，把这块板子通过 USB 连接到电脑上，可以实现多种触摸式应用，使你周围的东西不光可以看、可以用、可以吃，还可以拿来玩。遗憾的是，国内爱好者有机会接触原版的并不多，网上流行的方案大都是用 Arduino Uno、Nano 或 Leonardo 利用串行通信协议模拟它的触摸功能，但这种方式无法体现这个设计的精髓。本文将带你近距离了解这个设计，细数 MakeyMakey 的几个闪亮之处。

27.1 MakeyMakey

MakeyMakey 是麻省理工学院的 Jay Silver 和 Eric Rosenbaum 在 Kickstarter 网站上发起的一个众筹项目，项目从一开始就创客意味十足。Kickstarter 是 2009 年在美国纽约成立的一家面向公众，致力于支持和激励创新性、创造性、创意性活动的小额资金募集平台。笔者第一次接触 Kickstarter 是在 2012 年，当时笔者正参与《爱上制作》系列图书的翻译，书中不止一次提到这个网站和由它催生出的创意产品。这个平台无疑是小规模开发团队的好帮手，既达到了宣传效果，又积累了资金。果然，就在同一年，MakeyMakey 的定型产品已经漂洋过海，在国内的制汇节上展出了。

图27.1所示是一套标准版MakeyMakey所含的材料。这个把日常用品变为触摸板的思路非常有趣，不到几天就超额完成了目标，获得了足够多的资金支持。MakeyMakey的成功反映出了一个值得思考的问题——DIY的范畴在悄然扩大。从单纯为了省钱和乐趣自己制作，到带动周围的朋友一起玩，发展到借助网络平台获得更大的反响和支持。一个显著的变化是爱好者的底气更足了，你会注意到现在很多 DIY 作品都不再把成本放在第一位，设计的初衷就是为了量产，追求的是别人对产品的认可。在这个例子里，设计师首先提出了一个极佳的创意，解决了现实的资金问题，为后续工作奠定了一个不错的基础，然后才是软硬件设计、量产、代工和销售。

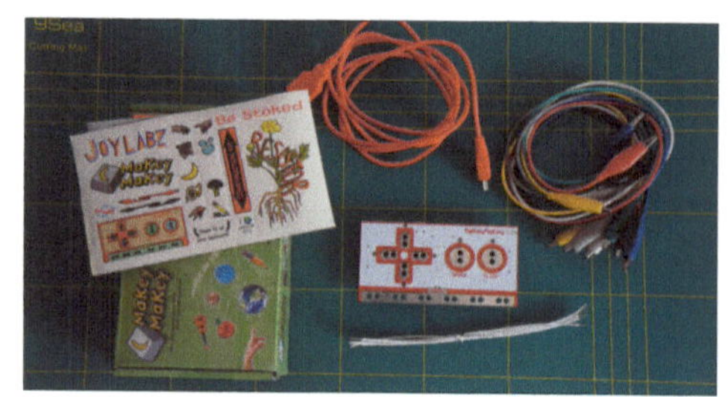

图 27.1 MakeyMakey 套件

对这种由两三个人组成的团队来说，专业技术只是其中一环，很难想象只会焊接电路板和编程就能让一个设计火起来。我比较欣赏 MakeyMakey 的设计思路，虽然它是一个电子产品，但设计师不是把它作为一件仪器，而是从“科学玩具”的角度去设计，这样它适用的人群就扩大了。此外还有市场运作的问题，实际上 MakeyMakey 官网上的大部分内容都是在进行售后服务。他们甚至建立了一个论坛和项目合集，讨论各种新奇玩法和解决使用中出现的问题。

MakeyMakey 的原理非常简单。硬件上，它利用 ATmega32u4 单片机 I/O 口具有高输入阻抗的特性，在每个输入端都加入一个 22MΩ 上拉电阻（见图 27.2），由于人体、水果、宠物、潮湿物体、各种导体的输入对地电阻远小于 22MΩ，可以确保 I/O 口电平被拉低，实现触摸事件的响应。MakeyMakey 官网提供了一张面向用户的示意图，为了便于理解，我把它稍作修改，制成了一张工作原理图（见图 27.3）。

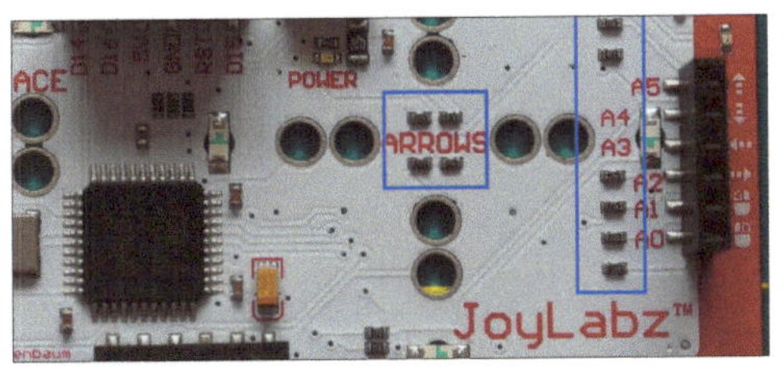

■ 图 27.2　图中以蓝框圈出的部分为设置在 I/O 口的 22MΩ 上拉电阻

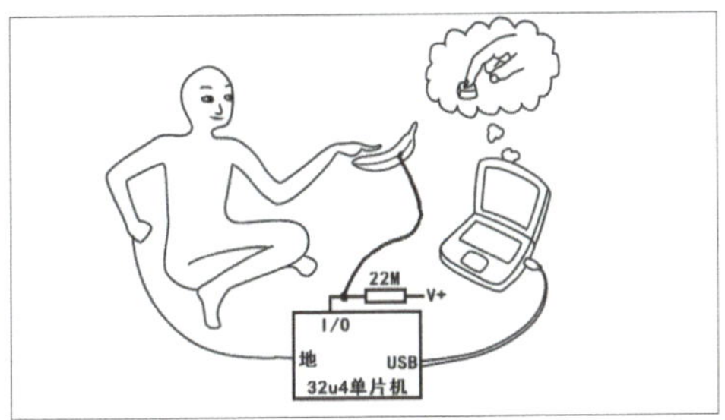

■ 图 27.3　系统工作原理（来自 MakeyMakey 官网）

软件上，单片机内置的 USB 模块使它既可以工作在 CDC 模式，用于编程调试，又可以作为一个 HID 鼠标或键盘，在多个操作系统下使用（详见下文）。

此外还有一个值得注意的问题，MakeyMakey 不是一个独立设计。在 MakeyMakey 之前，开发团队已经推出了 Scratch、Drawdio、Singing Fingers 等多款互动项目。在我看来，它更像是为 Scratch 打造的一个扩展硬件。Scratch 是麻省理工学院设计开发的一款适合儿童的图形化编程工具，用户可以直接在浏览器里创建、编辑和查看项目，不需要上传、下载或者安装其他软件。这些建立在页面中的 Scratch 项目可以响应鼠标、键盘事件，配合 MakeyMakey 的触摸功能实现非常亲切的交互式体验。一些像香蕉钢琴、超级马里奥、吃豆游戏这样的招牌玩法，都是在 Scratch 上实现的。虽然还有很多第三方软件也可以使用 MakeyMakey，但 Scratch 无疑为这个项目奠定了很好的基础。

27.2　CDC 与 HID

如果倒退两年，在制作一件电子产品时，我会更关注个别元器件，把大部分时间花在研究某个芯片或三极管特性曲线参数这样的事情上。现在流行的趋势是模块化设计，软硬件开发都是模块组合的形式，特别是随着单片机“肚量”的增大，程序不再针对特定硬件，而是运行在操作系统上，精通硬件接口和各种协议就成了开发工作中比较重要的一环。虽然组成 MakeyMakey 核心的 ATmega32u4 单片机没有大到可以在上面跑操作系统的程度，但接口部分比以往先进了许多。

随着RS-232接口从个人电脑特别是笔记本电脑上的消失，市场上主流的单片机系统大多利用专用芯片实现串口到USB接口的转换。这种芯片通过USB连接到电脑，操作系统会把它认作一个串口设备，这样做的好处是USB接口对传统串口调试工具和应用程序来说是透明的，开发人员可以沿用原来的工作模式。但是这类芯片不属于标准的USB设备类，需要在操作系统上安装第三方驱动程序。由于不是操作系统自带的驱动，通信经过多个环节的转换，会增加出问题的概率。

在USB标准子类中，有一类称之为CDC（Communication Device Class）类，它可以实现虚拟串口通信协议。现在带USB接口的单片机已经很常见了，从Leonardo开始，Arduino也广泛使用这种单片机，MakeyMakey正是在Arduino Leonardo的基础上开发完成的。直接在单片机内部完成协议转换的最大好处是大部分操作系统都带有支持CDC类的驱动程序，可以自动识别设备类型。开发人员不用专门编写驱动程序，只要用一个inf文件告诉操作系统怎么配置这个硬件就可以了。设备在操作系统中仍然被映射为一个串口，与Arduino IDE兼容。这种接口的另一个特点是可以实现USB HID类的模拟。HID是英文Human Interface Device的缩写，即人机交互式设备。在程序中调用Arduino IDE的Mouse和Keyboard核心库，可以实现鼠标、键盘功能。

以Windows 7为例，把MakeyMakey接入电脑以后，可以在设备管理器中看到新增了3个设备。端口里出现了一个串口设备，鼠标和键盘里分别出现了一个HID鼠标和一个HID键盘。对普通用户来说，可以不去管新出现的串口设备，也不用给它安装驱动。HID鼠标和键盘是即插即用的，不经过中间件，操作系统直接加载，马上就可以体验MakeyMakey带来的触摸功能。如果你想自定义按键或做二次开发，就要安装USB CDC驱动，用Arduino IDE编辑上传新的程序。

说句题外话，利用USB HID设备的特性，一种新的注入式攻击方式出现了。把带有恶意程序的芯片伪装成一个键盘插入电脑的USB接口，操作系统会把它枚举成一个HID键盘，不加任何排斥。存放在芯片里的程序可以自动运行，模拟用户的键盘操作实现攻击。随着技术的发展，漏洞会以意想不到的方式出现，用可编程芯片执行攻击的方式比较新颖，是一个需要引起重视的问题。

27.3 把玩MakeyMakey

各种经典的MakeyMakey应用在网上已经讨论得很多了。因为生活中可以触摸的物品五花八门（理论上，只要电阻小于22MΩ的材料就都可以拿来用），支持鼠标、键盘操作的软件更是多得数不清，只要借助一点科学知识就可以设计出令人叫绝的玩法。为了说明问题，这里举两个简单的例子。

27.3.1 用八宝粥罐子做的电子乐器——邦戈鼓

需要准备的材料见表27.1。先用锥子在2个铁罐底部扎两个类似MakeyMakey接口风格的小孔，方便连接鳄鱼夹。大铁罐连接对应着电路板上左箭头的插孔，小铁罐连接对应 SPACE 的插孔（见图 27.4）。

表 27.1 需要准备的材料

材料名称	数量
铁罐（大）	1
铁罐（小）	1
锥子或剪刀等钻孔工具	1
联网的电脑	1
MakeyMakey 主板	1
USB 电缆	1
两头带鳄鱼夹的导线	2
普通导线	1

图 27.4 用铁罐制作的邦戈鼓

把 MakeyMakey 连接至电脑。如果是第一次使用，可能会弹出一个发现新硬件的提示，无需理会。打开浏览器访问官网下的这个地址 http://makeymakey.com/bongos，会看到一个手绘邦戈鼓的画面（见图 27.5）。这是一个在线应用，不用在电脑上安装。

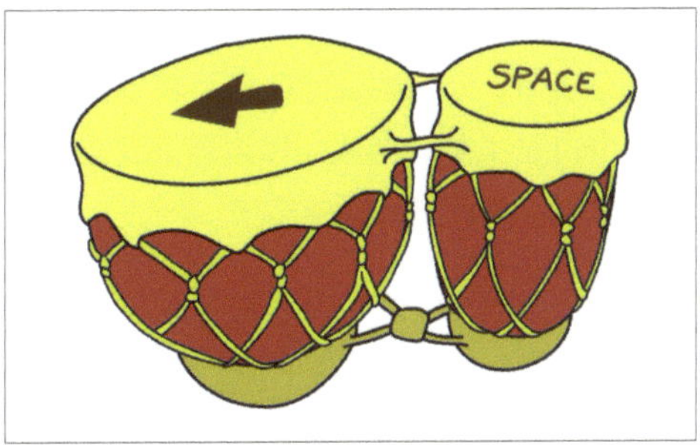

图 27.5 MakeyMakey 官网的邦戈鼓应用

打开电脑的扬声器或戴上耳机，用普通导线（也可以还用带鳄鱼夹的）把身体和板子上的 EARTH 插孔联通，拍打铁罐就可以开始演奏了。

27.3.2 用笔在纸上画出的游戏手柄

需要准备的材料见表 27.2。我画的是一个简易手柄，包括上、下、左、右方向键，动作键和取消键。这个实验的成败取决于铅笔，笔芯越软（石墨含量越高）效果越好。常见的 HB 和 2B 铅笔效果都不好，建议使用 6B 或 7B 的速写铅笔。也可以用其他导电材料，比如锡纸、导电胶带、可缝制导线制作触摸垫和接口，原理是一样的。

表 27.2 需要准备的材料

材料名称	数量
速写铅笔	1
硬纸板	1
电脑	1
MakeyMakey 主板	1
USB 电缆	1
配套导线	若干

用鳄鱼夹连接好手柄和 MakeyMakey 的对应接口，公共地设计在右手掌部位（见图 27.6）。大部分游戏和模拟器都支持自定义按键，设置好就可以使用了。

图 27.6　画在纸上的游戏手柄

27.4　MakeyMakey 的极客玩法

什么是极客？一幅来自 OatMeal 网站的漫画切中了要害。在这幅“为什么说尼古拉·特斯拉是极客之王”的漫画里，作者给出了一系列答案：“极客常常废寝忘食，试图将世界拆掉，加上新特性，再重新组装回去”，“明明是好东西，他们也能‘修’”……下面就以电子音乐的应用为例，说说 MakeyMakey 的极客化改造思路。

MakeyMakey 支持 18 个触摸输入和 2 个输出。初始定义为鼠标的上、下、左、右方向和左键、右键，键盘的 W、A、S、D、F、G 字母键、上、下、左、右方向键和空格键，以及 2 个鼠标或键盘事件的输出（见图 27.7）。这些键位是固定的，使用起来有一定局限性。比如经典的香蕉钢琴（http://makeymakey.com/piano/），只能演奏简单的 5 个音符。网上常见的一些用键盘模拟钢琴的软件，功能虽然比较强大，但大多无法自定义按键。如果你想修改按键，把更多的输入分配给键盘，就要上传新的程序。

MakeyMakey 虽然是在 Arduino Leonardo 基础上开发的，但是这两个产品芯片上的 bootloader 不同，不能通用。一个值得注意的问题是，因为 ATmega32u4 真实的物理接口只有一个，在用到 Mouse 和 Keyboard 核心库时，需要给它们设置一个开关机制，防止 USB HID 和 CDC“打架”，造成程序无法上传的窘境。喜欢捣鼓的朋友可以花时间研究一下 LUFA 项目、Arduino 第三方硬件说明和 ATmega32u4 单片机手册，这里只说怎么给 MakeyMakey 刷机。

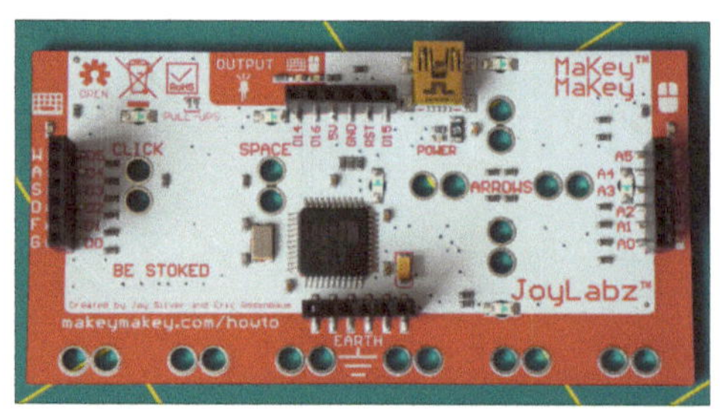

图 27.7　MakeyMakey 背面的输入 / 输出接口

在 Arduino IDE 下上传程序的前提是为 MakeyMakey 安装专用的第三方硬件扩展包和 USB CDC 驱动程序。下面就以安装 Windows 7 操作系统的电脑和 Arduino IDE 1.5.6- r2 为例，说说我的操作流程。

首先上 github 下载 MakeyMakey 最近的更新包（https://github.com/ sparkfun/makeymakey）。把 MakeyMakey 连接到电脑以后，端口会出现一个新硬件，操作系统很可能会把它误认为是 Leonardo。接下来更新这个硬件的驱动程序，选择浏览计算机以查找驱动程序，从计算机驱动程序列表中选择“从磁盘安装”，选中更新包 firmware\Arduino\hardware\MaKeyMaKey\driver 目录下的 MaKey MaKey.inf（见图 27.8）。注意 .inf 文件本身并不是驱动，只是告诉操作系统怎么去控制这个硬件，大部分操作系统都自带 USB CDC 驱动程序。系统会弹出一系列警告，不用理会，选择继续安装就可以了。

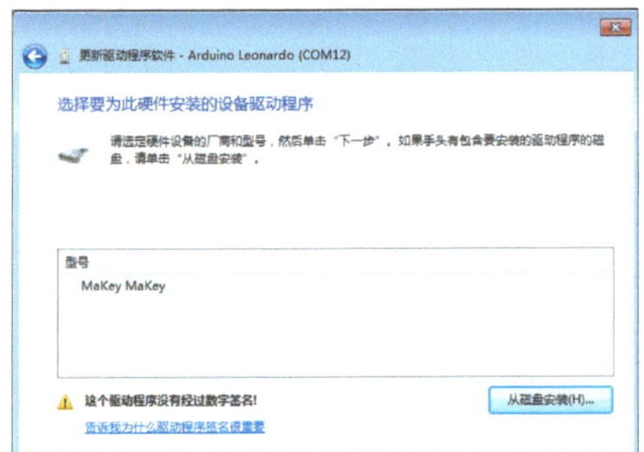

■ 图 27.8　选择从磁盘安装，指定 MaKeyMaKey.inf

操作无误的话，在设备管理器里可以看到 3 个新硬件，见图 27.9 中以红框圈出部分。

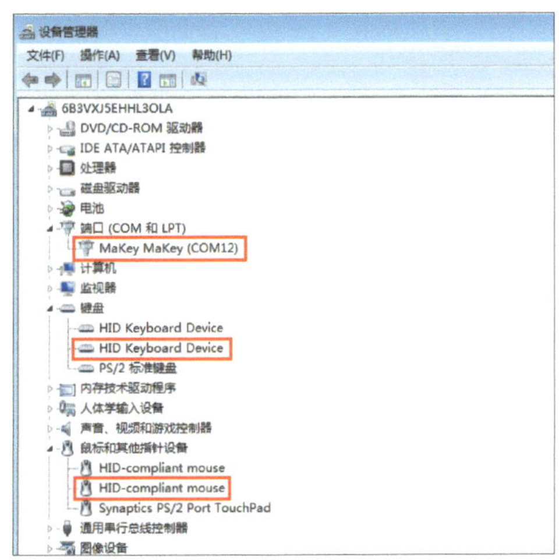

■ 图 27.9　正确安装 MakeyMakey 后出现的新增设备

接下来安装第三方硬件扩展包。把更新包 firmware\Arduino\hardware 下的文件复制至 Arduino IDE 安装目录的 hardware\arduino 文件夹下。打开 IDE，可以在“工具”→“板卡”菜单下看到一块新添加的 MakeyMakey 电路板（见图 27.10）。Sparkfun 也提供了一套 MakeyMakey 扩展包，用法相同，注意安装路径即可。

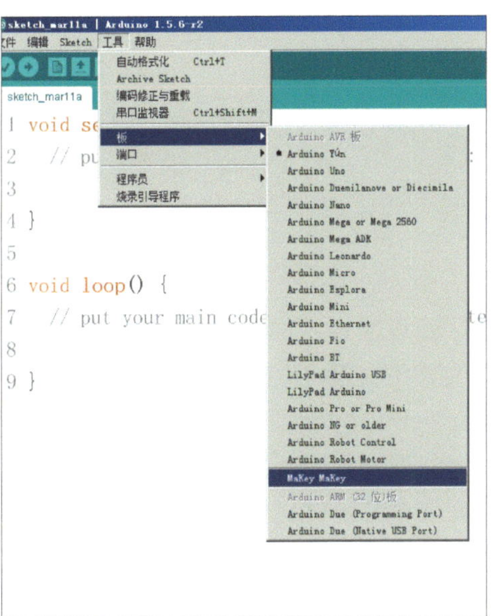

■ 图 27.10　在 IDE 中指定新添加的 MakeyMakey 电路板

最后选中板卡和对应端口就可以编辑、上传程序了。MakeyMakey 源文件在 firmware\Arduino\makey_makey 目录里，包括一个主程序和一个配置文件，我使用的固件版本是 1.4.1（见图 27.11）。按键修改在 settings.h 的 keyCodes 数组中进行，主程序不用动。编译、上传操作和以前一样。唯一不同的是，上传完程序，板卡自动复位重启以后，操作系统会弹出一个发现新硬件的窗口并自动安装驱动，设备管理器中的信息没有变，只是给 MakeyMakey 分配了一个新的端口号。

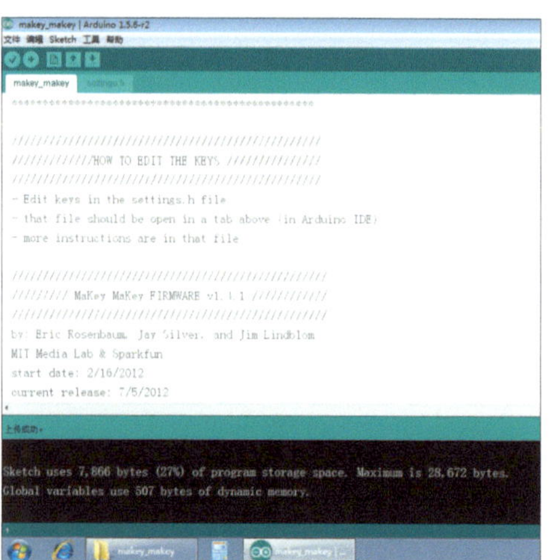

图 27.11　1.4.1 版固件上传成功

如果要求不高，18 个触摸输入的任意指定按键足够你玩一阵子了。最新版的 MakeyMakey v1.2 还提供了一个在线修改功能，不需要搭建编程环境，只要访问官网下的这个地址（http://www.makeymakey.com/remap），按提示用两根导线短路特定输入就可以刷机（见图 27.12）。

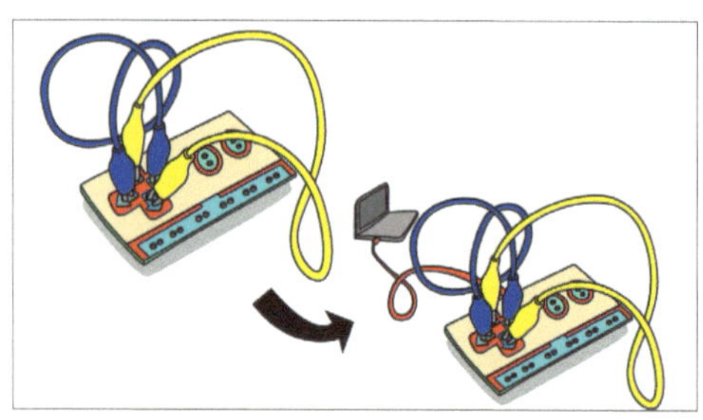

图 27.12　MakeyMakey 的在线刷机方法（仅限 v1.2 以上产品）

当然我们不会满足这么小的进步。考虑到专业音频软件都离不开 MIDI，最佳方案是给 MakeyMakey 来个大换血，把它刷成一个 MIDI 控制器。因为系统自带触摸功能，可以在这个基础上做出非常酷的交互式电子乐器。比如一台光电触摸式 MONOME，见 http://www.instructables.com/id/MaKey-MaKey-Monome/。这是一个 Arduino 和 Processing 的组合项目，没有 MakeyMakey 的爱好者，用 Arduino Uno 也可以实现，请尽情鼓捣。MONOME 俗称音乐格子（见图 27.13），相当于一台高科技电子打碟机，可以在上面实现不同音乐片段和节奏型的组合，演绎出颇具现代感的音乐。此外，MakeyMakey 的 2 个输出也可以加以利用。2 个输出意味着有 00、01、10、11 四个模式的组合，可以用它们驱动继电器，控制大型舞台灯光，营造出炫目的视觉效果。

图 27.13　光电触摸式 MONOME（来自 jdeboi.com）

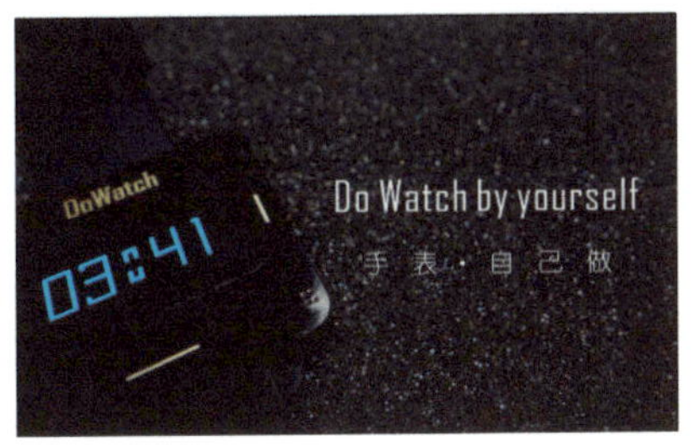

28 智能手表自己做

◇杜洋

要问目前什么电子产品最火爆，我想无疑是各种智能手表和健康手环。较早前，三星公司推出带有 OLED 显示屏的智能手表，它能和手机连接，可接电话、发信息，还能监测心率和拍照。2014 年年初就曾听说 Google 公司将推出一款叫 MOTO360 的智能手表，它的特点是拥有一个圆形的 OLED 显示屏，外观设计简洁、漂亮。当看到这款产品时，我就在想，能不能设计一款属于电子爱好者的可 DIY 硬件和软件的手表呢？2014 年 9 月，苹果公司发布了旗下第一款智能手表 Apple Watch，虽然加入了很多新技术和新 UI 设计，可似乎并没有什么创新可言。现在的智能产品市场竞争激烈，但好像都和我们电子爱好者无关。很多朋友应该和我一样，很想自己制作一款 3C 数码产品。在智能手机方兴未艾的时候，我曾想过能不能 DIY 一款手机，但智能手机太过复杂，需要很多专业领域的合作才能完成，成本很高，还得达到电磁辐射等技术标准，我没有罗老师的口才，最后只好放弃。当智能手表开始流行，我又在想能不能 DIY 一款智能手表。手表的结构简单，也容易手工制作，只要程序开放，制作者可以根据自己的想法加入显示内容和功能，那不是很好吗？

于是，我在网上搜索了一下可 DIY 的手表，结果非常失望。真正既有 DIY 意义又有使用价值的手表几乎没有，有的也只是实验性的产品。难道就不能有一款体积小、功能多、扩展性强、设计美观、创意十足的 DIY 手表吗？想到这里我也深知，设计一款实用性 DIY 手表并不容易，外壳的设计是个大问题。目前市场上出售的手表都是厂商开模定制的外壳，开模费用上万元，更不用说昂贵的设计费和生产成本了。因为 DIY 手表仅是面向电子爱好者的小圈子，销售量与大众产品不能相比，就算是选择最便宜的塑料材质，也是得不偿失的。所以，必须要放弃传统思路，在外壳设计上有所创新。可是要怎么创新呢？

经过半年的思考与设计，我给出了一个较好的外壳解决方案，并开发出一款具有实用价值的 DIY 手表（见图 28.1）。为了提高手表的可扩展性，我在手表上加入 128 像素 ×64 像素的 OLED 显示屏，使显示内容更丰富，不仅能显示时间，还能显示汉字和图片。因为源程序开放，你可以根据自己的想法任意修改显示内容。手表内加入了高精度时钟芯片和温度传感器芯片，保证走时准确。手表正面有 3 个压感式按键，按键需要轻轻按压才能触发，减少了传统触摸按键所导致的误操作问题。另外，手表内还加入了重力传感器，可实现计步和摇动唤醒功能。要知道，我说的这款重力传感器并不是用专业芯片制作的，而是一个很巧妙的创新设计。手表的电源使用的是可充电的锂离子电池，配合特制的充电器，可实现快速充电。这款手表采用了特殊的外壳设计，制作起来很容易。我给这款手表取名DoWatch，意思是Do Watch by yourself（自己做手表），希望它在外壳、按键及重力传感器上的创意对大家有所启发，也希望大家都能够在DoWatch硬件和开放软件的基础上，做出自己的个性手表。接下来和大家分享一下DoWatch在外壳、按键、重力传感器上的创新设计，这是我经过半年的反复思考和实验才最终实现的，相信会让你发现电子制作的更多创新可能，你也可以把这些创意用在你的其他产品设计上。如果你有更好的设计思路也欢迎与我交流。让我们把电子DIY做得更精致、更好玩。

图28.1 DoWatch手表

28.1 创新之一：外壳

手表的外壳，在不开模具的情况下，还有什么方法来制作呢？很多人会想到亚克力（有机玻璃）。亚克力确实是不错的材料，透明度高，坚固，可小批量地制作出各种形状。BigTime手表将4片亚克力板层叠在一起，然后用螺丝固定。如图28.2所示，做出来的手表是不错，不过体积略大、略重，而且螺丝固定显得不够精致。我想要的是比亚克力更精致、更有韧性、更薄的材料，最好还要有更多的发挥空间。于是我搜索了大量资料，最后发现，最理想的材料就在我眼前——PCB。PCB是合成树脂材料，强度大且轻巧，更重要的是PCB不仅能任意加工，上面还可以走电路。也就是说，PCB既能是外壳，又能是电路板。这一发现让我“喜大普奔”，很多基于PCB外壳的点子不断从脑中涌现。虽然很高兴，但我非常清楚，越是超常的创新设计越需要严谨的实验来求证，只有在各方面都证明可行后才能实用。于是我马上着手进行相关测试，比如PCB外壳的美观程度、PCB工厂的工艺限制、拼接的PCB强度等。实验过程按下不表，结果是幸运的，用PCB做外壳从各方面来看都可达到要求。

图28.2 亚克力外壳的手表

接下来要考虑的是PCB之间的连接固定问题。传统的固定方法是螺丝，采用螺丝固定，设计简单，也好拆装。不过手表设计的要求是体积小巧，需要有更小的连接方法。正在我百思不得其解时，突然又想到了近在眼前的东西——锡丝。锡丝看似柔软，但只要焊在PCB上便会有很大的强度。如果在2片PCB的同一位置打孔，并把锡熔化、焊接在孔洞里，那么2片PCB自然就固定在了一起。最有趣的是，焊锡还有导线的作用，能把2片PCB上的电路连接在一起。真是一举两得呀！这么好的创意为什么我早没发现呢？我们平时接触最多的就是 PCB 和锡丝，真没想到外壳的创新设计并不一定要用到什么新技术、新材料，只用最普通的材料也能创新，只要有一双善于发现的眼睛。看来创新才是科技时代的第一生产力呀。

图28.3是制作完成后的DoWatch手表侧面照片，它由 6 片 PCB 层叠焊接而成。图 28.4 是 6 片 PCB 的结构示意图，从中大家可以看出，每一片 PCB 都有着在纵向上的设计，就相当于把一个完整的外壳纵向切成 6 片，然后再把它们焊接起来。层与层之间的电路通过四角上的固定焊孔连接。6 片 PCB 中，B、D、E 层是中空的框架板，只用于外壳的支撑，A 层是手表正面，有 OLED 屏的开口、3 个按键和 DoWatch 的标志。F 层是手表的背面，有镀金 LOGO 和 4 个充电接触片，如图 25.5 所示。

图 28.3　DoWatch 手表侧面

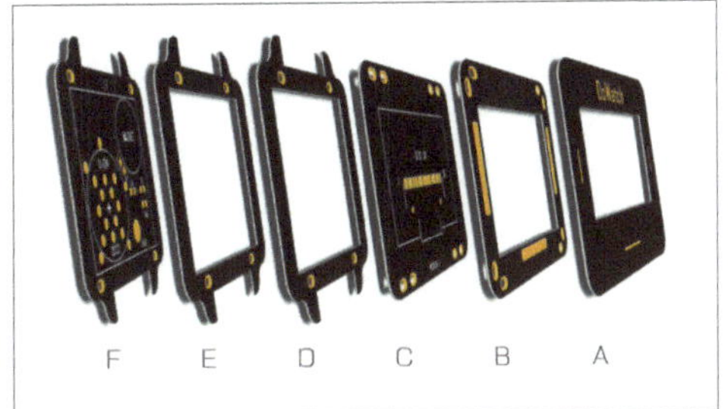

图 28.4　PCB 层叠结构示意图

图 28.5　DoWatch 手表背面

在用 PCB 做外壳的时候我意外地发现了很多巧合，就好像它们原来就有联系一样。大家都知道，通常情况下 PCB 的标准厚度是 1.6mm，如果用一片 PCB 做外壳框架，那元器件的厚度应该等于或小于这个高度才能放入。首先看 OLED 屏幕的厚度，约为 1mm，但加上软排线和固定用的双面胶之后，厚度约为 1.5mm，正好放到里面（B 层），和上下表面的 PCB 都可以完全贴合，你说这算不算巧合。

巧合的还有电池，为了达到简洁的制作目的，我采用的是 LIR2032 锂电池。这款电池和常用的 CR2032 纽扣电池在外观上完全相同。它的直径是 20mm，厚度是 3.2mm。哈哈，不会这么巧吧，2 片 PCB 叠在一起的厚度也是 3.2mm，不过 PCB 在焊接时中间会有小空隙，所以电池正好可以放到 2 片 PCB 框架的外壳之中（D 层和 E 层）。而其他芯片的高度都小于 3.2mm，把它们放在一个框架内再合适不过了。我在发现这一巧合的时候，真是非常惊喜，只能说这是“上天”送给我们的礼物。层叠 PCB 之间的焊接也有很多细节问题，比如 6 片 PCB 焊在一起的强度能不能保证，焊孔多了会不会不好拆开。这些问题我都做了实验，并在设计上加以改进。在下期介绍制作过程时，会让你知道我是如何解决这些问题的，敬请期待。

28.2 创新之二：按键

解决了外壳问题之后，一款手表的外观就基本确定了。正在得意的时候，突然发现按键的设计是一个问题。如何在手表这么小的空间里加入按键开关呢？传统做法是使用贴片的微动开关，焊接在手表的正面或侧面，贴片微动开关确实是好方案，PCB 外壳上也能对应地开出槽。只是这样的设计太没新意，太没有挑战，我需要有所突破。

触摸按键是目前主流的按键方式，电容式触摸按键需要专用的触摸芯片，这会增加成本，而且电容按键容易被干扰，有时手指不小心碰到还会误操作。于是我开始思考之前用在 CUBE8 光立方上的混合式触摸按键技术，那是我开发的一种用电容和电阻双重检测按键的技术。只有当手指用力压在金属触片上，检测到电容和电阻值变小的特性后才会触发。这项技术在 CUBE8 光立方和 mini3216 时钟上都有使用，技术比较成熟。不过要想把它用在 DoWatch 上面，就必须在其表面加入一定面积的金属触片才行，但是这会让手表表面多出一排金属片，影响美观，也会增加程序开发难度。所以，我需要放弃现有的方案，开发出一种新的设计。想了很久，有一天突然发现，原来创新的可能就在 PCB 层叠外壳的设计之中。

如图 28.6 所示，DoWatch 表面的左、下、右三边各有一个压感按键，轻轻用力按压才会触发。说来你也不信，这一创新设计是偶然发现的。那天我在测试 PCB 层叠焊接的受力强度时，发现两个 PCB 中间有非常微小的空隙，我用手轻压有空隙的地方，PCB 微微变形，空隙消失了。手一移开，空隙又出现了，如图 28.7 所示。突然之间，我想到了。这不就是按键的结构吗！如果这两片 PCB 上各有一个金属片，当手压在其中一个 PCB 上时，PCB 受力弯曲，金属片便会接触，导通电路。按键效果如图 28.8 所示。这样的按键在结构上和普通微动开关一样，不需要复杂的软件处理，也不会误操作。更神奇的是，它不需要任何元器件，只在 PCB 上做两个金属触片即可，如图 28.9 所示。只要把 PCB 焊在一起（它们本来也要焊在一起的）就成了按键，增加的成本为零。想到这些，我又找来废弃的 PCB 焊在一起测试，结果非常成功。只要正常焊接，PCB 间的空隙不大不小，正好达到轻触按键的要求。这一点是我从未想到的。最终拿到成品的 PCB，又焊接了几次，效果依然很好。这可以说是意外收获，一不小心又给了 DoWatch 一个精彩创意。

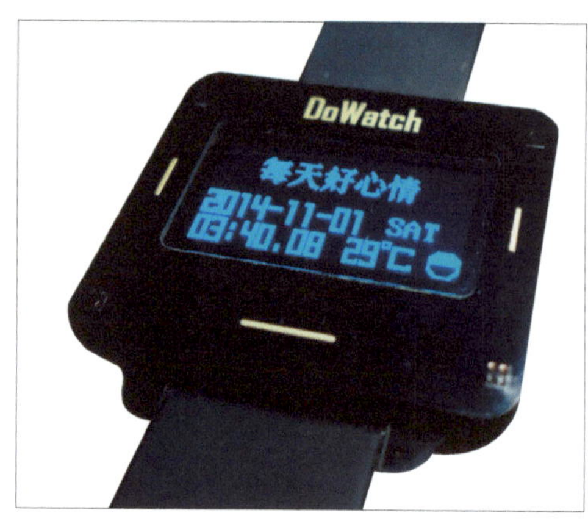

图 28.6　DoWatch 手表左、右、下方是 3 个压感按键

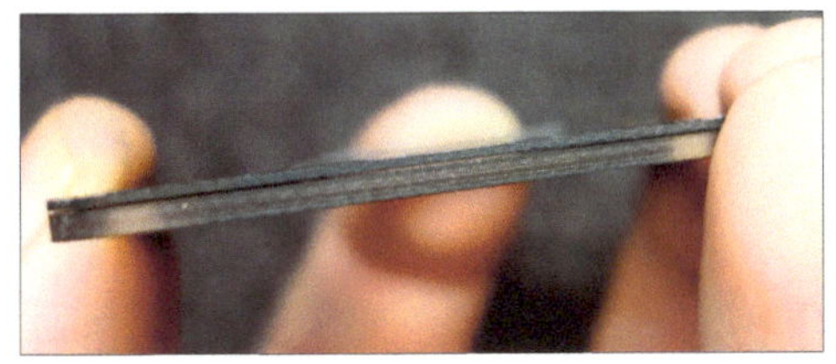

图 28.7 两片 PCB 之间微小的空隙

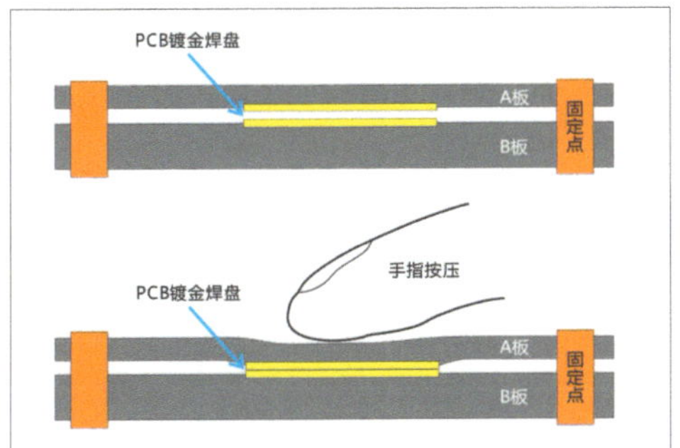

图 28.8 压感按键的原理示意图

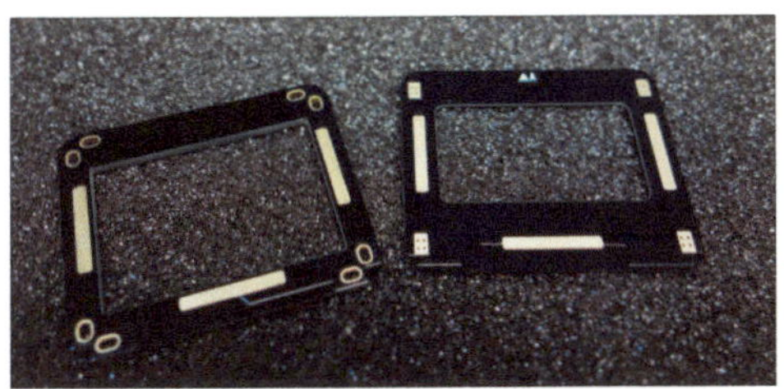

图 28.9 两个 PCB 上的镀金按键触片

28.3 创新之三：重力传感器

看过前面的两个创新设计，再看下面这个重力传感器的创新，你也许会感觉平凡一些，不过我还是要介绍一下。DoWatch 手表在设计之初并没有打算加入太多功能。很多人认为一款手表的功能越多越好，在我看来，手表的优势在于触手可及，即一抬手就能简单、快速地得到信息（时间、温度等）。而现在大厂商生产的智能手表打破了这一原则，加入了拍照、打电话、发信息等功能，甚至还能看电影。试想，在这么一个小屏幕上看电影有什么乐趣可言？无非是炫耀科技的噱头，真正实用的还是看信息。需要交互操作，用手机就好了，手表作为信息的及时获得平台才是根本。

所以我没有在 DoWatch 里加入蓝牙、Wi-Fi，我只希望它是一个及时看信息的设备。信息包括时间、温度、节日提醒，还可以附加计时和计步的功能，这就可以了。因为程序是开放的，你也可以加入你需要的功能。

说到计步，必然要有一个重力传感器或加速度传感器，以便实时检测、计步。传统的设计是用专用的传感器芯片，不断地读取加速度数据并处理。这样的方案会让程序开发变得困难，而且单片机需要实时处理加速度数据，耗电量大。我不希望 DoWatch 每天充电，所以我需要新的低成本、低功耗方案。于是我想到了我之前设计的 6 向重力传感器，它用 4 个水银开关构成金字塔的形状，读取 4 个水银开关的通断状态便可得出传感器的方向。它的制作简单，程序上只要读取开关量就能判断上、下、左、右、前、后 6 个方向。不过我不想在 DoWatch 里放入 6 个水银开关，我需要新的开关结构。还是基于 PCB 层叠外壳，我想到了加入钢珠的创新方案。

图 28.10 所示是用小钢珠和 PCB 焊盘构成的重力传感器，它能感知下、左、右、前、后 5 个方向，成本只有一个钢珠的价格。它的工作原理非常简单，原理示意如图 28.11 所示。图中只是一个切面，还不能立体地说明问题，请听我讲一下原理。

■ 图 28.10　加入钢珠的 5 向重力传感器

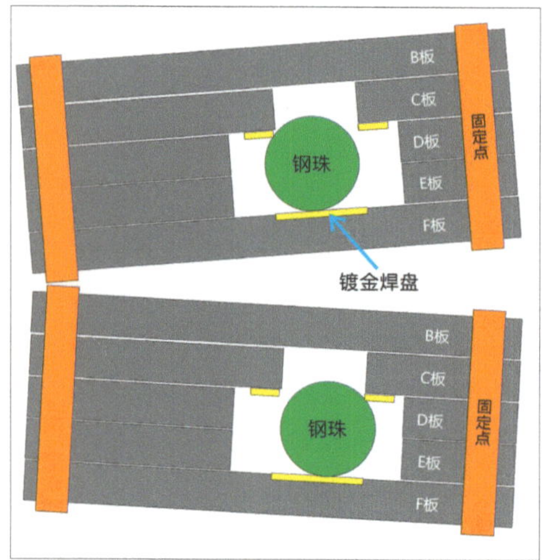

■ 图 28.11　重力传感器结构示意图

首先要准备一个小钢珠，钢珠尺寸要大于 3.2mm，然后在 C 层上打一个直径不大的孔，把钢珠放进孔里，因为钢珠直径大，所以不能脱离到孔外，这起到固定钢珠的作用。在 C 层打孔的周围加上 4 个焊盘，在表后盖 F 层上与钢珠接触的部分也加了一个焊盘。这便形成了 5 个触点，在 C 层上的 4 个方向触点和 F 层上的 1 个共极触点。当 DoWatch 向一个方向倾斜时，钢珠在重力作用下倾斜。4 个方向触点中就会有 1 个或 2 个触点与共极触点导通，这时程序只要判断是哪几个触点导通，便可知道其倾斜方向，处理方法和读按键一样简单。如果发现 4 个触点没有和共极导通，那说明 DoWatch 是背面朝上放置的。如果 DoWatch 是正面朝上水平放置，由于重力仅作用在共极触点，其他 4 个触点的受力很少，所以这时所有的触点都不导通。不过这需要手表放置在绝对水平位置上，有一点角度都不能成功，如此在读水平方向时会不准确。受此硬件限制，也只能忍痛把 6 向传感器改成 5 向，不考虑水平放置的处理。虽然只有 5 向，但丝毫不妨碍计步功能。而且有了重力传感器，还能实现摇动唤醒显示的功能，想看时间时不用另一只手按键，只要摇晃一下手表就可唤醒显示。

前面所说的只是 DoWatch 手表设计中 3 个比较重要的创新，还有很多细节设计也值得玩味，我们留到下一期再讲。DoWatch 手表的创新设计并不是从无到有的发明，它只是用 PCB 层叠取代了开模的塑料外壳，用 PCB 空隙取代了微动开关，用钢珠取代了重力传感器芯片。你完全可以用开模的外壳、微动开关和重力传感器芯片做到同样的效果。可如果那样，又有什么乐趣可言呢？电子爱好者们制作的快乐不就是用低成本的方案和灵巧的双手制作出独具特色的作品吗？我希望通过 DoWatch 手表让大家看到电子制作创新的潜力，看到从灵感到实现的过程。

如果你买了套件，可以照着如下的方法来焊接制作。如果没有套件也可以看一看，因为在设计之初也考虑到焊接制作上的创新。很多巧妙、有趣的设计都在制作过程中体现出来了，一定会让你产生制作的热情和乐趣。在开始之前，我还是要友情提示，DoWatch 手表体积小，都是贴片元器件，制作时一定要仔细认真，严格按照步骤进行。

28.4 焊接前的准备

DoWatch 手表的电路和外壳是由 PCB 层叠出来的，每片 PCB 上的元器件焊接都是普通的贴片焊接方法，而层与层之间的连接是用锡焊接两片板上对应的过孔实现的。这个部分的焊接方式对我来说也是陌生的，在新的方法面前我们都是学生。不过我反复焊接多次，积累了一些经验。总体上并不难，关键是把握焊接的温度和让板间对齐。另外，除了制作 DoWatch 手表所需的元器件，还需要准备的工具有：电烙铁、锡丝、松香、刀形烙铁头（用于焊接单片机和 OLED 屏）、尖形烙铁头、办公用双面胶、镊子、钳子、办公用小夹子（固定 PCB 用）、工业无水酒精（清洗用）。如果制作过程中遇见问题，还需要万用表来测试。我使用的单片机是 LQFP48 封装的，是一种引脚很密的小体积芯片。你有相关焊接经验最好，如果没有则需要先学习一下了。作为一名合格的创客，密脚芯片的焊接算是基本功了。为了方便大家准备，在此先列出手表制作中常见的问题，大家要特别注意。

- OLED 屏是很薄的玻璃片，在制作时不要用力过大。OLED 排线在弯曲时要轻，用力折叠会使其断裂。
- 手表和充电器中各有一薄一厚 2 片磁铁，2 片磁铁一旦分开就不要再合在一起了，防止薄磁铁断裂。
- 在层叠焊接时，过孔内加锡的过程中可能会产生气泡，气泡会产生虚焊的假象，用烙铁尖反复移动，可以去除气泡。
- 在板与板焊接时，尽量用夹子压紧，以减少空隙。空隙过大会影响美观，也会让里面的元器件松动。
- 正常的充电方法是先吸合手表和充电器，再插入 USB 线，如果是后吸合手表，可能不会显示电池充电图标。

图 28.12 ~ 图 28.14 所示是制作所需要的所有元器件，看上去不多。这里要注意，在每片 PCB 的上方居中处有 A、B、C 等板号标注，是手表从上表面开始到背盖的标号。焊接是按这一顺序组装的，下文中提到的“A 板”、“C 板”指的就是对应标号的 PCB，标号的位置在纵向上也应该是对齐的。下面开始制作，首先要制作的是从 A 板到 F 板的手表主体部分。

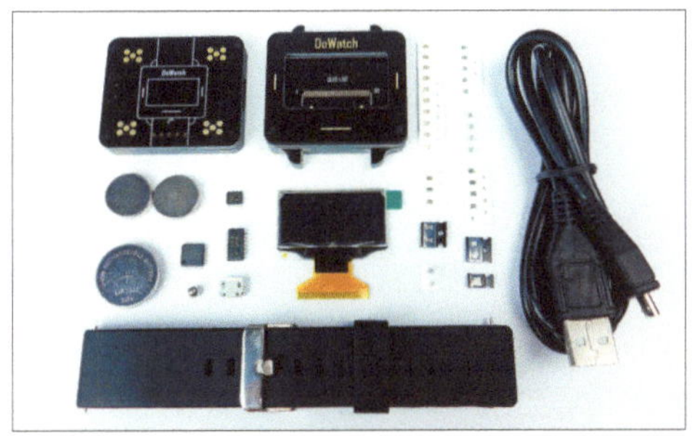

图 28.12 制作所需元器件

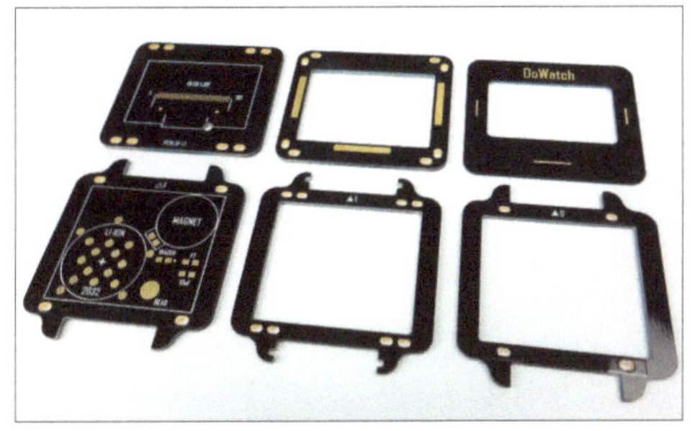

图 28.13 手表部分的 6 片 PCB

■ 图 28.14　充电器部分的 4 片 PCB

28.5　手表的焊接

大家准备好了吗？现在开始手表部分的焊接。因为有两处贴片密脚芯片的部分，所以先换上刀形烙铁头来焊接 C 板。第一步，焊接 OLED 排线，图 28.15 所示是 OLED 屏的排边焊盘。先用烙铁加锡，在焊盘表面挂一层锡，再将 OLED 屏背面朝上，按照图 28.15 下边所示的样子放在焊盘上。对齐各引脚位置，用刀形烙印头的平面轻轻按压排线，用烙铁的温度使排线和焊盘连在一起。注意，锡量不要太多，否则会导致短路。如果有焊盘粘连，可加松香，使之断开。在 OLED 屏背面贴上双面胶（见图 28.16）。

接下来，是焊接 LQFP48 封装的单片机，这个部分会更复杂一些，需要有一定的经验。图 28.17 所示是焊接好的单片机的样子，大家可以在网上找到贴片芯片焊接方法的视频，认真学习是能很快掌握的。焊好后一定要认真检查有没有引脚短接在一起。单片机焊好后再来焊接其他元器件，先把 C 板上所有元器件的焊盘中的一个引脚加上锡，然后在熔化锡的同时放入元器件，焊接元器件的另一端。其中，要注意 10μF 和 0.1μF 电容的差别，它们的样子很像，10μF 电容会大一些，0.1μF 的要小一圈。图 28.18 所示是焊好的 C 板。完成焊接后要测试一下，方法很简单。如图 28.19 所示，把电池放在相应位置上，用一条导线连接到电池正极和 C 板左上角内侧的焊盘上，这时 OLED 屏会显示开机界面。只要能正常显示，且亮度均匀，就表示焊接成功。如果没有显示，则要仔细检查哪里有问题。

■ 图 28.15　焊接 OLED 屏排线

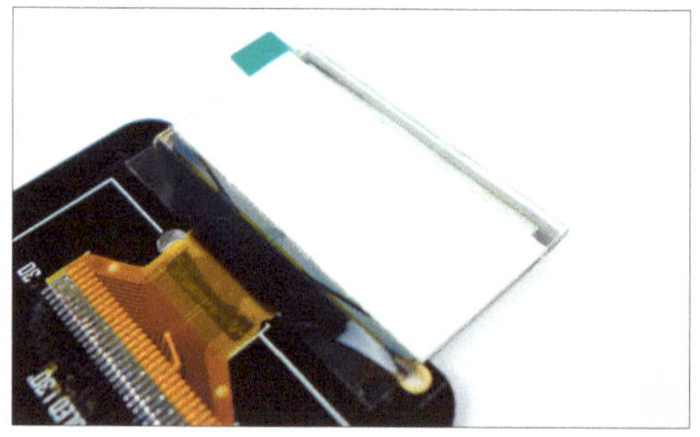

■ 图 28.16　贴双面胶

■ 图 28.17 焊接单片机

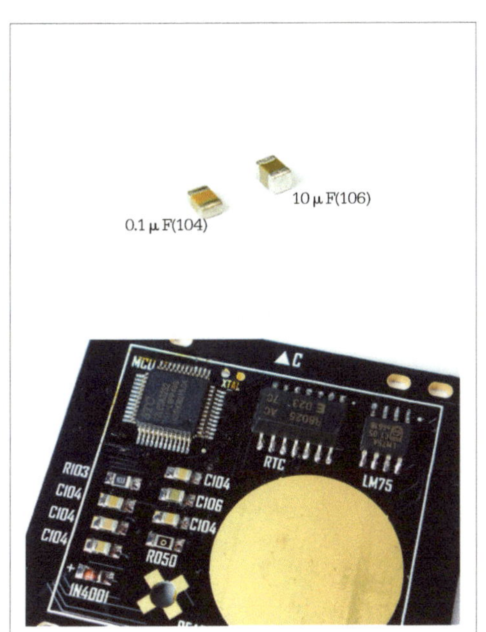

■ 图 28.18 焊接其他元器件

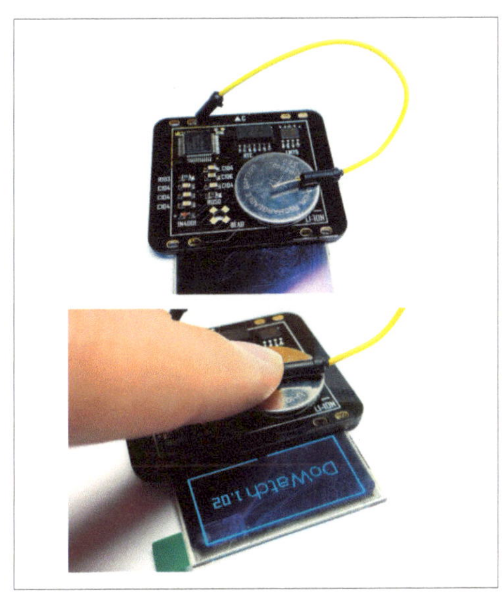

■ 图 28.19 测试电路是否正常

C 板焊接成功后，我们就已经完成了三分之一。接下来是关键性的一步：将 A、B 两片 PCB 焊在一起。如上一期所说，这一过程是完成手表外壳结构的关键一步，同时也是制作压力按键的重要一步。图 28.20 所示的 4 张图片是两片 PCB 焊接的方法，先把 A 板四角处的焊盘加一点锡，这样在板与板连接时才会更容易。然后把两片板上标号的部分对齐，用小夹子固定。把尖头烙铁插入到 B 板的过孔里面，并加入适量锡。这时锡会完全熔化并填满过孔，使 A 板和 B 板固定在一起。这个过程需要多加热一段时间，让锡得到充分熔化。初试的时候会有点难把握，但时间长了自然就有经验了。用同样方法焊接 B 板上的 4 个过孔。完成后，再按图 28.21 所示的方法用万用表测试按键。表笔放在公共端和某一按键端，然后用手按压对应的按键，按下导通、松开断开，就证明按键正常。3 个按键都测试好后，就能继续制作了。

图 28.20　A 板和 B 板的层叠焊接

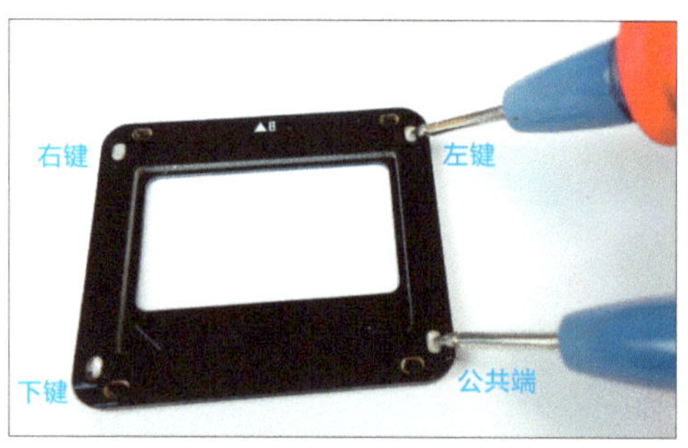

图 28.21　测试压力按键

下一步是对齐 OLED 屏在 A 板中间开窗中的位置（见图 28.22），然后用双面胶把OLED 屏粘在C 板上。再微调 OLED 屏在 A 板上的位置，直到对齐、美观为止。调好后，开始用同样的方法焊接 C 板和 B 板，如图 28.23 所示。接下来是制作重力传感器小钢珠的 4 个触点。因为 PCB 的限制，C 板上本身有的 4 个钢珠触点太过平面，不能良好接触，所以要如图 28.24 所示的那样，用锡加高触点，使钢珠抬起，但不要顶到 F 板上，中间要有一定的空间给钢珠移动。这个部分可以在制作时仔细观察触点、钢珠和 F 板之间的关系。完成后，再清洁一下触点表面的杂质，让它们之间良好接触。

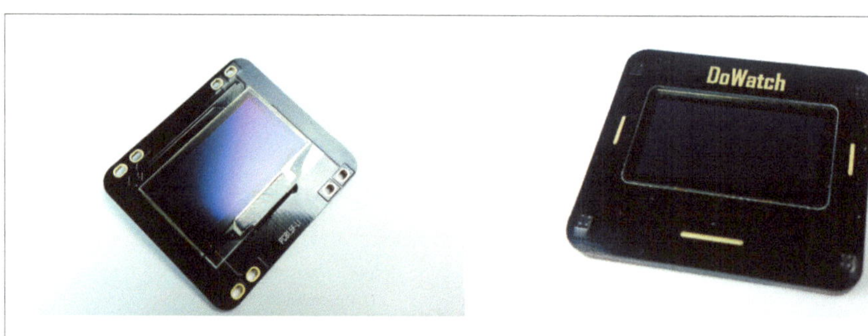

图 28.22　对齐 OLED 屏

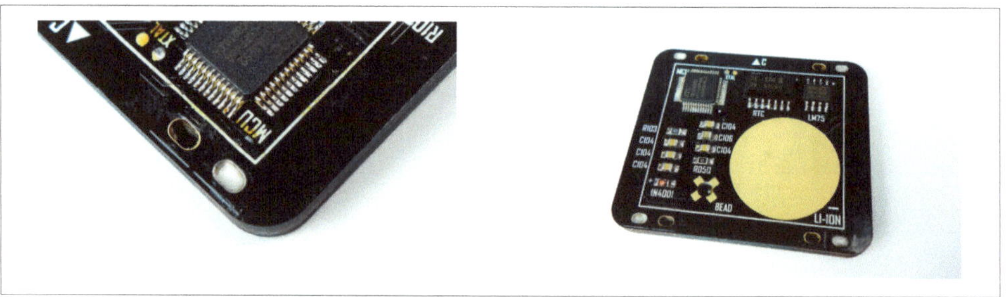

图 28.23　焊接 B 板和 C 板

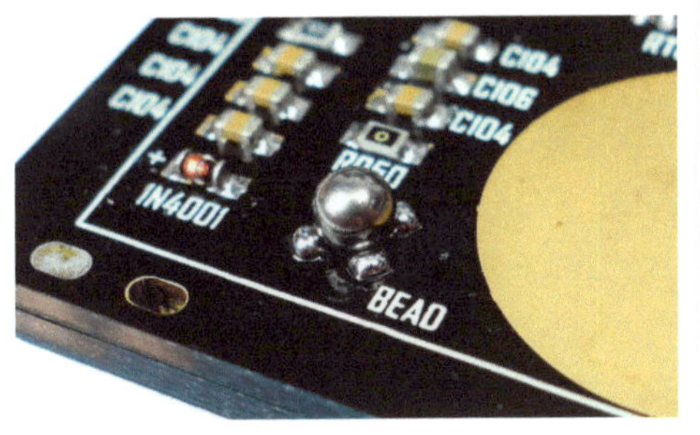

图 28.24　焊接重力球触点

下一步如图 28.25 所示，用同样的方法焊接 D 板和 E 板。注意，这两片 PCB 用的是同一位置的过孔，总体的过孔比较深。焊接时间要更长一些，锡量更大一些。如果你没有把握，可把两片 PCB 分开焊接，先焊好 D 板，再焊 E 板。最后，是 F 板上的元器件，如图 28.26 所示。F 板在锂电池的位置上要用锡做出几个突起的触点，这样才能把电池夹紧，抬高电池四周的 5 个突点可防止电池左右移动。F 板上的元器件按图中的样子焊接，板上标有 1N4001 的位置焊接的是 0Ω 电阻，FT 位置焊接的是 500mA 自恢复保险丝，保险丝可以防止充电触片的正、负极短路而损坏电池。

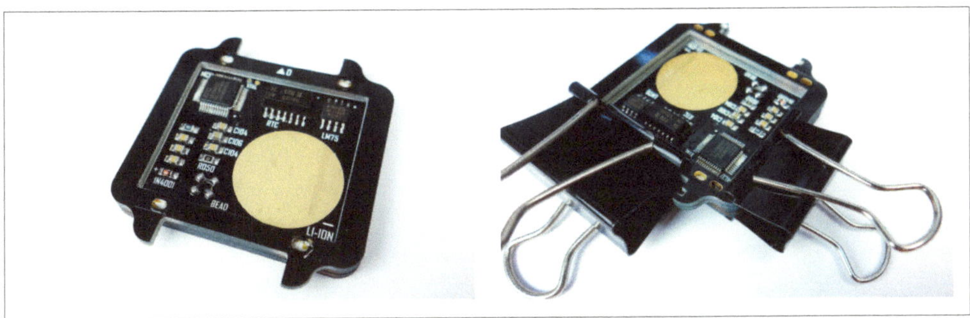

图 28.25　焊接 D 板和 E 板

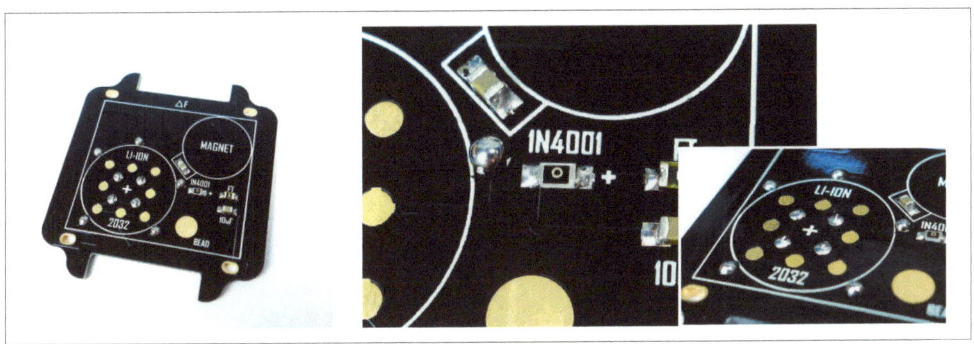

图 28.26　焊接 F 板上的元器件

下一步是把两片磁铁中较薄的一片取出来，用双面胶环绕包好，起到固定和绝缘作用。然后把磁铁、钢珠、电池整齐地放入表仓，如图28.27所示。将F板盖在E板上，检查是否对齐。F板焊接上之前，建议将F板背面的LOGO和充电触片都用胶纸贴上，以防止落上锡，因为锡液一旦落上将是不可逆的，影响美观。F板的焊接有一定难度，因为手表仓中的电池会高出一块，焊接时需要用力压紧，不要留下空隙。F板过孔里的锡一定要充实，因为这个部分是“吃劲”的，如果锡量少了后盖会弹开。最后再把F板表耳上的4个小圆盘加锡突起，如图28.28所示。这个设计是防止手表放在金属表面时会让触片短路，虽然内部已经有保险丝，但多一层保险会更安全。至此，手表部分的焊接就全部完成了，撕下胶纸，并清洁后盖。完成效果如图28.29所示，希望你也能焊得如图般整齐漂亮。

图28.27　装入组件

图28.28　焊接F板

图28.29　完成后的效果

大家会发现，手表 D、E、F 板上都伸出表耳，但它们的设计不同。E 板表耳处会有一个孔的位置，那是用来安装表带的孔，如图 28.30 所示。表带的安装和普通手表一样，这也是 PCB 纵向设计的巧妙之处，就好像把一块完整的表壳纵向切成 6 片，每一片都有其独立的设计，非常有趣。F 板焊好后，按下手表正面的菜单键（下方），此时 OLED 屏上会显示自发光蓝色字体的时间，非常有科技感，如图 28.31 所示。第一次使用手表需要初始化时钟，方法是在进入调时界面后同时按下左键和右键，这时会显示 2014 年 11 月某日某时，然后再重新调时就行了（见图 28.32）。如果你没有初始化，时间会错乱，一定要注意。手表背面的触片既有充电功能，又有串口接口的功能，可在不断电的情况下给单片机下载程序。

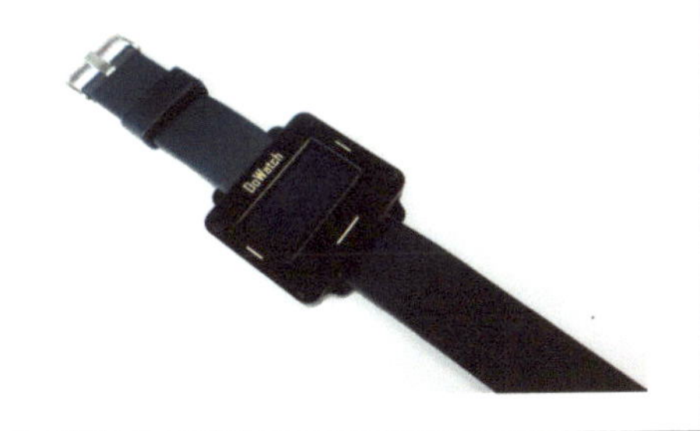

图 28.30 装入表带

图 28.31 点亮测试

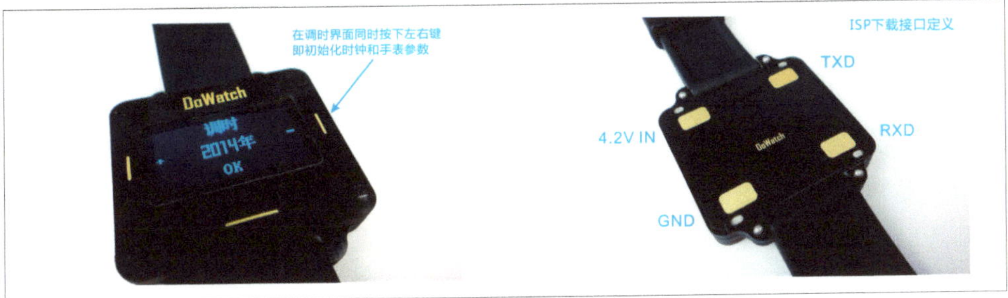

图 28.32 时钟初始化与升级

28.6 充电器的焊接

前面提到手表内部使用了可充电锂电池，这个电池要怎么充电呢？当然是要有配套的充电器才行。在 DoWatch 设计之初，我是希望在手表上放一个 miniUSB 接口，通过插 USB 线来充电。可后来还是放弃了这个方案，因为这款手表的使用时间可达 15 天以上，充电并不是经常做的事。把充电电路放在一个独立的充电器上，通过手表上的触片充电，手表与充电器通过磁吸固定，既减少了手表的重量，也给充电增加了一些新玩法、新乐趣。下面就来制作充电器部分。如图 28.33 所示，充电器也是由 4 片 PCB 通过层叠焊接技术组合而成，包括有 G 板、H+I 板、J 板。其中 H+I 板有 2 片，其目的是加大厚度，可让 USB 接口和磁铁都能放得进去。这一次在 H+I 板和 J 板上没有电路，它们只起到外壳的作用，所有电路都放在 G 板上了。

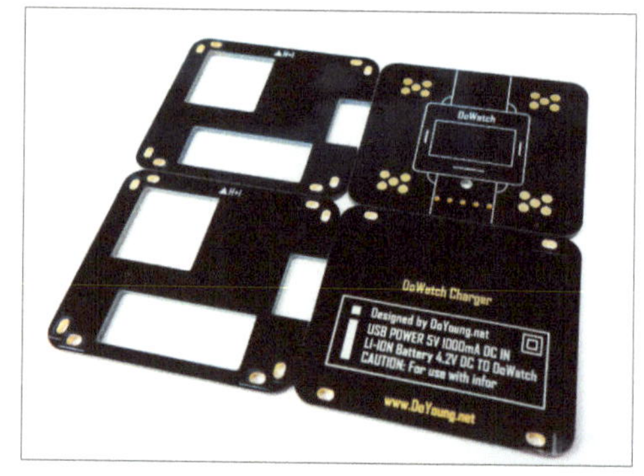

■ 图 28.33　充电器的 4 片 PCB

图 28.34 所示是 G 板上充电控制电路部分，电路中最核心的是一片 6 脚的锂电池专用充电芯片 TP4057，它可检测充电电压，自动断电，还有电源反接保护功能。为了使设计更安全，我在充电器上也加入自恢复保险丝，也在手表正面装了一个嵌入式 LED 电源指示灯。这个 LED 是反着焊接在 PCB 背面的，熟悉我的朋友应该会想起 CUBE8 光立方中也使用了这一设计。因为这部分的焊接比较简单，就不一一图解了。

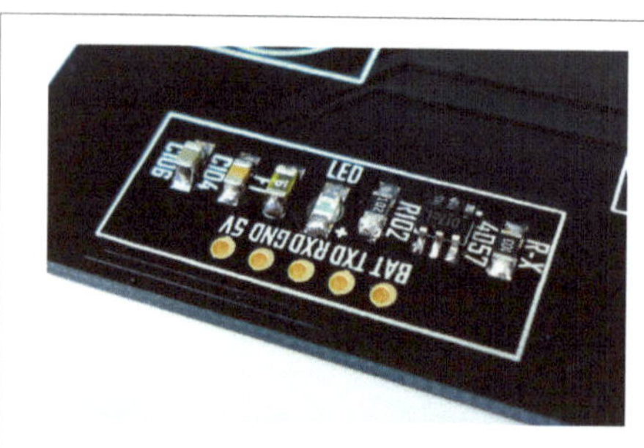

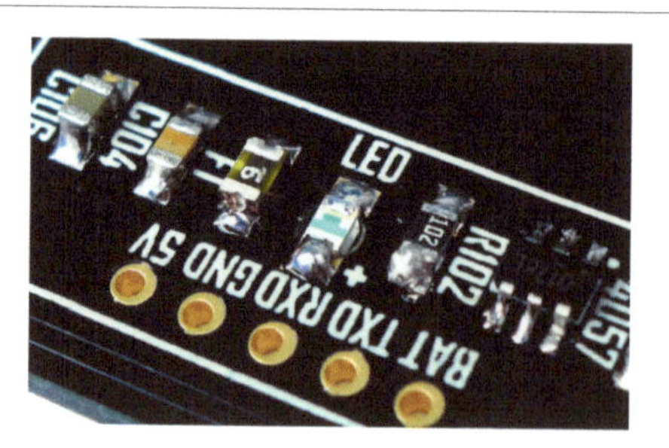

■ 图 28.34　焊接充电电路

下一步是焊接 MicroUSB 接口（见图 28.35），只需要焊接 5 个引脚中两侧的 2 个电源正、负极即可，然后在 G 板正面 4 个充电触点中，用锡加高除左下角的其他 3 个。这样的设计用于保证 3 点可达到良好的稳定性，加上磁铁的助力，会使手表和充电器牢牢地连接在一起。但左下角那个触点并不是没有用的，当你想把充电器板 DIY 成 ISP 烧写器或串口通信器的时候，这 4 个触点都会有用，在 G 板上我也预留了一个排针引出接口，你可以扩展它们。如图 28.36 所示，放入磁铁，注意磁铁的极性一定要与手表相吸哦。吸上手表，插入 USB 电源，正常情况下手表上会显示一个电池图标。测试成功后，焊上后盖 J 板，大功告成。图 28.37 所示是完成后的效果，至此完成了全部制作。

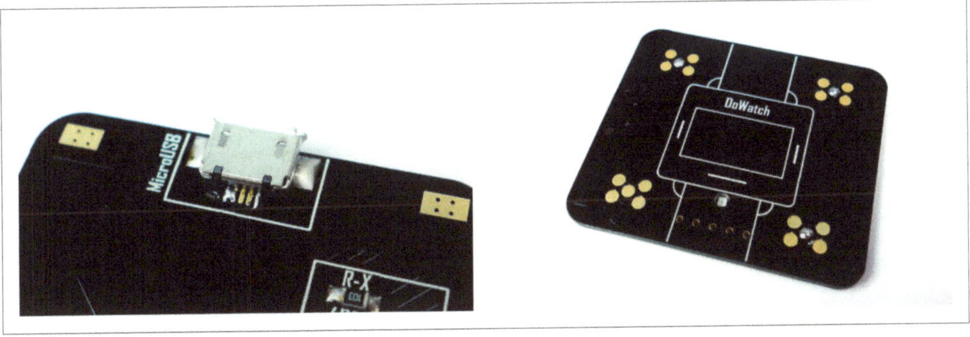

图 28.35 焊接 USB 接口

图 28.36 焊接后盖

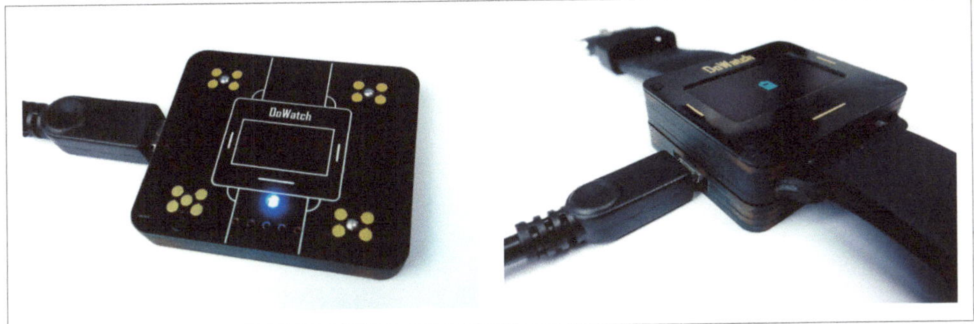

图 28.37 测试充电器

28.7 属于你的自定义

设计 DoWatch 手表之初就希望它是一款可供大家在硬件和软件上尽情 DIY 的套件，所以它是开放源程序的，我还把源程序中的注释内容编写到初学者可读的程度。你不仅可以在程序中加入自己的图片和文字，更重要的是你能学习到如何编写程序，相信对你的学习实践有一定帮助。在程序里，我给出了自定义图片的方法，也就是在按菜单键（下键）唤醒手表时，先显示你自定义的图片，然后再显示时间。对于想拿手表送人的朋友，这是很好的个性化定制礼物。更好玩的是，你可以把重要的生日、纪念日加到手表的节日提醒功能中，这一功能是其他 DIY 手表所不能做到的。手表中使用的单片机有 60KB 的 FLASH 空间，足够你尽情发挥创意，单片机使用的是目前最常用的 STC 单片机。因为 STC 单片机大家都很熟悉，减少了自定义的学习难度。这款手表的硬件原理示意图如图 28.38 所示。

好了，这就是我最新的作品 DoWatch 手表，不知看过之后有没有让你感觉到惊喜。DoWatch 从创新思路到最终产品用了将近一年的时间，在这段时间里，我认真处理每一处细节，用高品质的原料，用尽量简洁的设计，力求做出兼容实用和 DIY 特性的手表，希望带给每一位亲手制作套件的人以极致的 DIY 体验。PCB 层叠焊接、压力按键和重力钢珠的三大创新设计并没有申请专利，大家可以借鉴它们，用在你的作品上。喜欢我的作品的朋友们，如果我的作品可以带给你一些启发和灵感，那是我最骄傲的事。如果你也能在借鉴之后自主创新，为更多的爱好者提供有创意的设计，让电子 DIY 的圈子更加成熟、壮大，那是我最希望看到的事。

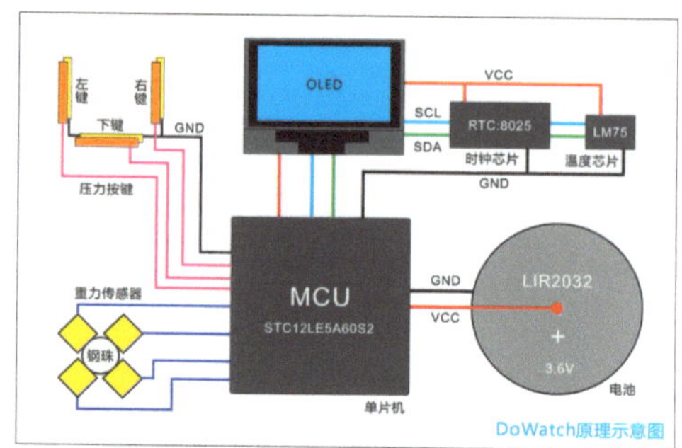

图 28.38 硬件原理示意图

第 4 章 人人都是安卓软件开发工程师

29　感应手机姿态而与人互动的“手机宝宝”

30　智能小车管家

31　《机器人大战》小游戏

29 感应手机姿态而与人互动的“手机宝宝”

◇徐立宁

安卓系统（Android）的崛起，意味着一批巨人的倒下，老“塞班”（Symbian）早已风光不再，微软的 Windows Phone 与诺基亚的牵手也被称为“弱弱联合”，已无力回天。

各大手机制造商纷纷采用安卓系统，欲与苹果手机一分高下。在车站、地铁、公交车上，都会看到大家使用智能机打发无聊的时间，微博、微信、余额宝、理财通各种移动应用和层出不穷的手游都会选在安卓平台下开发，这个绿色的小机器人已潜入了我们生活的每一个角落，成为我们生活的一部分。安卓系统的智能手机以其漂亮、简洁、友好的操作界面和各种触感游戏往往使我们不能自拔。

不知道你想过没有，如果你能自己编写一款在安卓系统手机上运行的小游戏、小应用软件，安装在自己的手机上使用、展示给朋友，或卖给需要的人创造一点小财富，那一定是一件很炫、很酷的事情。接下来我将与大家一起玩转安卓手机，45min 开发一款安卓系统手机小软件，让每一位读者都成为安卓软件开发“工程师”。

这里使用的开发工具是 MIT App Inventor 2，详细介绍我不多说，大家上网搜一下便知。这个开发工具是一款运行在谷歌 Chrome 浏览器下的云端开发工具（现在也有了离线版），具有功能丰富的各种组件和图形化编程理念，即使你是小学生，也能开发安卓软件，接下来我们就开始吧！

29.1 硬件准备

首先你需要一台接入互联网的笔记本电脑或台式机（系统为 Windows XP、7、8 都可以，最好有 Wi-Fi）、一部安卓系统的智能手机。MIT App Inventor 2 提供了 3 套准备方案。

准备方案1：接入互联网的笔记本电脑（有Wi-Fi）、安卓系统智能手机，我采用的就是这个准备方案。

准备方案2：只有接入互联网的笔记本电脑，无安卓系统智能手机，我们可以通过MIT App Inventor 2提供的虚拟机来完成测试开发。

准备方案3：接入互联网的笔记本电脑（无Wi-Fi）、安卓系统智能手机，只能使用数据线连接，需要安装手机驱动，比较麻烦。

29.2 软件准备

1 下载装谷歌 Chrome 浏览器。

2 登录谷歌首页（www.google.com.hk）注册一个账户并登录，如果你之前有账户就不用了。

3 进入 MIT App Inventor 2 官网（appinventor.mit.edu/explore/），单击右上角的“Create”。

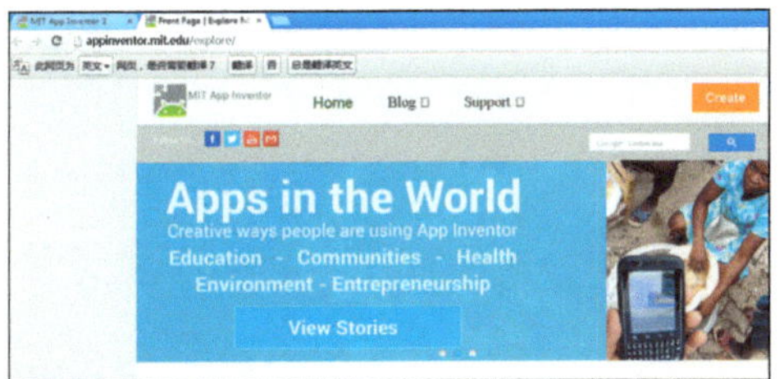

4 进入 MIT App Inventor 2 云端开发工具的起始界面。

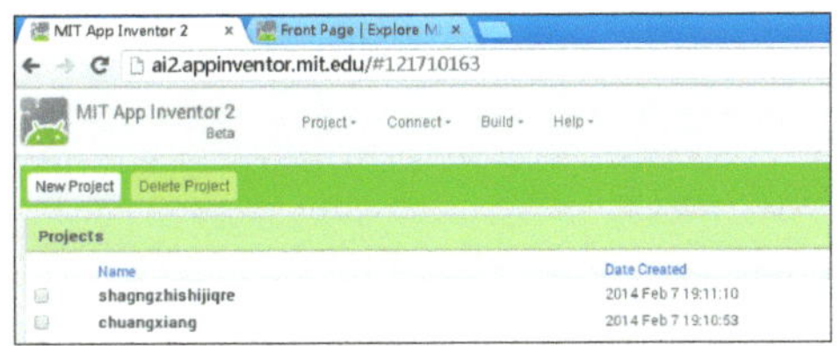

29.3 开发安卓软件

有了前面的准备，我们就可以进入神奇、有趣的安卓软件开发之旅了。

1 在 MIT App Inventor 2 开发工具的起始界面点击“New Project（新建工程）”，创建你自己的第一个工程文件，名称必须是由英文字母、数字组成，不能用汉字。单击“OK”进入 MIT App Inventor 2 的“工作界面”。

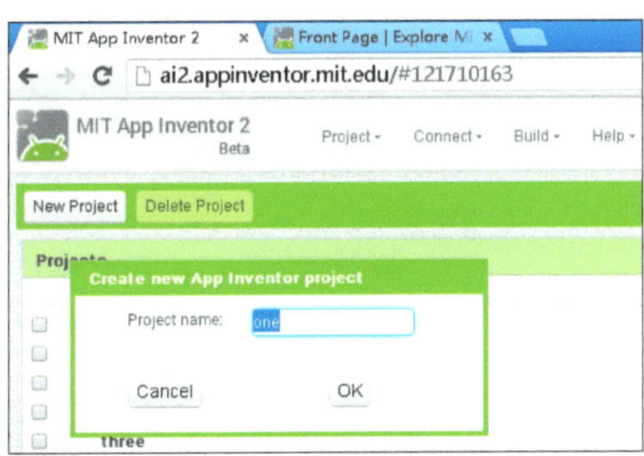

2 图示为 MIT App Inventor 2 的工作界面。初步了解 MIT App Inventor 2 的工作界面后，我们就可以小试牛刀了。我这就带领大家一起做一款名叫“手机宝宝”的小软件，这个小软件能自动捕获手机的姿态，如果手机是平躺着，“手机宝宝”就会睡觉，并发出呼噜声，如果手机被稍微立起，“手机宝宝”就会嚎啕大哭。正式开始前，我们需要准备 4 样素材：从网络上下载两张卡通宝宝图片（一张是睡觉的，另一张是大哭的）、两个音乐素材文件（一个是宝宝睡觉的呼噜声，另一个是号啕大哭声）。把这 4 个素材上传到属性下的“媒体库”中，文件命名不能用汉字。

TIPS：这里我要多句嘴，由于界面是英文的，你可以启动谷歌浏览器的在线翻译功能，方便英文基础差的朋友使用。可能会出现翻译不准确或者部分英文仍然无法翻译的情况，这是正常的；但如果在启动在线翻译时出现“服务器出错”的提示，这是不正常的，你需要手动设置才可以。设置方法为进入 C:\WINDOWS\system32\drivers\etc 文件夹，用记事本打开 host 这个文件，加入如下两行：203.208.46.145 translate.google.com、203.208.46.145 translate.googleapis.com。

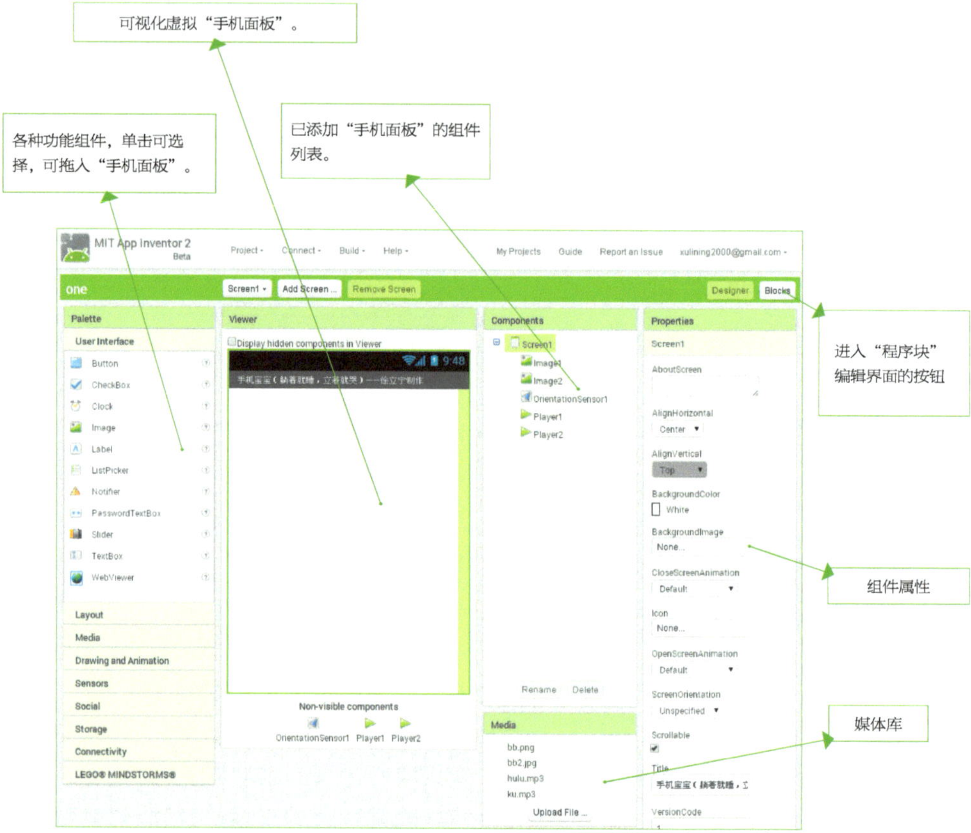

可视化虚拟“手机面板”。

各种功能组件，单击可选择，可拖入“手机面板”。

已添加“手机面板”的组件列表。

进入“程序块”编辑界面的按钮

组件属性

媒体库

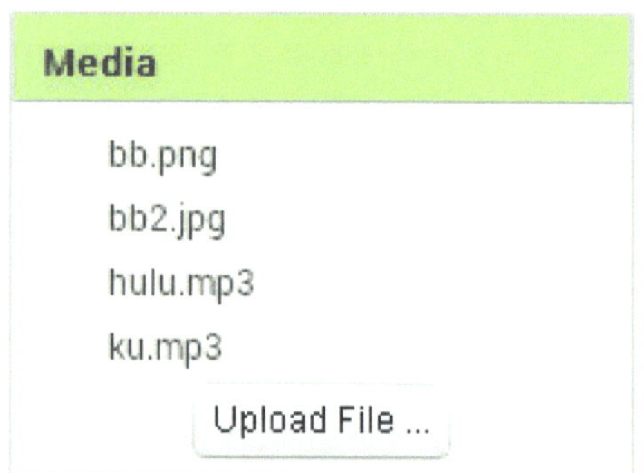

❸ 我们需要选择下面几个“组件”，拖到“手机面板”中，并且依照表 29.1 在“组件属性”中设置属性。属性设置完毕后，在“手机面板”中什么都看不到，这是正常的，因为图片都被我们隐藏了，当程序运行时才会显示出来。Orientationsensor 为手机姿态传感器，目前市面上大多数手机都具备，虽然听起来很陌生，但你在玩重力感应手机游戏时已经调用了这个传感器。假如你的手机恰巧没有内置这个传感器，这个实例就没有办法完成了。

表 29.1 添加的组件和属性设置

组件名称	自动命名	属性设置	功能
Screen(自动生成、不用添加)	Screen1	Title：手机宝宝	手机的起始界面
Image（添加 2 个）	Image1	Picture:bb.png	连接到睡觉图片
		Visible:hidden	隐藏睡觉图片
	Image2	Picture:bb2.jpg	连接到哭的图片
		Visible:hidden	隐藏哭图片
Player（添加 2 个）	Player1	Source:hulu.mp3	连接到呼噜声音文件
	Player2	Source:ku.mp3	连接到哭的声音文件
Orientationsensor	Orientationsensor1		捕获手机的姿态

❹ 下面我们通过图片详细解释 Orientationsensor（姿态传感器）的 3 个重要参数——Azimuth（方向）、Pitch（俯仰）、Roll（左右翻滚）随着手机空间方位变化的数值变化。

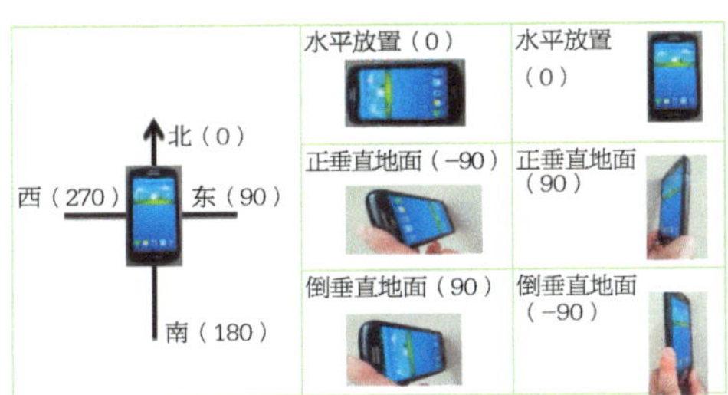

❺ 提到程序设计，有的读者会感觉应该很复杂，其实恰恰相反，程序设计跟我们做事情是一样的，电脑程序完全是模拟人做事情，程序结构就 3 种：顺序、选择、循环。不知道你猜到我们主要需要用到哪种程序结构没有？对了，应该是选择结构，通过捕获手机 Pitch（俯仰）姿态，选择播放不同的声音、显示不同的图片，就完成手机宝宝睡觉还是啼哭这样一个小软件了。搞清楚程序的结构后，是不是要书写大量让人头疼的代码呢？完全不用，这就是 MIT App Inventor 2 的重要设计理念——图形化编程。这让我回忆起儿时玩的积木，不同形状、颜色和不同缺口的积木代表不同的功能组件，使用不同的组合可以搭建不同的建筑、交通工具、小动物等，让想象力发挥得淋漓尽致。MIT App Inventor 2 也秉承着这样的理念，提供了不同功能的“程序块”，不同种类的“程序块”的颜色、形状和缺口不一样，很类似小孩子玩的拼图游戏。通过图形化编程的方式编写程序，可以拉近安卓系统与普通用户的距离，让每个用户都成为安卓软件的开发者，丰富着安卓应用软件，完全不同于故步自封的老“塞班”，这也正是安卓具有旺盛生命力的原因之一。以下是“手机宝宝”的全部代码，下面我依次解释。

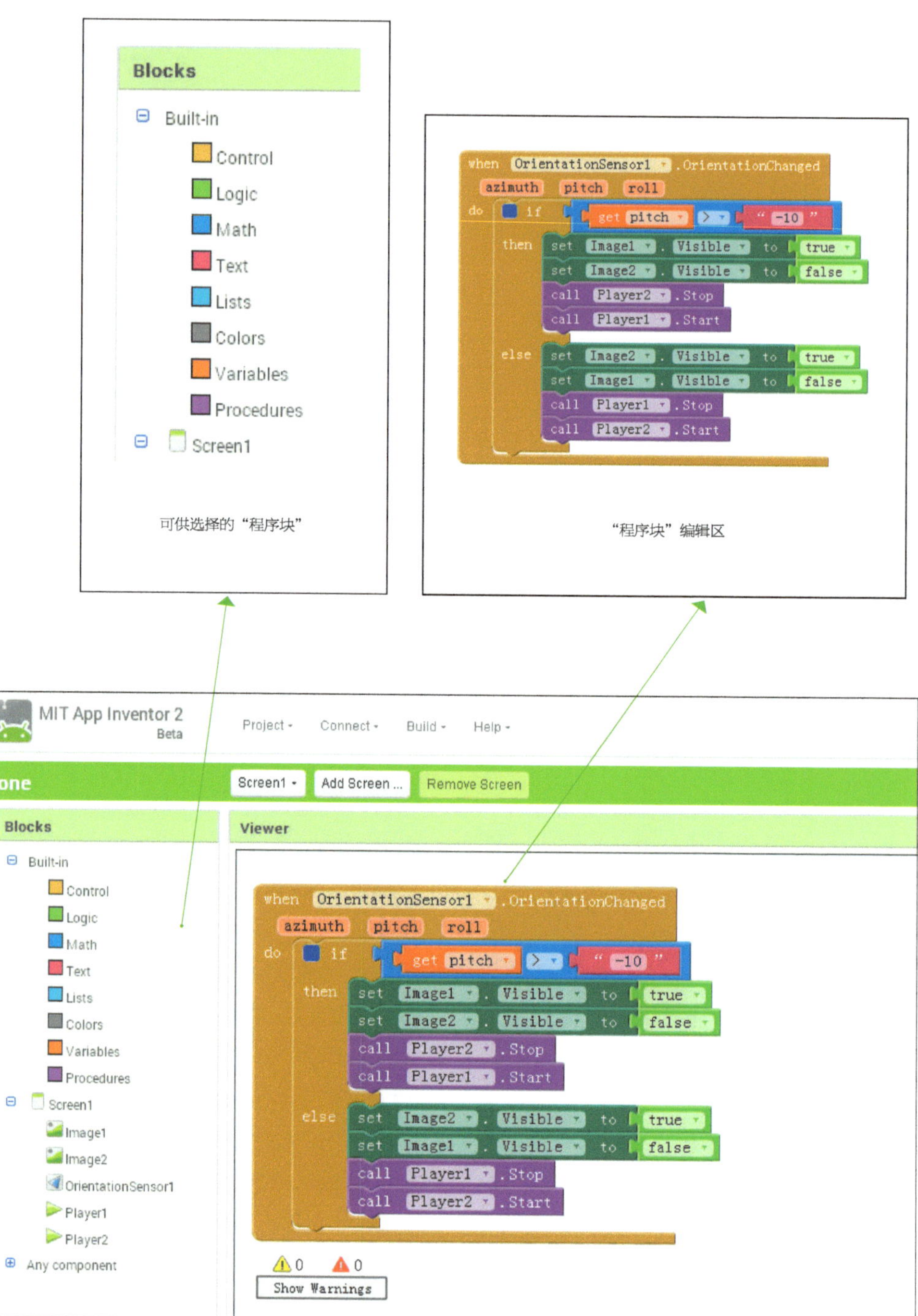

Blocks
Built-in
Control
Logic
Math
Text
Lists
Colors
Variables
Procedures
Screen1
可供选择的“程序块”
when OrientationSensor1 .OrientationChanged
azimuth pitch roll
do if get pitch > “ -10 ”
then set Image1 . Visible to true
set Image2 . Visible to false
call Player2 .Stop
call Player1 .Start
else set Image2 . Visible to true
set Image1 . Visible to false
call Player1 .Stop
call Player2 .Start
“程序块”编辑区
MIT App Inventor 2
Beta
Project
Connect
Build
Help
one
Screen1
Add Screen ...
Remove Screen
Viewer
Image1
Image2
OrientationSensor1
Player1
Player2
Any component
Show Warnings

❻ 当把“程序块”插入的时候，“缺口框”会自动变大。

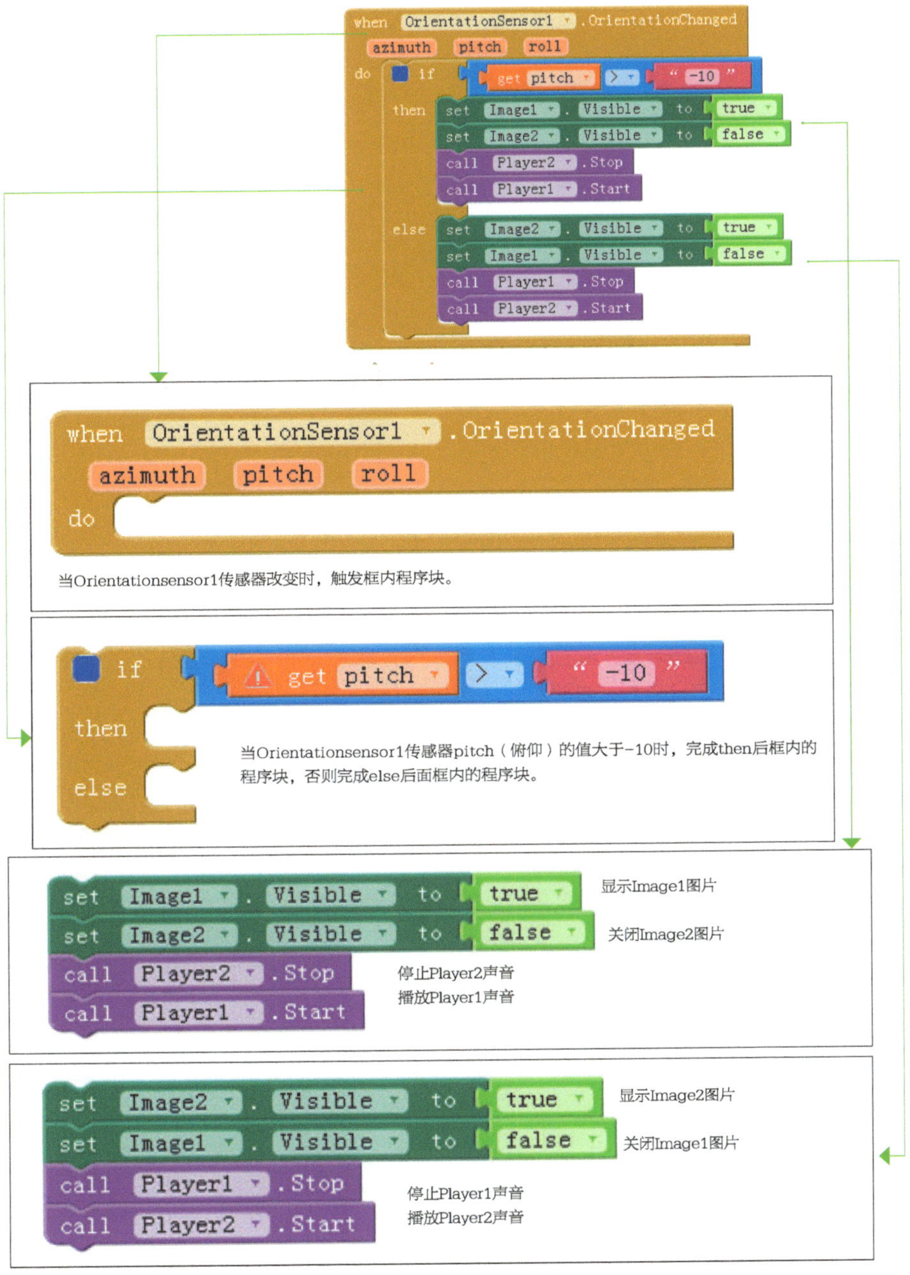

```
when OrientationSensor1 .OrientationChanged
  azimuth  pitch  roll
do  if  get pitch > "-10"
    then  set Image1 . Visible to true
          set Image2 . Visible to false
          call Player2 .Stop
          call Player1 .Start
    else  set Image2 . Visible to true
          set Image1 . Visible to false
          call Player1 .Stop
          call Player2 .Start
```

```
when OrientationSensor1 .OrientationChanged
  azimuth  pitch  roll
do
```

当Orientationsensor1传感器改变时，触发框内程序块。

```
if  get pitch > "-10"
then
else
```

当Orientationsensor1传感器pitch（俯仰）的值大于-10时，完成then后框内的程序块，否则完成else后面框内的程序块。

```
set Image1 . Visible to true      显示Image1图片
set Image2 . Visible to false     关闭Image2图片
call Player2 .Stop                停止Player2声音
call Player1 .Start               播放Player1声音
```

```
set Image2 . Visible to true      显示Image2图片
set Image1 . Visible to false     关闭Image1图片
call Player1 .Stop                停止Player1声音
call Player2 .Start               播放Player2声音
```

❼ “程序块”拼接好后，我们就可以调试了。单击“Build”，选择第一项生成.apk文件，编译完毕后，会生成一个二维码，扫描后可得到下载地址，安装后就可以使用我们的“手机宝宝”小软件了。也可以选择第二项，将生成的.apk文件保存在电脑中，分享给你的朋友们。

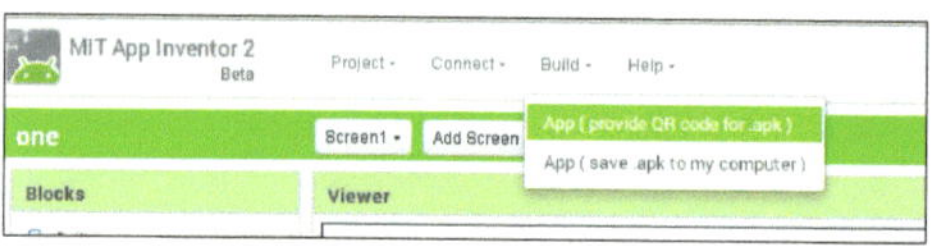

❽ 以下为实际运行效果：与小兔子一起躺在床上睡觉，发出呼噜声；靠在枕头上立起手机，立即发出哭声。

29.4 总结

以上是使用MIT App Inventor 2开发安卓软件的一个小实例，在此基础上，我们可以制作一个重力感应的小游戏。MIT App Inventor 2适用于非专业的安卓玩家使用，绕开了专业的Java开发平台，初学者很容易上手，经过几个小时学习，就可以开发出很多漂亮的安卓小应用。

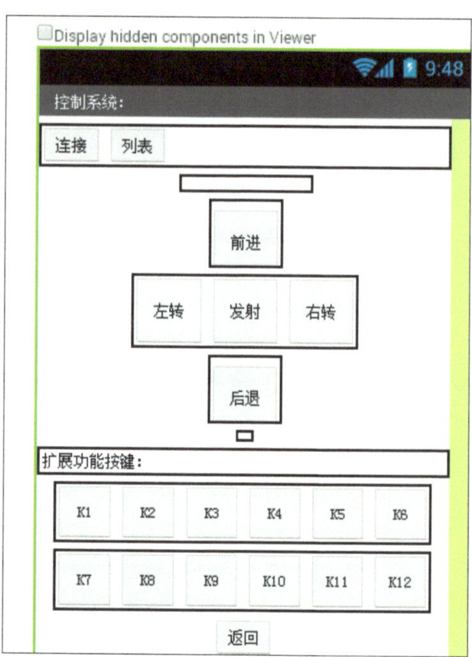

30 智能小车管家

◇徐立宁

通过动手尝试，我相信大家应该对 MIT App Inventor 2 有了一定的了解，熟悉了它的基本开发环境，这一期就可以开门见山，直奔主题了。

下面我将介绍如何通过 MIT App Inventor 2 开发一款安卓系统手机的小应用软件，通过这个小应用，可以全权管理智能小车。我给这个小应用取名为“智能小车管家”。将“智能小车管家”安装在安卓手机上，不仅可以遥控智能小车，还能让软件自动控制智能小车完成循迹、避障等功能，完全不用你去控制。这一切借助 MIT App Inventor 2 的图形化编程来实现，智能小车（单片机）已经成了底层硬件，我们只需要编写、固定智能小车（单片机）与安卓手机的通信数据包即可，其他功能，比如智能小车循迹、避障、灭火、发射飞弹等完全在 MIT App Inventor 2的图形化编程下完成。所以，今后借助一款安卓手机就可以玩转“高科技”的智能小车了。话不多说，马上开工！

功能演示视频，主页内有视频教程

30.1 工作原理

“智能小车管家”通过蓝牙与智能小车的串口蓝牙模块连接，就可以实现手机对智能小车的遥控。智能小车也可以将传感器信号回传给手机，“智能小车管家”可以通过你事先设计好的程序自动完成各种任务。

30.2 硬件准备

我只简单介绍主要硬件，全部硬件详见表 30.1。安卓手机需要带有蓝牙发射功能。串口蓝牙模块选择的是 HC05 串口模块（收发一体，默认波特率是 9600）。智能小车控制板选择的是 C40，板载单片机为 STC89C52，集成了 2 组电机驱动芯片，可以同时驱动 4 个直流电机，拥有多组5V供电插针，高度集成，使用方便。可以使用其他单片机、电机驱动芯片或者自己做的控制板，但插拔连接比较麻烦。其他还需要循迹模块两个、避障模块 2 个、4 轮小车底盘一辆（必须使用防干扰的电机）。需要准备的工具见表 30.2。

表 30.1 所需准备的硬件

序号	名称	数量
1	安卓手机（蓝牙功能）	1
2	HC05 蓝牙串口模块	1
3	C40 智能小车控制板	1

续表

序号	名称	数量
4	循迹模块	2
5	避障模块	2
6	4 轮小车底盘	1
7	电池盒	1
8	铜柱、螺丝	若干
9	杜邦线	若干
10	热缩管	若干

表 30.2　所需准备的工具

序号	名称	作用
1	电烙铁	焊接电机导线
2	螺丝刀	安装硬件模块
3	万用表	测量检查

30.3　组装智能小车

参考图 30.1，将准备好的硬件组装好，通电前请检查是否有误，并用万用表测量。连接好的实物如图 30.2、图 30.3 所示，部分代码如图 30.4 所示。

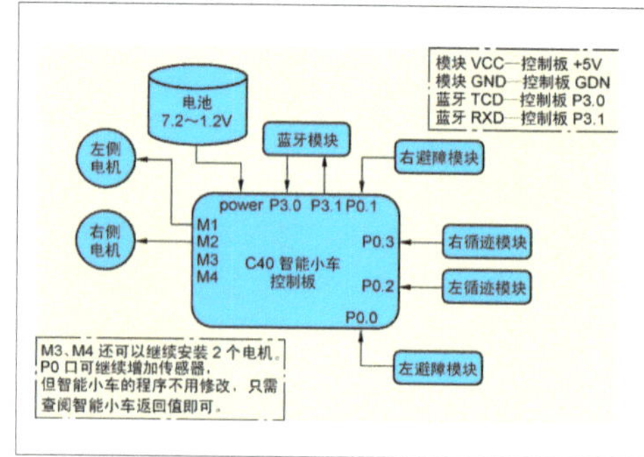

图 30.1　智能小车模块连接示意图

图 30.2　实物连接参考图

图 30.3　加上一块亚克力板以保护控制板

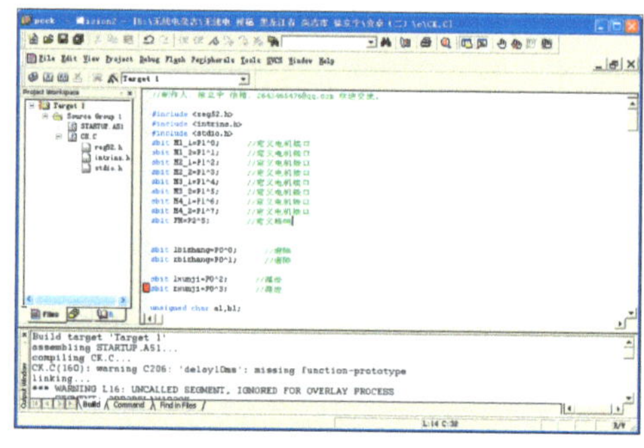

图 30.4　部分代码演示

30.4　编写通信数据包程序

智能小车（单片机）与“智能小车管家”的通信数据包程序的原理大家可以不用关心，你只需要利用数据包的“返回值”（见表 30.3）和“指令值”在 MIT App

Inventor 2 下通过图形化编程来控制智能小车就可以了。我会将通信数据包程序编译好与大家共享。

表 30.3 返回值（智能小车→智能小车管家）

序号	智能小车返回值	含义
1	255	左、右避障模块未发现物体，左、右循迹模块未发现黑线
2	254	左避障模块发现物体
3	253	右避障模块发现物体
4	252	左避障模块发现物体，右避障模块发现物体
5	251	左循迹模块发现黑线
6	250	左避障模块发现物体，左循迹模块发现黑线
7	249	右避障模块发现物体，左循迹模块发现黑线
8	248	左避障模块发现物体，右避障模块发现物体，左循迹模块发现黑线
9	247	右循迹模块发现黑线
10	246	左避障模块发现物体，右循迹模块发现黑线
11	245	右避障模块发现物体，右循迹模块发现黑线
12	244	左避障模块发现物体，右避障模块发现物体，右循迹模块发现黑线
13	243	左循迹模块发现黑线，右循迹模块发现黑线
14	242	左循迹模块发现黑线，右循迹模块发现黑线，左避障模块发现物体
15	241	左循迹模块发现黑线，右循迹模块发现黑线，右避障模块发现物体
16	240	左避障模块发现物体，右避障模块发现物体，左循迹模块发现黑线，右循迹模块发现黑线

如果你在智能小车单片机的 P0 口继续添加新的传感器，返回值的计算也很简单，只需要进行一次简单的二进制转换为十进制的运算即可。说到这里，我突然想起上初中时学校开设计算机课程，当时机型为 486，最初几节课是老师在黑板上讲解二进制和十进制相互转换的问题，当时我还摸不着头脑，这 0、1 转换跟计算机有什么关系呀，后来上了大学学得多了，才知道意义所在。

现在计算进制转换，我们使用 Windows XP 自带的计算器，将其切换成“科学型”模式就可以搞定。Windows 7 自带的计算器有“程序员”模式，计算进制转换就更方便了。具体计算方法请参考表 30.4。

表 30.4 返回值的计算（P0 口未添加模块时，值默认为 1）

序号	P0 端口	传感器	发现物体或遇到黑线	未发现物体或未遇到黑线	实际情况
1	P0.0	左避障模块	0	1	0
2	P0.1	右避障模块	0	1	1
3	P0.2	左循迹模块	0	1	1
4	P0.3	右循迹模块	0	1	1
5	P0.4	—			1
6	P0.5	—			1
7	P0.6	—			1
8	P0.7	—			1

表 30.4 中最后一列假设了一种“实际情况”，P0.7~P0.0 为 11111110，输入计

算器后，切换二进制为十进制，可获得254（见图30.5）。所以当你在安卓手机端获得返回值“254”时，表示左避障模块发现物体，你需要做出相应反应，或者通过事先设定好的程序自动控制。

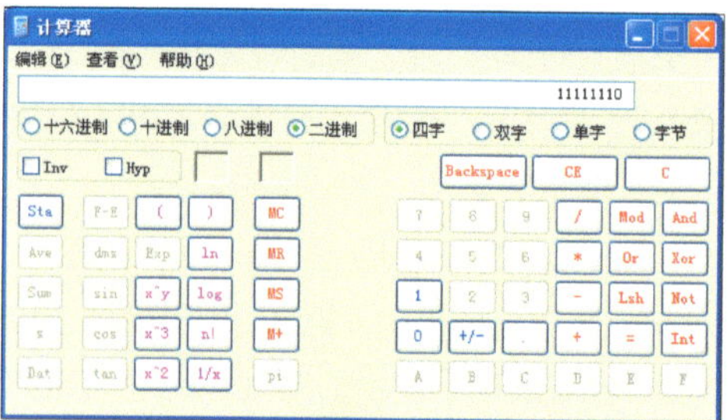

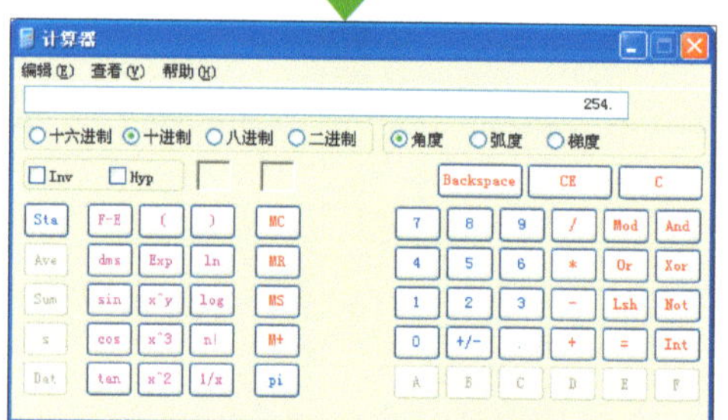

■ 图30.5 用计算器将二进制转换为十进制

安卓手机上的“智能小车管家”向智能小车发出的“指令值”参见表30.5。

表30.5 指令值（智能小车管家→智能小车）

序号	指令值	含义
1	a	前进
2	b	后退
3	c	左转
4	d	右转
5	e	停止
6	y	遥控模式
7	z	自动模式
8	v	空指令

30.5 安卓软件的编写

有了前面的准备工作，我们就可以利用MIT App Inventor 2开发“智能小车管家”应用软件了。智能小车的单片机代码我们不用关心，整个开发过程只需要参考“返回值”和“指令值”即可，编程全部图形化。

首先我们需要开启MIT App Inventor 2，新建一个工程，添加相应组件并修改属性（见表30.6），然后就可以进行图形化编程了（见图30.6、图30.7）。

表30.6 要添加的组件和属性设置

组件名称	自动命名或修改	属性设置	功能
Screen（自动生成、不用添加）	Screen1	Title：手机管家	手机的起始界面
ListPicker	ListPicker1	Text：连接	连接蓝牙
Button	Button_yaok	Text：手动遥控模式	手动按钮
Button	Button_zid	Text：自动驾驶模式	自动按钮
Button	Button_qianjin	Text：前进	前进按钮
Button	Button_houtui	Text：后退	后退按钮
Button	Button_zuozhuan	Text：左转	左转按钮
Button	Button_youzhuan	Text：右转	右转按钮

续表

组件名称	自动命名或修改	属性设置	功能
Button	Button_tingz	Text：刹车	刹车按钮
Button	Button_guanb	Text：关闭	关闭按钮
Label	Label_zt	Text：状态	显示蓝牙状态
Label	Label_mosh	Text：运行模式	显示运行模式
Label	Label_jqlb	Text：返回值：	静态标签
Label	Label_zhillb	Text：指令值：	静态标签
Label	Label_jieq	Text：--	显示返回值
Label	Label_zhil	Text：--	显示指令值
Layout 三种自由选	自动命名即可	Width Height 自己设定	按键、标签布局框架
Clock	Clock_caij	TimerInterval:10	
TimerEnabled:false	定时采集数据		
Clock	Clock_zid	TimerInterval:10	
TimerEnabled:false	定时发出指令控制		
BluetoochClient	BluetoochClient1	默认	蓝牙连接智能小车

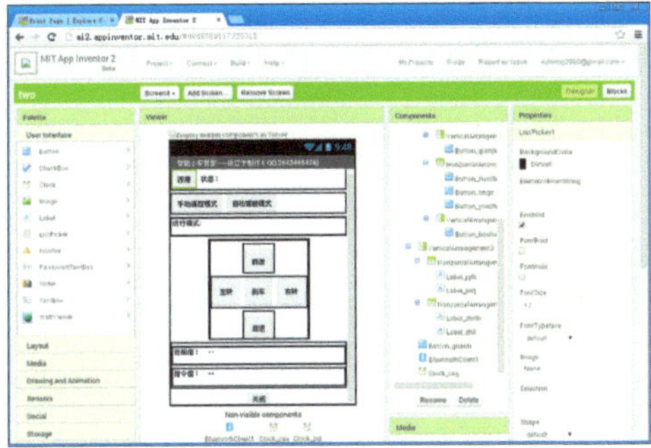

■ 图 30.6　添加组件后布局的截图

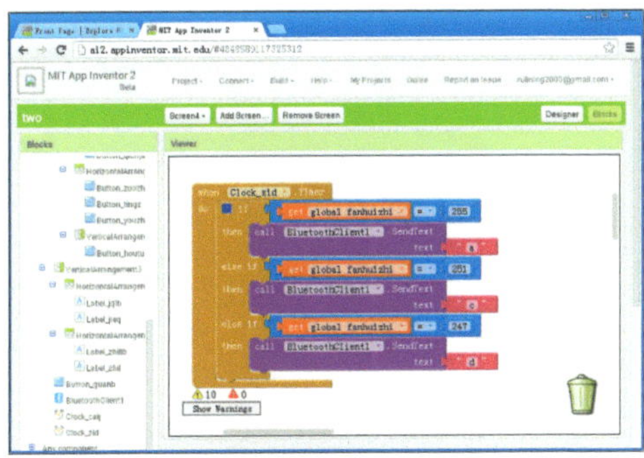

■ 图 30.7　程序块编辑界面

30.6　手动遥控模式代码

30.7 自动驾驶模式代码

下面代码完成的是循迹任务，你可以在此基础上修改，做避障、灭火等其他的任务。

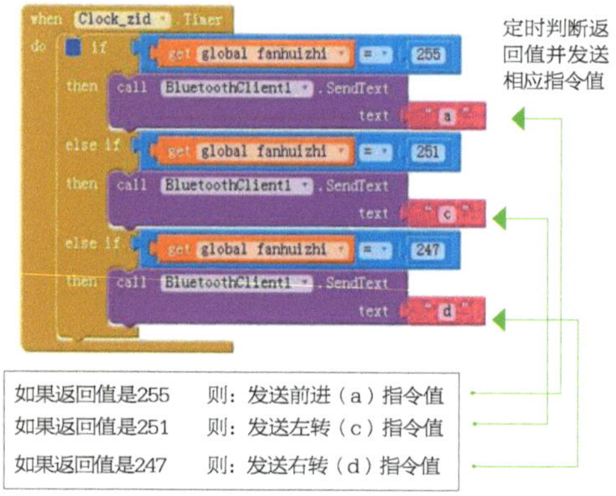

```
when Clock_zid .Timer
do  if   get global fanhuizhi = 255
    then call BluetoothClient1 .SendText
              text "a"
    else if  get global fanhuizhi = 251
    then call BluetoothClient1 .SendText
              text "c"
    else if  get global fanhuizhi = 247
    then call BluetoothClient1 .SendText
              text "d"
```

定时判断返回值并发送相应指令值

如果返回值是255	则：发送前进（a）指令值
如果返回值是251	则：发送左转（c）指令值
如果返回值是247	则：发送右转（d）指令值

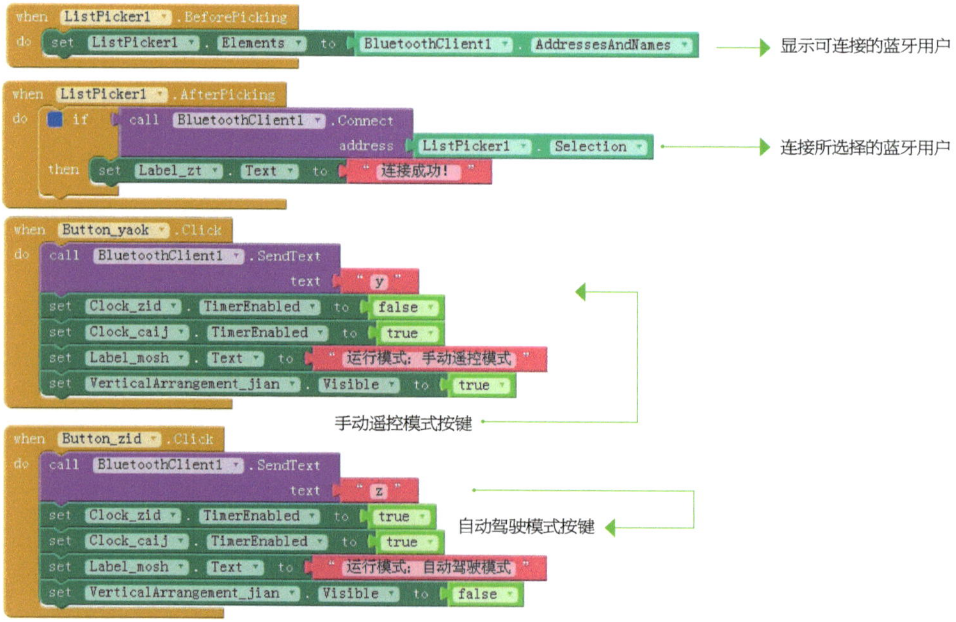

```
when ListPicker1 .BeforePicking
do  set ListPicker1 . Elements to BluetoothClient1 . AddressesAndNames
```

显示可连接的蓝牙用户

```
when ListPicker1 .AfterPicking
do  if   call BluetoothClient1 .Connect
              address ListPicker1 . Selection
    then set Label_zt . Text to "连接成功！"
```

连接所选择的蓝牙用户

```
when Button_yaok .Click
do  call BluetoothClient1 .SendText
         text "y"
    set Clock_zid . TimerEnabled to false
    set Clock_caij . TimerEnabled to true
    set Label_mosh . Text to "运行模式：手动遥控模式"
    set VerticalArrangement_jian . Visible to true
```

手动遥控模式按键

```
when Button_zid .Click
do  call BluetoothClient1 .SendText
         text "z"
    set Clock_zid . TimerEnabled to true
    set Clock_caij . TimerEnabled to true
    set Label_mosh . Text to "运行模式：自动驾驶模式"
    set VerticalArrangement_jian . Visible to false
```

自动驾驶模式按键

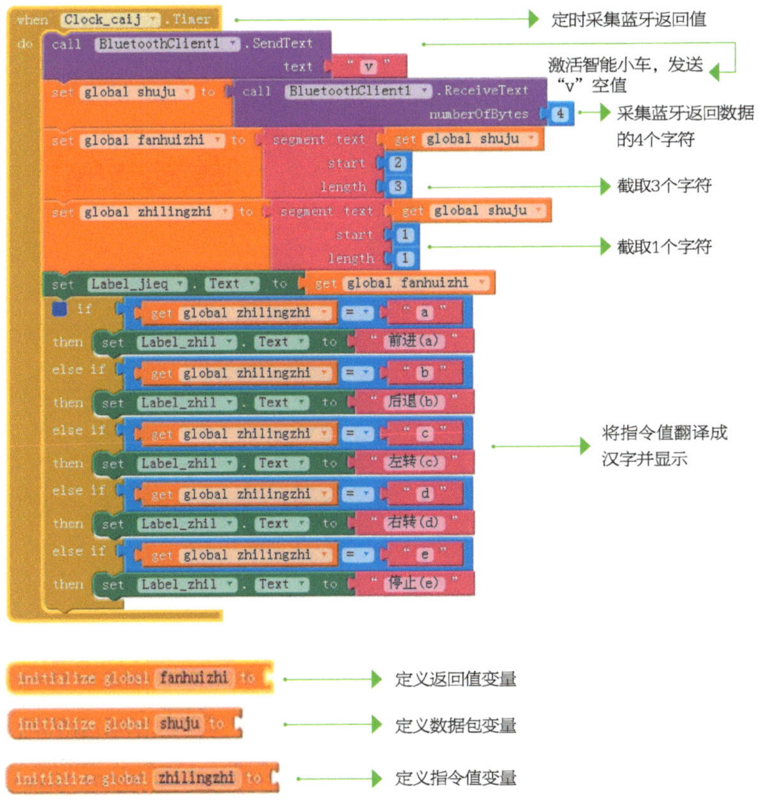

至此，“智能小车管家”应用制作完毕。通过这个小例子，我们另辟蹊径，绕过相对复杂的单片机编程，参考事先定义好的通信数据包（指令值、返回值），在 MIT App Inventor 2 下进行图形化编程，完成智能小车的各种复杂任务，为那些想玩智能小车、机器人的玩家开启了另一扇大门。在此基础上，大家可以继续开发其他小应用，实现对其他外围硬件的控制。

由于篇幅限制，详细内容大家可以参考二维码所指示的视频教程学习。

■ 本文相关程序请到《无线电》杂志网站 www.radio.com.cn 下载。

31 《机器人大战》小游戏

◇徐立宁

这次我将利用 MIT App Inventor 2 开发一款安卓小游戏与大家分享。把 Wi-Fi、笔记本电脑、安卓手机准备好，我们马上开工。一款名叫《机器人大战》的单机版安卓小游戏，通过小半天的学习，很快就能搞定。想象一下，在手机中有一款自己制作的游戏，分享给好朋友，一定是今年最酷的事了。

31.1 游戏情节

制作一款手机游戏，按我看，最重要的一个环节是设计有趣的“故事情节”，比如“植物打僵尸”、“小鸟打小猪”等，也就是说创意很重要。在这里我只会关注如何通过 MIT App Inventor 2 从技术层面实现一些常见的游戏功能，制作一款《机器人大战》小游戏分享技术。我想在各位读者中，一定有一些朋友曾经有过非常棒的游戏创意，想制作一款手机游戏，但苦于不懂技术，不知道如何下手而放弃。利用 MIT App Inventor 2，你的想法一定能变成现实。

31.2 游戏框架和工作原理

开启 MIT App Inventor 2，新建工程，命名为 game，在手机面板中会自动生成一个 Screen1 窗体。点击 Add Screen，新建另一个窗体，会自动命名为 Screen2（见图 31.1）。整个游戏一共有 Screen1 和 Screen2 两个窗体，Screen1 为游戏起始视频播放和游戏结果显示窗体，Screen2 为游戏操作窗体。游戏框架如图 31.2 所示。

视频演示二维码

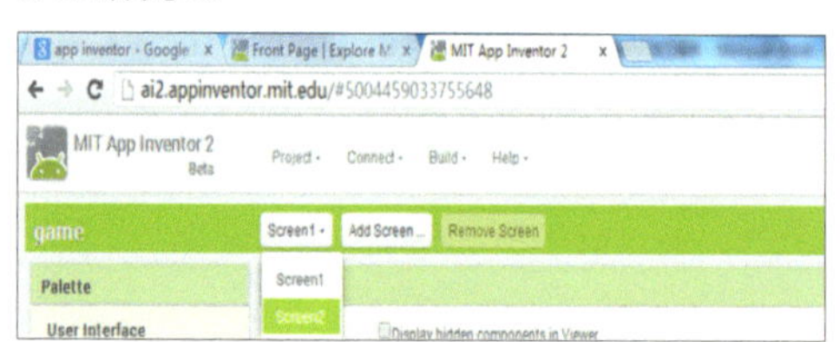

图 31.1 新建 Screen2 窗体

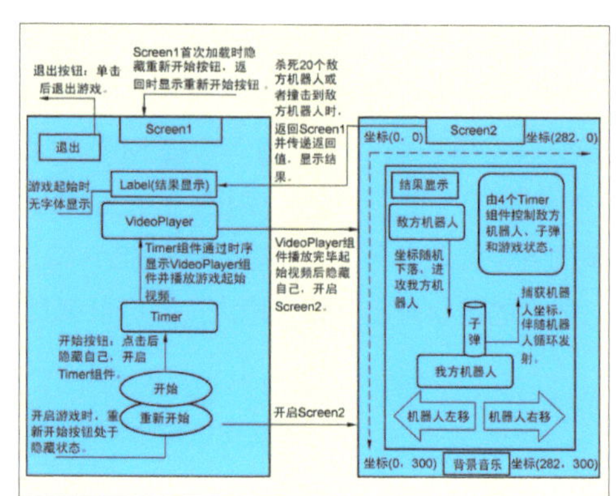

图 31.2 游戏框架

备注：Screen2 中 4 个 Timer 时钟组件分别控制子弹发射、敌方机器人出现、敌方机器人消失、判断相撞。

Screen2 中的游戏平台是在 Canva 画布动画组件中添加 5 个 ImageSprite 组件，分别代表我方机器人、敌方机器人、子弹、机器人左移动按钮、机器人右移动按钮。

31.3 素材准备

我们需要制作一个在游戏开始时播放的视频，然后从网上下载一些好看的图片（如果你擅长美术，可以自己设计游戏形象），分别代表我方机器人、敌方机器人（7 张）、子弹、机器人左移动按钮、机器人右移动按钮，接着下载自己喜欢的 MP3 作为游戏背景音乐。我的全部素材（见表 31.1）和最终制作出的 APK 文件可以在《无线电》杂志网站 www.radio.com.cn 下载。

表 31.1 素材列表

素材名称	内容	文件名称
开始视频	可以制作 PowerPoint 幻灯片，然后生成视频，再用格式工厂转换为 MP4 文件	Kaishi.mp4
我方机器人图片		Robot.jpg
敌方机器人图片		R1.jpg R1.jpg R2.jpg R3.jpg R4.jpg R5.jpg R6.jpg R7.jpg
子弹图片		Zd1.jpg
机器人左移动按钮图片		z.jpg zz.jpg
机器人右移动按钮图片		y.jpg yy.jpg
背景音乐	MP3	Robotzoulu.mp3

31.4 建立数学模型

游戏中有两个事件需要建立数学模型：一个是判断子弹与敌方机器人是否碰撞；另一个是敌方机器人在没有被击中时下落，判断是否与我方机器人碰撞。在游戏中，我方机器人、子弹和敌方机器人就是在一个数学坐标系中的3个小矩形。最开始我想得比较复杂，可能需要建立3个曲线方程，旋转然后平移表示游戏中的3个矩形，求相交来判断是否发生碰撞。但身为数学老师的媳妇说不用那么复杂，并帮我画出了数学模型（见图31.3）。

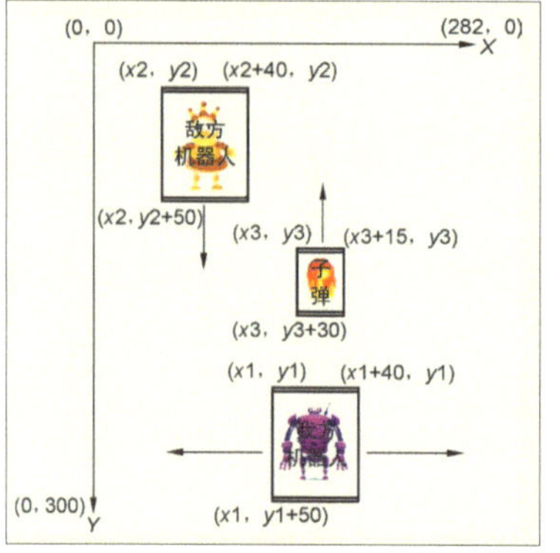

■ 图31.3 建立数学模型（坐标系中的坐标值分别表示矩形的顶点坐标）

（1）判断子弹击中敌方机器人必须同时满足3个条件：X3 ≥ X2-15、X3 ≤ X2+40、y3 ≤ y2+50。

（2）敌方机器人在没被击中时下落，判断与我方机器人碰撞必须满足3个条件：X1 ≥ X2-40、X1 ≤ X2+40、y1 ≤ y2+50。

这个模型也就是初中数学水平，不难，但却表明在设计游戏时需要用到数学知识。

31.5 程序编写

（1）在Screen1窗体内添加组件（见图31.4）、修改属性（见表31.2），并拼接程序块。

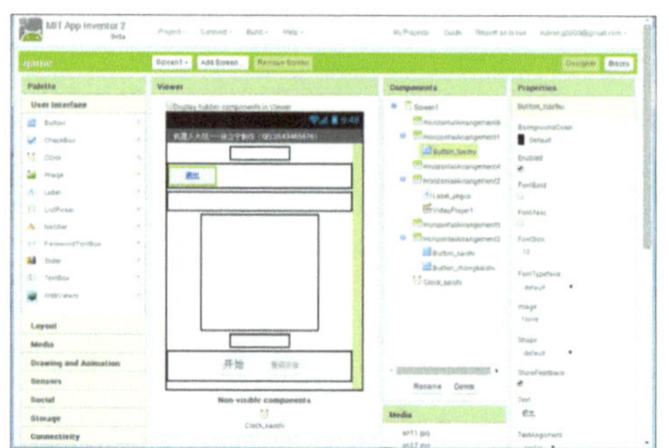

■ 图31.4 在Screen1内添加的组件

表31.2 在Screen1内主要组件和需要修改的属性

组件名称	自动命名或修改	属性设置	功能
Screen（自动生成、不用添加）	Screen1	Title：机器人大战	游戏的起始窗体
Button	Button_tuichu	Text：退出	退出游戏
Button	Button_kaishi	Text：开始	
Shape：oval	进入游戏		
Button	Button_chongkaishi	Text：重新开始	
Shape：oval	重新进入游戏		
Label	Label_jieguo	Text：空	显示结果
VideoPlayer	VideoPlayer1	Source：kaishi.mp4	

续表

组件名称	自动命名或修改	属性设置	功能
Visible：hidden	播放起始视频		
Timer	Timer1	TimerInterval：500	控制视频播放进程

Screen1 程序块编辑界面全部代码及说明如下。

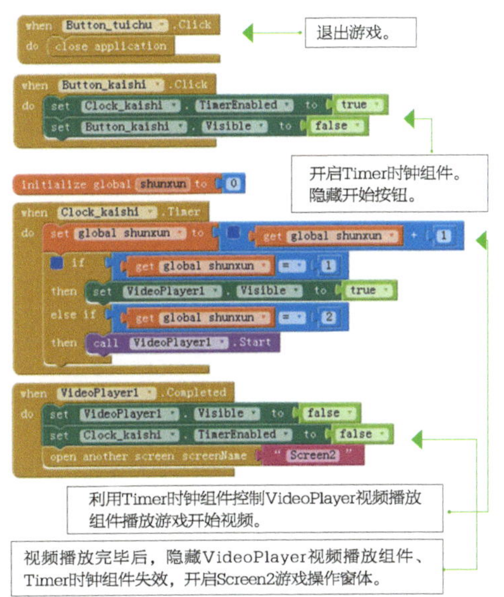

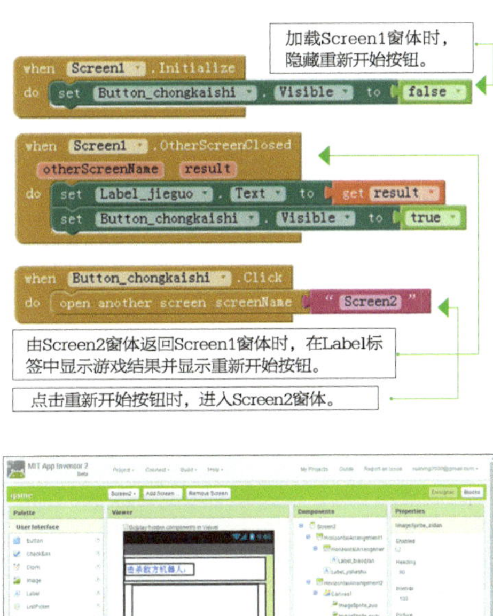

■ 图 31.5　在 Screen2 内添加的组件

（2）在 Screen2 内添加组件（见图 31.5）、修改属性（见表 31.3），并拼接程序块。

表 31.3　在 Screen2 内的添加的主要组件和需要修改的属性

组件名称	自动命名或修改	属性设置	功能
Screen(自动生成、不用添加)	Screen1	Title：空	游戏界面
Label	Label_biaoqian	Text：击杀敌方机器人	标签
Label	Label_jishashu	Text：空	显示杀敌数
Canvas	Canvas1	Width：282	
Height：300	游戏操作平台		

续表

组件名称	自动命名或修改	属性设置	功能
ImageSprite	ImageSprite_zuo	Picture：z.jpg	显示我方机器人 X 轴坐标左移按钮图片
ImageSprite	ImageSprite_you	Picture：y.jpg	显示我方机器人 X 轴坐标右移按钮图片
ImageSprite	ImageSprite_robot	Picture：robot.jpg	
Width：40			
Height：50	显示我方机器人图片		
ImageSprite	ImageSprite_zidan	Picture：zd1.jpg	
Heading：90			
Rotates：不选			
Visible：不选			
Width：15			
Height：30	显示子弹图片		
ImageSprite	ImageSprite_guai	Heading：270	
Rotates：不选			
Visible：不选			
Width：40			
Height：50	显示敌方机器人图片		
Clock	Clock_zidanchuxian	TimerInterval：90	子弹控制时钟
Clock	Clock_guaichuxian	TimerInterval：500	敌方机器人出现时钟
Clock	Clock_guai_xiaoshi	TimerInterval：300	敌方机器人消失时钟
Clock	Clock_bao	TimerInterval：100	判断碰撞时钟
Player	Player1	Source：robotzoulu.mp3	播放背景音乐

Screen2 程序块编辑界面全部代码及说明如下。

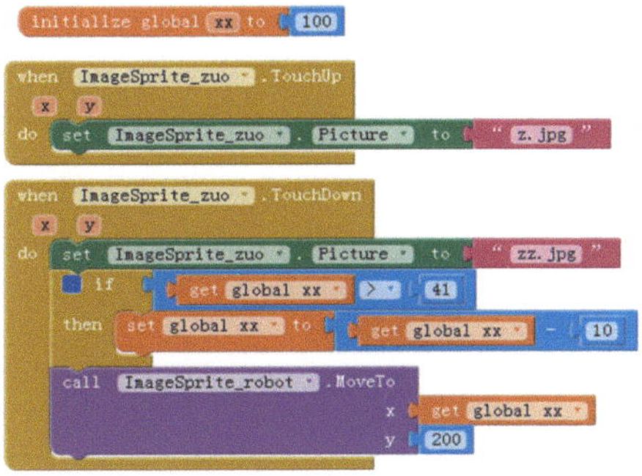

我方机器人左移按钮：每按下一次，在X轴左移10个单位，下限为41个单位，Y轴坐标固定在200个单位；按下时显示图片zz.jpg，弹起时显示图片z.jpg。

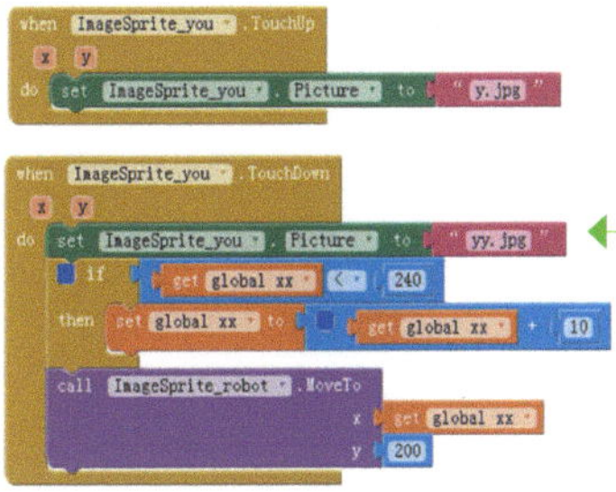

我方机器人右移按钮：每按下一次，在X轴右移10个单位，上限为240个单位，Y轴坐标固定在200个单位；按下时显示图片yy.jpg，弹起时显示图片y.jpg

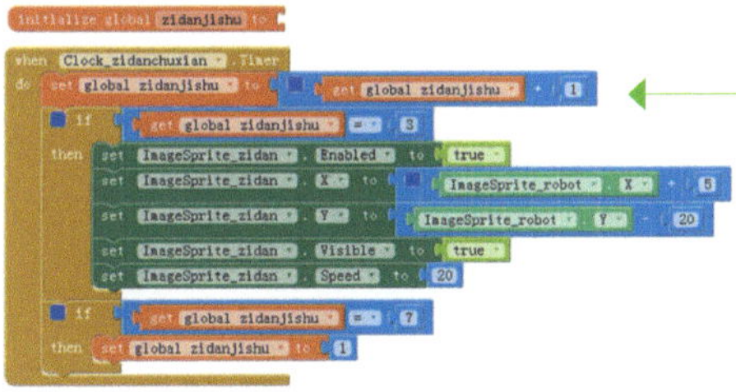

让子弹捕获我方机器人头顶的坐标值，由Timer时钟组件循环控制子弹发射。

敌方机器人的X轴坐标在42~240范围内随机生成，Y轴起始坐标固定为0，敌方机器人图片在7张敌方机器人图片中随机选择，由Timer时钟组件控制在屏幕上方循环下落，进攻我方机器人。

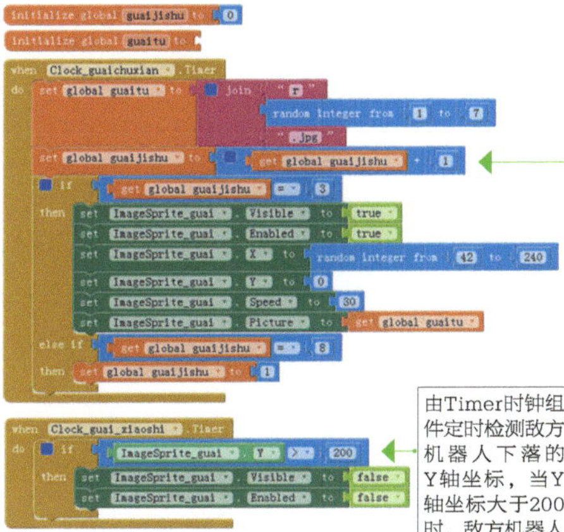

由Timer时钟组件定时检测敌方机器人下落的Y轴坐标，当Y轴坐标大于200时，敌方机器人隐藏并失效。

定义相关变量

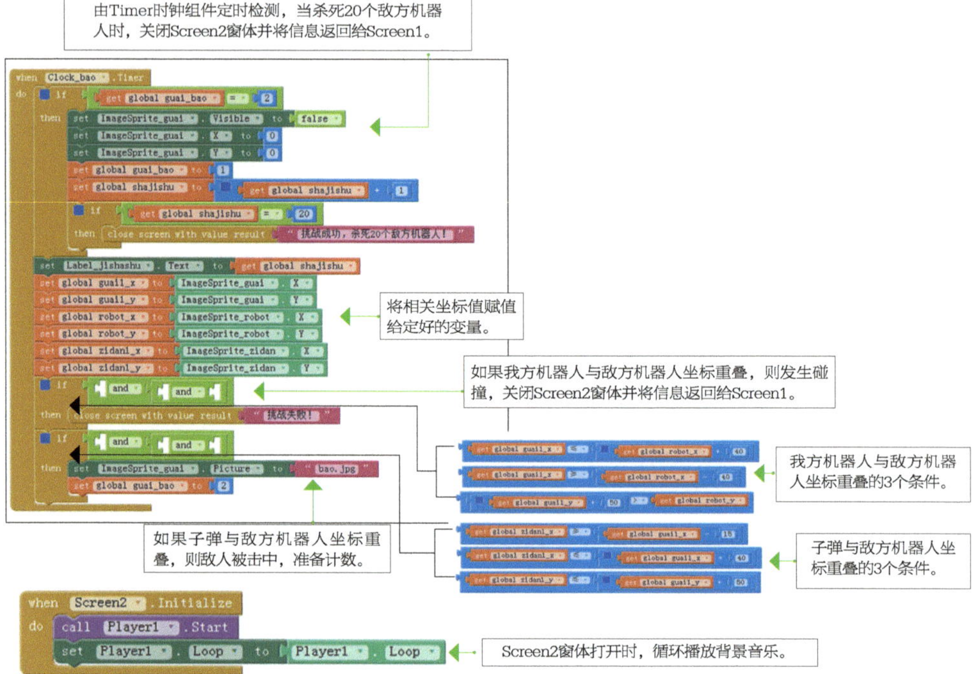

31.6 总结

以上就是我利用MIT App Inventor 2制作《机器人大战》小游戏的全部过程，实际游戏画面如图 31.6 所示。有了这个例子，各位读者可以利用MIT App Inventor 2中的动画组件（ImageSprite）实现你的各种游戏创意。如果大家感兴趣，下一期我将给大家介绍MIT App Inventor 2的数据库功能，制作其他有趣的例子与大家分享。

■ 本文相关程序请到《无线电》杂志网站 www.radio.com.cn 下载。

■ 图 31.6 实际游戏时的截图